중학 연산의 빅데이터

빅터 연산

중학 연산의 **빅데이터**

빅터 연산

2-B

STRUCTURE

01 방정식의 뜻과 해 [Feedback]

① 방정식 : 미지수의 값에 따라 참이 되기도 하고 거짓이 되기도 하는 등식
② 미지수 : x에 대한 방정식에서 문자 x → 미지수는 보통 x를 사용하지만 다른 문자도 사용할 수 있다.
③ 방정식의 해(근) : 방정식을 참이 되게 하는 미지수의 값
④ 방정식을 푼다 : 방정식의 해를 모두 구하는 것 → 방정식의 해는 $x=$(수)의 꼴로 나타낸다.

$$x + 1 = 3$$
$$2 + 1 = 3$$

○ 다음 표를 완성하고, 주어진 방정식의 해를 구하시오.

1-1 $2x - 1 = 5$

x의 값	좌변	우변	참/거짓
0		5	
1	$2 \times 1 - 1 = 1$	5	거짓
2		5	
3		5	

1-2 $2x + 1 = 9$

x의 값	좌변	우변	참/거짓
2		9	
3		9	
4		9	
5		9	

○ 다음 중 [ ] 안의 수가 주어진 방정식의 해이면 ○표, 해가 아니면 ×표를 하시오.

2-1 $3x + 4 = 1$ $[-1]$ (   )
➡ $x = -1$을 $3x + 4 = 1$에 대입하면
$3 \times (-1) + 4 \square 1$

2-2 $2x = 5x - 1$ $[1]$ (   )

3-1 $-\frac{1}{2}x + 1 = 0$ $[-2]$ (   )

3-2 $3x - 2 = 4$ $[2]$ (   )

4-1 $3 - 4x = 5x - 6$ $[1]$ (   )

4-2 $x + 2 = -x + 2$ $[-1]$ (   )

핵심 체크
· x에 대한 방정식은 x의 값에 따라 참이 되기도 하고 거짓이 되기도 하는 등식을 말한다.
· 해가 $x = ●$인 방정식 ➡ 방정식에 $x = ●$을 대입하면 등식이 성립한다.

02 미지수가 1개인 일차방정식 [Feedback]

① 이항 : 등식의 성질을 이용하여 등식의 어느 한 변에 있는 항을 부호를 바꾸어 다른 변으로 옮기는 것

$$x - 2 = 7 \qquad 4x = -x + 8$$
$$x = 7 + 2 \qquad 4x + x = 8$$

② 일차방정식 : 방정식에서 우변의 모든 항을 좌변으로 이항하여 정리했을 때, (x에 대한 일차식)$=0$의 꼴로 나타낼 수 있는 방정식을 x에 대한 일차방정식이라 한다.

$$2x + 1 = x + 3 \rightarrow 2x + 1 - x - 3 = 0 \rightarrow x - 2 = 0 \ (일차방정식)$$

○ 다음 중 일차방정식인 것에는 ○표, 아닌 것에는 ×표를 하시오.

1-1 $3x = 4x + 7$ (   )
➡ 우변의 모든 항을 좌변으로 이항하면
$-x - \square = 0$

1-2 $6x + 5 = -13$ (   )

2-1 $x^2 + 2x = x^2 + 1$ (   )

2-2 $2x^2 - 1 = 0$ (   )

3-1 $7x - 6x = 4$ (   )

3-2 $3x = 2x$ (   )

4-1 $x^2 + 7x = x^2 - 11$ (   )

4-2 $2x - 7 = 2x - 1$ (   )

5-1 $3x + 5$ (   )

5-2 $2x + 4 = 2(x + 1) + 2$ (   )

핵심 체크
이항을 하면 부호가 바뀐다.
$+a$를 이항하면 ➡ $-a$
$-a$를 이항하면 ➡ $+a$

x에 대한 일차방정식 ➡ (x에 대한 일차식)$=0$
➡ $ax + b = 0 (a \neq 0)$

STEP 1 **개념 정리 & 연산 반복 학습**

주제별로 반드시 알아야 할 기본 개념과 원리가 자세히 설명되어 있습니다.
연산의 원리를 쉽고 재미있게 이해하도록 하였습니다.
가장 기본적인 문제를 반복적으로 풀어 개념을 확실하게 이해하도록 하였습니다.
핵심 체크 코너에서 개념을 다시 한번 되짚어 주고 틀리기 쉬운 예를 제시하였습니다.

STEP 2 | 1. 연립방정식

기본연산 집중연습 | 01~05

○ 다음 중 미지수가 2개인 일차방정식인 것에는 ○표, 일차방정식이 아닌 것에는 ×표를 하시오.

1-1 $x-y=2$ ( ) 1-2 $y=2x^2+4$ ( )

1-3 $2x+3y$ ( ) 1-4 $2x+y=x-y+3$ ( )

1-5 $-x+y=4x+y$ ( ) 1-6 $3x+2y+2=x-5y$ ( )

○ x, y가 자연수일 때, 다음 일차방정식의 해를 구하시오.

2-1 $x+y=7$ 2-2 $2x+y=5$

2-3 $x+2y=6$ 2-4 $3x+y=15$

2-5 $3x+2y=10$ 2-6 $2x+3y=12$

핵심 체크
① 미지수가 x, y의 2개인 일차방정식은 $ax+by+c=0$ (a, b, c는 상수, $a\neq0, b\neq0$)의 꼴이다.

12 | 1. 연립방정식

STEP 2 기본연산 집중연습

다양한 형태의 문제로 쉽고 재미있게 연산을 학습하면서
실력을 쌓을 수 있도록 구성하였습니다.

STEP 3 | 1. 연립방정식

기본연산 테스트

1 x, y가 자연수일 때, 일차방정식 $2x+y=12$에 대하여 다음 표를 완성하고, 그 해를 순서쌍 (x, y)로 나타내시오.

x	1	2	3	4	5	6	...
y							...

2 다음 일차방정식의 해가 $(4, 2)$일 때, 상수 a의 값을 구하시오.
(1) $ax+3y=-2$

(2) $2x-ay=6$

3 다음 연립방정식의 해가 $(1, -3)$일 때, 상수 a, b의 값을 각각 구하시오.
(1) $\begin{cases} 2x-y=a \\ bx+2y=3 \end{cases}$

(2) $\begin{cases} ax+2y=7 \\ 3x-by=-6 \end{cases}$

4 다음 연립방정식을 푸시오.
(1) $\begin{cases} y=5-3x & \cdots\cdots \text{㉠} \\ 2x-3y=-4 & \cdots\cdots \text{㉡} \end{cases}$

(2) $\begin{cases} x-y=3 & \cdots\cdots \text{㉠} \\ x+3y=7 & \cdots\cdots \text{㉡} \end{cases}$

(3) $\begin{cases} 3x-4y=4 & \cdots\cdots \text{㉠} \\ x+2y=8 & \cdots\cdots \text{㉡} \end{cases}$

(4) $\begin{cases} 2x+5y=-4 & \cdots\cdots \text{㉠} \\ 5x-3y=21 & \cdots\cdots \text{㉡} \end{cases}$

(5) $\begin{cases} 3y=2x-5 & \cdots\cdots \text{㉠} \\ x=\dfrac{y+3}{2} & \cdots\cdots \text{㉡} \end{cases}$

핵심 체크
① 연립방정식의 해를 구하는 방법
  ① 두 방정식을 변끼리 더하거나 빼어서 한 미지수를 소거하는 방법을 이용한다.
  ② 한 방정식을 한 미지수에 대하여 푼 후 그것을 다른 방정식에 대입하는 방법을 이용한다.

52 | 1. 연립방정식

STEP 3 기본연산 테스트

중단원별로 실력을 테스트할 수 있도록 구성하였습니다.

| 빅터 연산 **공부 계획표** |

1

연립방정식

조선 후기 실학자 홍대용이 지은 수학 서적인 **"주해수용"**에서는 한 사람
이 五(오)냥씩 내니 六(육)냥이 남고, 한 사람이 三(삼)냥씩 내니 四(사)냥이
모자랄 때 사람의 수와 물건의 값을 구하는 **연립방정식**의 문제와
풀이가 실려 있다.
"주해수용"에는 연립방정식의 산법뿐만 아니라 '九九八十一(구구팔십일),
八九七十二(팔구칠십이)'처럼 우리나라 처음으로 한자로 **구구단**을 소개
하였고, **면적, 부피** 등에 관한 공식도 수록되어 있어 그의 저서 중
에서도 특별히 인정받고 있다.

01 방정식의 뜻과 해 Feedback

정답과 해설 | 2쪽

❶ 방정식 : 미지수의 값에 따라 참이 되기도 하고 거짓이 되기도 하는 등식

❷ 미지수 : x에 대한 방정식에서 문자 x → 미지수는 보통 x를 사용하지만 다른 문자를 사용할 수도 있다.

❸ 방정식의 해(근) : 방정식을 참이 되게 하는 미지수의 값

❹ 방정식을 푼다 : 방정식의 해를 모두 구하는 것 → 방정식의 해는 $x=$(수)의 꼴로 나타낸다.

$$x+1=3 \quad \text{미지수}$$
$$2+1=3 \quad \text{해(근)}$$

○ 다음 표를 완성하고, 주어진 방정식의 해를 구하시오.

1-1 $2x-1=5$

x의 값	좌변	우변	참/거짓
0			
1	$2\times1-1=1$	5	거짓
2		5	
3		5	

1-2 $2x+1=9$

x의 값	좌변	우변	참/거짓
2		9	
3		9	
4		9	
5		9	

○ 다음 중 [ ] 안의 수가 주어진 방정식의 해이면 ○표, 해가 아니면 ×표를 하시오.

2-1
$3x+4=1 \quad [-1]$ (   )
➡ $x=-1$을 $3x+4=1$에 대입하면
$3\times(-1)+4 \,\Box\, 1$

2-2 $2x=5x-1 \quad [1]$ (   )

3-1 $-\dfrac{1}{2}x+1=0 \quad [-2]$ (   )

3-2 $3x-2=4 \quad [2]$ (   )

4-1 $3-4x=5x-6 \quad [1]$ (   )

4-2 $x+2=-x+2 \quad [-1]$ (   )

핵심 체크

· x에 대한 방정식은 x의 값에 따라 참이 되기도 하고 거짓이 되기도 하는 등식을 말한다.

· 해가 $x=$●인 방정식 ➡ 방정식에 $x=$●을 대입하면 등식이 성립한다.

02 미지수가 1개인 일차방정식 [Feedback]

❶ 이항 : 등식의 성질을 이용하여 등식의 어느 한 변에 있는 항을 부호를 바꾸어 다른 변으로 옮기는 것

$$x - 2 = 7$$
└─ -2를 이항
$$x = 7 + 2$$
└─ 부호가 바뀜

$$4x = -x + 8$$
└─ $-x$를 이항
$$4x + x = 8$$
└─ 부호가 바뀜

❷ 일차방정식 : 방정식에서 우변의 모든 항을 좌변으로 이항하여 정리했을 때, (x에 대한 일차식)$=0$의 꼴로 나타낼 수 있는 방정식을 x에 대한 일차방정식이라 한다.

$$2x + 1 = x + 3 \xrightarrow[\text{좌변으로 이항}]{\text{우변의 모든 항을}} 2x + 1 - x - 3 = 0 \xrightarrow[\text{정리}]{\text{좌변을}} x - 2 = 0 \text{ (일차방정식)}$$
└─ x에 대한 일차식

○ 다음 중 일차방정식인 것에는 ○표, 아닌 것에는 ×표를 하시오.

1-1 $3x = 4x + 7$ ( )

➡ 우변의 모든 항을 좌변으로 이항하면
$-x - \boxed{} = 0$

1-2 $6x + 5 = -13$ ( )

2-1 $x^2 + 2x = x^2 + 1$ ( )

2-2 $2x^2 - 1 = 0$ ( )

3-1 $7x - 6x = 4$ ( )

3-2 $3x = 2x$ ( )

4-1 $x^2 + 7x = x^2 - 11$ ( )

4-2 $2x - 7 = 2x - 1$ ( )

5-1 $3x + 5$ ( )

5-2 $2x + 4 = 2(x + 1) + 2$ ( )

핵심 체크

이항을 하면 부호가 바뀐다.
- $+a$를 이항하면 ➡ $-a$
- $-a$를 이항하면 ➡ $+a$

x에 대한 일차방정식 ➡ (x에 대한 일차식)$=0$
➡ $ax + b = 0 \, (a \neq 0)$

03 미지수가 2개인 일차방정식

정답과 해설 | **2**쪽

미지수가 2개이고, 그 차수가 모두 1인 방정식을
미지수가 2개인 일차방정식이라 한다.

$$ax+by+c=0 \,(a, b, c는 \,상수, \,a \neq 0, b \neq 0)$$
미지수 x, y의 2개

차수 1 ⬜ | 차수 1 ⬜
예 $\underline{x} - \underline{y} + 3 = 0, \; 2\underline{x} + \underline{y} - 2 = 0$
미지수 2개 | 미지수 2개

차수(次 버금 차, 數 셈 수)
문자를 포함한 항에서 곱해진 문자의 개수
예 $2x$ ➡ 차수는 1
$2x^2$ ➡ 차수는 2

○ 다음 중 미지수가 2개인 일차방정식인 것에는 ○표, 아닌 것에는 ×표를 하시오.

1-1
$3x+y$ ( )
➡ 미지수가 x, y의 2개이고 그 차수는 모두 ⬜ 이지만 ⬜이 아니다.

1-2 $2x+3y-1=0$ ( )

2-1 $x^2+y=1$ ( )

2-2 $y=2x+1$ ( )

3-1 $\dfrac{x}{3}+y=1$ ( )

3-2 $7x-3y=5$ ( )

4-1
$2x-3y+7=2x+y$ ( )
➡ 우변의 모든 항을 좌변으로 이항하면
$2x-3y+7-2x-y=0$
⬜$+7=0$

4-2 $x^2+2x-y=x^2$ ( )

5-1 $y=-x^2+x(x+1)$ ( )

5-2 $y=x^2-2x-1$ ( )

핵심 체크

우변의 모든 항을 좌변으로 이항하여 정리했을 때, ① 등식이고 ② 미지수가 2개이고 ③ 미지수의 차수가 모두 1이면 미지수가 2개인 일차방정식이다.

정답과 해설 | **3**쪽

농구 경기에서 2점 숏 x개, 3점 숏 y개를 성공하여 모두 15점을 얻었다. 이를 x, y에 대한 일차방정식으로 나타내시오.

➡ 2점 숏 x개 : $2x$점, 3점 숏 y개 : $3y$점

이때 15점을 얻었으므로 $2x+3y=15$ ➝ 미지수가 2개인 일차방정식

○ 다음 문장을 미지수가 2개인 일차방정식으로 나타내시오.

1-1 700원짜리 초콜릿 x개와 1200원짜리 과자 y개를 사고 8100원을 지불하였다.

➡ 700원짜리 초콜릿 x개의 값 : [ ]원

1200원짜리 과자 y개의 값 : [ ]원

이때 8100원을 지불했으므로

[ ]$=8100$

1-2 축구 경기에서 수현이가 x골, 태준이가 y골을 넣어 모두 9골을 넣었다.

————————

○ 다음 중 미지수 x, y에 대한 일차방정식으로 나타낼 수 있는 것에는 ○표, 없는 것에는 ×표를 하시오.

2-1 2800원짜리 빵을 x개 사고 10000원을 내었더니 y원이 남았다. ( )

➡ $10000-2800x=$ [ ]

$2800x+$ [ ] $-10000=0$

2-2 가로의 길이가 x, 세로의 길이가 y인 직사각형의 둘레의 길이 ( )

3-1 시속 y km로 x시간을 걸은 총 거리는 40 km이다. ( )

3-2 x세인 승재의 나이는 y세인 민석이의 나이보다 2세 더 많다. ( )

4-1 x L의 물에서 y L의 물을 덜어 내면 12 L의 물이 남는다. ( )

4-2 강아지 x마리와 닭 y마리의 다리의 수는 38개이다. ( )

핵심 체크

문장을 등식으로 나타낼 때에는 문장을 적절히 끊어서 좌변과 우변에 해당하는 식을 구한 후 등호를 사용하여 나타낸다.

05 미지수가 2개인 일차방정식의 해 구하기

❶ 미지수가 2개인 일차방정식의 해 : 미지수가 2개인 일차방정식을 만족하는 x, y의 값 또는 그 순서쌍 (x, y)

　　예 일차방정식 $x-2y=1$에서 $x=3, y=1$일 때, $3-2\times1=1$ ➡ $(3, 1)$은 해이다.

　　　　　　　　　　　　$x=1, y=1$일 때, $1-2\times1\neq1$ ➡ $(1, 1)$은 해가 아니다.

　　참고　미지수가 x, y의 2개인 일차방정식의 해를 나타내는 방법

　　　　① $\begin{cases} x=● \\ y=▲ \end{cases}$　② $x=●, y=▲$　③ $(x, y)=(●, ▲)$

❷ 일차방정식을 푼다 : 일차방정식의 해를 모두 구하는 것

○ 다음 일차방정식에 대하여 표를 완성하고 x, y가 자연수일 때, 일차방정식의 해를 순서쌍 (x, y)로 나타내시오.

1-1
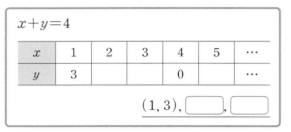

$x+y=4$

x	1	2	3	4	5	⋯
y	3			0		⋯

$(1, 3),\ \boxed{},\ \boxed{}$

미지수 1개인 일차방정식의 해는 1개이지만
미지수가 2개인 일차방정식의 해는 여러 개일 수 있어.

1-2 $2x+y=7$

x	1	2	3	4	⋯
y					⋯

2-1 $x+2y=8$

x	1	2	3	4	5	6	7	8	⋯
y									⋯

2-2 $3x+2y=11$

x	1	2	3	4	⋯
y					⋯

3-1 $3x+y=14$

x	1	2	3	4	5	⋯
y	11					⋯

3-2 $2x+3y=9$

x	1	2	3	4	5	⋯
y						⋯

핵심 체크

x, y가 자연수일 때, 미지수가 2개인 일차방정식의 해

➡ $x=1, 2, 3, \cdots$을 주어진 방정식에 대입하여 y의 값이 자연수가 되는 순서쌍 (x, y)를 찾는다.

○ 다음 중 $(1, 2)$를 해로 가지는 일차방정식인 것에는 ○표, 일차방정식이 아닌 것에는 ×표를 하시오.

4-1
$$x+y-3=0 \qquad (\quad)$$
➡ $x=1$, $y=\boxed{}$를 $x+y-3=0$에
  대입하면
  $1+\boxed{}-3\boxed{}0$

4-2 $5x-y=-3$ $\qquad (\quad)$

5-1 $-2x+3y=4$ $\qquad (\quad)$

5-2 $3x+2y+4=0$ $\qquad (\quad)$

6-1 $2x-y=0$ $\qquad (\quad)$

6-2 $-2x+4y=5$ $\qquad (\quad)$

○ 다음 중 주어진 순서쌍이 일차방정식의 해이면 ○표, 해가 아니면 ×표를 하시오.

7-1
$$2x+3y=-7 \quad (1, -3) \qquad (\quad)$$
➡ $x=\boxed{}$, $y=-3$을 $2x+3y=-7$에
  대입하면
  $2\times\boxed{}+3\times(-3)\boxed{}-7$

7-2 $3x+y=9$ $(4, 3)$ $\qquad (\quad)$

8-1 $x+5y=10$ $(5, 1)$ $\qquad (\quad)$

8-2 $x+y-1=0$ $(1, 1)$ $\qquad (\quad)$

9-1 $2x-3y+1=0$ $\left(3, \dfrac{7}{3}\right)$ $\qquad (\quad)$

9-2 $5x+2y=30$ $(4, 5)$ $\qquad (\quad)$

핵심 체크

해가 $(●, ▲)$인 일차방정식 ➡ 일차방정식에 $x=●$, $y=▲$를 대입하면 등식이 성립한다.

기본연산 집중연습 | 01~05

○ 다음 중 미지수가 2개인 일차방정식인 것에는 ○표, 일차방정식이 아닌 것에는 ×표를 하시오.

1-1 $x-y=2$ (   )   **1-2** $y=2x^2+4$ (   )

1-3 $2x+3y$ (   )   **1-4** $2x+y=x-y+3$ (   )

1-5 $-x+y=4x+y$ (   )   **1-6** $3x+2y+2=x-5y$ (   )

○ x, y가 자연수일 때, 다음 일차방정식의 해를 구하시오.

2-1 $x+y=7$ **2-2** $2x+y=5$

2-3 $x+2y=6$ **2-4** $3x+y=15$

2-5 $3x+2y=10$ **2-6** $2x+3y=12$

핵심 체크

❶ 미지수가 x, y의 2개인 일차방정식은 $ax+by+c=0$ (a, b, c는 상수, $a\neq0, b\neq0$)의 꼴이다.

○ 다음 그림에서 주어진 일차방정식의 해가 있는 섬으로 들어가면 다리를 건너 다른 섬에 갈 수 있지만 일차방정식의 해
  가 아닌 섬으로 들어가면 연결된 다리가 모두 끊어져 그 섬에 갇히게 된다. 출발점에서 출발하여 다리가 끊어지지 않게
  갈 때, A, B, C, D 중 도착하게 되는 곳을 찾으시오.

3-1 $x + 3y = 6$

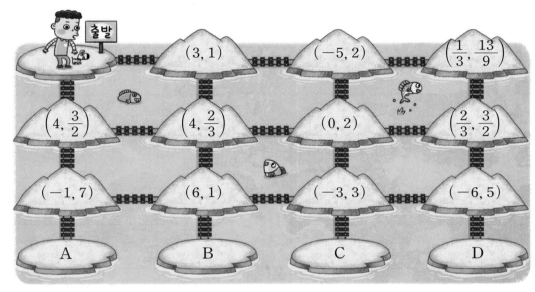

3-2 $2x - 3y + 1 = 0$

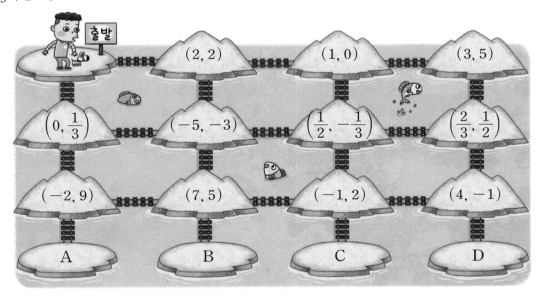

핵심 체크

② 일차방정식에 주어진 순서쌍을 대입했을 때 등식이 성립하면 그 순서쌍은 일차방정식의 해이다.

06 미지수가 2개인 연립일차방정식

❶ 미지수가 2개인 연립일차방정식 : 미지수가 2개인 두 일차방정식을 한 쌍으로 묶어 놓은 것

예 $\begin{cases} x+y=1 \\ x+2y=-1 \end{cases}$, $\begin{cases} 2x+3y=5 \\ 5x-y=4 \end{cases}$

연립일차방정식을 간단히 연립방정식이라 해.

❷ 연립방정식의 해 : 연립방정식을 이루는 두 일차방정식을 동시에 만족하는 x, y의 값 또는 그 순서쌍 (x, y)

예 $\begin{cases} x+y=4 \quad \cdots\cdots ㉠ \\ 2x+y=5 \quad \cdots\cdots ㉡ \end{cases}$ → ㉠의 해 : $(1, 3), (2, 2), (3, 1)$ → 연립방정식의 해 : $(1, 3)$
㉡의 해 : $(1, 3), (2, 1)$

❸ 연립방정식을 푼다 : 연립방정식의 해를 구하는 것

○ 다음 연립방정식에 대하여 표를 완성하고 x, y가 자연수일 때, 연립방정식의 해를 순서쌍 (x, y)로 나타내시오.

1-1 $\begin{cases} 3x+y=10 \quad \cdots\cdots ㉠ \\ 2x+y=7 \quad \cdots\cdots ㉡ \end{cases}$

㉠

x	1	2	3	$\cdots$
y	7			$\cdots$

㉡

x	1	2	3	$\cdots$
y		3		$\cdots$

1-2 $\begin{cases} x+y=5 \quad \cdots\cdots ㉠ \\ x-y=1 \quad \cdots\cdots ㉡ \end{cases}$

㉠

x	1	2	3	4	5	$\cdots$
y						$\cdots$

㉡

x	1	2	3	4	5	$\cdots$
y						$\cdots$

2-1 $\begin{cases} 2x+y=13 \quad \cdots\cdots ㉠ \\ 4x-y=5 \quad \cdots\cdots ㉡ \end{cases}$

㉠

x	1	2	3	4	5	6	7	$\cdots$
y								$\cdots$

㉡

x	1	2	3	4	$\cdots$
y					$\cdots$

2-2 $\begin{cases} x+y=6 \quad \cdots\cdots ㉠ \\ x+3y=8 \quad \cdots\cdots ㉡ \end{cases}$

㉠

x	1	2	3	4	5	6	$\cdots$
y							$\cdots$

㉡

x	1	2	3	4	5	6	7	8	$\cdots$
y									$\cdots$

핵심 체크

연립방정식을 푼다. ➡ 연립방정식을 이루는 두 일차방정식을 동시에 만족하는 x, y의 값을 구한다.

○ x, y가 **자연수**일 때, 다음 연립방정식의 해를 구하시오.

3-1 $\begin{cases} 2x - y = 4 & \cdots\cdots \text{㉠} \\ 3x + 2y = 13 & \cdots\cdots \text{㉡} \end{cases}$

3-2 $\begin{cases} 2x + y = 9 & \cdots\cdots \text{㉠} \\ 4x + y = 11 & \cdots\cdots \text{㉡} \end{cases}$

_____

_____

○ 다음 물음에 답하시오.

4-1 다음 ㉠~㉢의 연립방정식 중 해가 $x = 5$, $y = -1$인 것을 모두 고르시오.

㉠ $\begin{cases} 2x + y = 9 \\ x - 2y = 4 \end{cases}$ ㉡ $\begin{cases} x + y = 4 \\ x - y = 6 \end{cases}$

㉢ $\begin{cases} x + 5y = 0 \\ 2x - 3y = 7 \end{cases}$ ㉣ $\begin{cases} x - 4y = 9 \\ 2x + 3y = 7 \end{cases}$

_____

4-2 다음 ㉠~㉢의 연립방정식 중 해가 $x = 3$, $y = 2$인 것을 모두 고르시오.

㉠ $\begin{cases} 3x - y = 7 \\ 2x + 3y = -1 \end{cases}$ ㉡ $\begin{cases} x + y = 5 \\ 2x + y = 8 \end{cases}$

㉢ $\begin{cases} x + 3y = 9 \\ 2x - 4y = -2 \end{cases}$ ㉣ $\begin{cases} x - 2y = 6 \\ 5x + 4y = 3 \end{cases}$

_____

5-1 다음 ㉠~㉢의 연립방정식 중 해가 $(1, 2)$인 것을 모두 고르시오.

㉠ $\begin{cases} x + y = 3 \\ x - y = -1 \end{cases}$ ㉡ $\begin{cases} x - 2y = 3 \\ 3x + y = 5 \end{cases}$

㉢ $\begin{cases} 2x + 3y = 8 \\ 3x - y = 1 \end{cases}$ ㉣ $\begin{cases} 4x + 3y = 11 \\ 2x + 3y = 8 \end{cases}$

_____

각 연립방정식에 $x = 1, y = 2$를 대입했을 때 등식이 모두 성립하는지 확인해 봐.

5-2 다음 ㉠~㉢의 연립방정식 중 해가 $(1, 3)$인 것을 모두 고르시오.

㉠ $\begin{cases} x - 2y = -5 \\ 2x + y = 5 \end{cases}$ ㉡ $\begin{cases} -x + 3y = 8 \\ x + 2y = 7 \end{cases}$

㉢ $\begin{cases} x + y = 4 \\ 3x - 3y = -7 \end{cases}$ ㉣ $\begin{cases} -2x + y = 2 \\ x - y = -2 \end{cases}$

_____

핵심 체크

해가 (●, ▲)인 연립방정식 ➡ $x = ●, y = ▲$는 연립방정식을 이루는 두 일차방정식을 모두 만족한다.

➡ 각각의 일차방정식에 $x = ●, y = ▲$를 대입하면 등식이 성립한다.

일차방정식의 해를 구하는 순서

❶ 미지수 x를 포함하는 항은 좌변으로,
   상수항은 우변으로 이항한다.
❷ 양변을 정리하여 $ax = b(a \neq 0)$의 꼴로 나타낸다.
❸ 양변을 x의 계수 a로 나눈다.

$$3x - 5 = x + 3$$
$$3x - x = 3 + 5$$
$$2x = 8$$
$$\therefore x = 4$$

이항한다.
양변을 정리한다.
양변을 2로 나눈다.

○ 다음 일차방정식의 해를 구하시오.

1-1
$$2x + 3 = 11$$
$$\Rightarrow 2x = \boxed{} - 3, \ 2x = \boxed{} \qquad \therefore x = \boxed{}$$

1-2 $6 + 2x = -8$ _____

2-1 $13 + 3x = 1$ _____

2-2 $x = 20 + 3x$ _____

3-1 $-2x = -6x + 16$ _____

3-2 $8x + 3 = 3x + 18$ _____

4-1 $4x - 6 = 10x - 30$ _____

4-2 $6 - 10x = 27 - 3x$ _____

5-1 $3x + 3 = 9 - 5x$ _____

5-2 $-3x + 4 = 6x + 13$ _____

핵심 체크

이항을 이용하여 주어진 식을 $ax = b(a \neq 0)$의 꼴로 나타낸 후 양변을 x의 계수 a로 나눈다.

일차방정식 $3x-ay=1$의 한 해가 $(3, 2)$일 때, 상수 a의 값을 구하시오.

➡ $x=3, y=2$를 $3x-ay=1$에 대입하면

$3\times3-a\times2=1$, $-2a=-8$ ∴ $a=4$

○ 다음을 구하시오.

1-1 일차방정식 $-3x+ay=7$의 한 해가 $(-5, 2)$일 때, 상수 a의 값

➡ $x=-5, y=\boxed{}$를 $-3x+ay=7$에 대입하면

$\boxed{}+2a=7$, $2a=\boxed{}$ ∴ $a=\boxed{}$

1-2 일차방정식 $ax+2y=7$의 한 해가 $(3, 2)$일 때, 상수 a의 값

_____

2-1 일차방정식 $ax-y=3$의 한 해가 $(2, 7)$일 때, 상수 a의 값

_____

2-2 일차방정식 $-4x+ay=8$의 한 해가 $(-5, -3)$일 때, 상수 a의 값

_____

3-1 일차방정식 $ax+2y=5$의 한 해가 $x=3, y=4$일 때, 상수 a의 값

_____

3-2 일차방정식 $ax-2y=3$의 한 해가 $x=3, y=6$일 때, 상수 a의 값

_____

4-1 일차방정식 $3x+ay=2$의 한 해가 $(5, -2)$일 때, 상수 a의 값

_____

4-2 일차방정식 $ax-3y=2$의 한 해가 $(4, 2)$일 때, 상수 a의 값

_____

핵심 체크

일차방정식의 해가 (a, b)로 주어지면 일차방정식에 $x=a, y=b$를 대입하여 미지수의 값을 구한다.

09 연립방정식의 해를 알 때 미지수의 값 구하기

연립방정식 $\begin{cases} 2x+y=a & \cdots\cdots \text{㉠} \\ bx+3y=1 & \cdots\cdots \text{㉡} \end{cases}$ 의 해가 $(1,2)$일 때, 상수 a, b의 값을 각각 구하시오.

➡ $x=1, y=2$를 ㉠에 대입하면 $2\times1+2=a$ $\qquad \therefore a=4$

$x=1, y=2$를 ㉡에 대입하면 $b\times1+3\times2=1, b+6=1$ $\quad \therefore b=-5$

○ **다음을 구하시오.**

1-1 연립방정식 $\begin{cases} ax+y=7 \\ x+by=11 \end{cases}$ 의 해가 $x=5, y=2$

일 때, 상수 a, b의 값

➡ $x=\boxed{}, y=2$를 $ax+y=7$에 대입하면

$5a+\boxed{}=7, 5a=\boxed{}$ $\qquad \therefore a=\boxed{}$

$x=5, y=\boxed{}$를 $x+by=11$에 대입하면

$\boxed{}+2b=11, 2b=\boxed{}$ $\qquad \therefore b=\boxed{}$

1-2 연립방정식 $\begin{cases} 5x+ay=3 \\ bx-4y=7 \end{cases}$ 의 해가 $x=-3, y=2$

일 때, 상수 a, b의 값

2-1 연립방정식 $\begin{cases} ax+y=5 \\ 3x+by=11 \end{cases}$ 의 해가 $(2,1)$일 때,

상수 a, b의 값

2-2 연립방정식 $\begin{cases} 2x+ay=5 \\ bx+3y=8 \end{cases}$ 의 해가 $(-2,3)$일

때, 상수 a, b의 값

3-1 연립방정식 $\begin{cases} 2x+ay=-12 \\ 2x-y=b \end{cases}$ 의 해가 $(3,6)$일

때, 상수 a, b의 값

3-2 연립방정식 $\begin{cases} x-ay=4 \\ 2x+by=5 \end{cases}$ 의 해가 $(-2,-3)$일

때, 상수 a, b의 값

핵심 체크

연립방정식의 해가 (p, q)로 주어지면 두 일차방정식에 각각 $x=p, y=q$를 대입하여 미지수의 값을 구한다.

○ x, y가 자연수일 때, 주어진 연립방정식에 대하여 다음을 구하시오.

1-1 $\begin{cases} 2x+y=6 \\ x+3y=8 \end{cases}$

(1) 일차방정식 $2x+y=6$의 해

(2) 일차방정식 $x+3y=8$의 해

(3) 주어진 연립방정식의 해

1-2 $\begin{cases} 4x+y=11 \\ 2x+3y=13 \end{cases}$

(1) 일차방정식 $4x+y=11$의 해

(2) 일차방정식 $2x+3y=13$의 해

(3) 주어진 연립방정식의 해

○ 다음과 같이 일차방정식과 그 해가 주어질 때, 상수 a의 값을 구하시오.

2-1 $ax+y=5$ $(-1, 8)$

2-2 $4x-ay=-1$ $(2, -3)$

2-3 $x-2y=-3a$ $(-2, a)$

2-4 $3x+ay=10$ $(2a, 4)$

○ 다음과 같이 연립방정식과 그 해가 주어질 때, 상수 a, b의 값을 각각 구하시오.

3-1 $\begin{cases} x+ay=10 \\ bx-2y=4 \end{cases}$ $(3, 1)$

3-2 $\begin{cases} 2x+3y=a \\ bx-4y=-1 \end{cases}$ $(1, -3)$

핵심 체크

연립방정식의 해는 두 일차방정식의 공통인 해이므로 연립방정식의 해를 구할 때에는 두 일차방정식을 동시에 만족하는 해를 찾는다.

10 연립방정식의 풀이 : 가감법 (1)

소거할 미지수의 계수의 절댓값이 같은 경우

두 방정식을 변끼리 더하거나 빼어서 한 미지수를 소거하여 연립방정식을 푼다.

$$\begin{cases} 2x-y=5 & \cdots\cdots \text{㉠} \\ x+y=4 & \cdots\cdots \text{㉡} \end{cases}$$

두 식을 더해서 y를 소거!

→ ㉠+㉡을 하면

$$\begin{array}{r} 2x-y=5 \\ +)\ \ x+y=4 \\ \hline 3x\ \ \ \ \ =9 \\ \therefore x=3 \end{array}$$

→ $x=3$을 ㉡에 대입하면
$3+y=4$ $\therefore y=1$
따라서 연립방정식의 해는
$x=3,\ y=1$

㉠에 대입해도 결과는 같아.

○ 다음 연립방정식을 가감법을 이용하여 푸시오.

1-1
$$\begin{cases} x+y=6 & \cdots\cdots \text{㉠} \\ x-y=4 & \cdots\cdots \text{㉡} \end{cases}$$

➡ ㉠+㉡을 하면

$$\begin{array}{r} x+y=6 \\ +)\ \ x-y=4 \\ \hline \boxed{\ }x\ \ \ \ =\boxed{\ } \\ \therefore x=\boxed{\ } \end{array}$$

→ $x=\boxed{\ }$를 ㉠에 대입하면
$\boxed{\ }+y=6$
$\therefore y=\boxed{\ }$

1-2
$$\begin{cases} 3x-y=5 & \cdots\cdots \text{㉠} \\ -3x+2y=2 & \cdots\cdots \text{㉡} \end{cases}$$

2-1
$$\begin{cases} 5x-3y=9 & \cdots\cdots \text{㉠} \\ 2x+3y=12 & \cdots\cdots \text{㉡} \end{cases}$$

2-2
$$\begin{cases} -x+y=2 & \cdots\cdots \text{㉠} \\ x+3y=6 & \cdots\cdots \text{㉡} \end{cases}$$

3-1
$$\begin{cases} x+2y=7 & \cdots\cdots \text{㉠} \\ -x+y=2 & \cdots\cdots \text{㉡} \end{cases}$$

3-2
$$\begin{cases} 3x+y=4 & \cdots\cdots \text{㉠} \\ 4x-y=3 & \cdots\cdots \text{㉡} \end{cases}$$

핵심 체크

연립방정식을 가감법을 이용하여 풀 때, 소거할 미지수의 계수의 절댓값은 같고 부호가 다른 경우에는 두 식을 더해서 한 문자를 소거한다.

○ 다음 연립방정식을 가감법을 이용하여 푸시오.

4-1 $\begin{cases} x+y=5 & \cdots\cdots\ \text{㉠} \\ 2x+y=8 & \cdots\cdots\ \text{㉡} \end{cases}$

➡ ㉠−㉡을 하면

$$\begin{array}{r} x+y=5 \\ -)\ 2x+y=8 \\ \hline \boxed{}x=-3 \\ \therefore\ x=\boxed{} \end{array}$$

$x=\boxed{}$을 ㉠에 대입하면

$\boxed{}+y=5$

$\therefore\ y=\boxed{}$

4-2 $\begin{cases} 5x+2y=16 & \cdots\cdots\ \text{㉠} \\ 3x+2y=12 & \cdots\cdots\ \text{㉡} \end{cases}$

_____

5-1 $\begin{cases} 3x+2y=10 & \cdots\cdots\ \text{㉠} \\ -x+2y=2 & \cdots\cdots\ \text{㉡} \end{cases}$

_____

5-2 $\begin{cases} 2x+5y=19 & \cdots\cdots\ \text{㉠} \\ 2x+y=7 & \cdots\cdots\ \text{㉡} \end{cases}$

_____

6-1 $\begin{cases} x-2y=6 & \cdots\cdots\ \text{㉠} \\ 3x-2y=2 & \cdots\cdots\ \text{㉡} \end{cases}$

_____

6-2 $\begin{cases} 3x-y=-4 & \cdots\cdots\ \text{㉠} \\ x-y=8 & \cdots\cdots\ \text{㉡} \end{cases}$

_____

7-1 $\begin{cases} 4x+y=6 & \cdots\cdots\ \text{㉠} \\ x+y=12 & \cdots\cdots\ \text{㉡} \end{cases}$

_____

7-2 $\begin{cases} -6x-5y=13 & \cdots\cdots\ \text{㉠} \\ -6x+y=-5 & \cdots\cdots\ \text{㉡} \end{cases}$

_____

핵심 체크

연립방정식을 가감법을 이용하여 풀 때, 소거할 미지수의 계수가 같은 경우에는 한 식에서 다른 식을 빼어서 한 문자를 소거한다.

11 연립방정식의 풀이 : 가감법 (2)

하나의 방정식의 양변에 적당한 수를 곱하여 소거하려는 미지수의 계수의 절댓값을 같게 하여 연립방정식을 푼다.

$$\begin{cases} x+2y=1 & \cdots\cdots \ ㉠ \\ 2x-3y=9 & \cdots\cdots \ ㉡ \end{cases}$$

㉠, ㉡의 x의 계수를 같게 하여 빼어서 x를 소거!

㉠×2−㉡을 하면

$$\begin{array}{r} 2x+4y=2 \\ -)\ 2x-3y=9 \\ \hline 7y=-7 \\ \therefore y=-1 \end{array}$$

$y=-1$을 ㉠에 대입하면
$x-2=1 \quad \therefore x=3$
따라서 연립방정식의 해는
$x=3,\ y=-1$

◎ 다음 연립방정식을 가감법을 이용하여 푸시오.

1-1
$$\begin{cases} x-2y=5 & \cdots\cdots \ ㉠ \\ 2x+y=-5 & \cdots\cdots \ ㉡ \end{cases}$$

➡ ㉠×2−㉡을 하면

$$\begin{array}{r} 2x-4y=10 \\ -)\ 2x+\ y=-5 \\ \hline \boxed{}y=\boxed{} \\ \therefore y=\boxed{} \end{array}$$

$y=\boxed{}$을 ㉠에 대입하면
$x+\boxed{}=5$
$\therefore x=\boxed{}$

1-2
$$\begin{cases} x+y=1 & \cdots\cdots \ ㉠ \\ 2x-3y=12 & \cdots\cdots \ ㉡ \end{cases}$$

2-1
$$\begin{cases} x-3y=5 & \cdots\cdots \ ㉠ \\ 2x+y=3 & \cdots\cdots \ ㉡ \end{cases}$$

2-2
$$\begin{cases} 3x-2y=4 & \cdots\cdots \ ㉠ \\ x+4y=-8 & \cdots\cdots \ ㉡ \end{cases}$$

3-1
$$\begin{cases} x+2y=-5 & \cdots\cdots \ ㉠ \\ 3x-y=6 & \cdots\cdots \ ㉡ \end{cases}$$

3-2
$$\begin{cases} x-4y=7 & \cdots\cdots \ ㉠ \\ 7x+2y=-11 & \cdots\cdots \ ㉡ \end{cases}$$

핵심 체크

연립방정식을 가감법을 이용하여 풀 때, 소거할 미지수의 계수의 절댓값이 다른 경우 (1)

① 하나의 방정식의 양변에 적당한 수를 곱하여 소거하려는 미지수의 계수의 절댓값을 같게 한다.

② 그 미지수의 계수의 부호가 같으면 한 식에서 다른 식을 빼고, 부호가 다르면 두 식을 더한다.

○ 다음 연립방정식을 가감법을 이용하여 푸시오.

4-1 $\begin{cases} x-y=6 & \cdots\cdots \ \text{㉠} \\ 3x+2y=-2 & \cdots\cdots \ \text{㉡} \end{cases}$

➡ ㉠×2+㉡을 하면

$$2x-2y=12$$
$$+\ )\underline{3x+2y=-2}$$
$$\boxed{}x\quad\ =\boxed{}$$
$$\therefore\ x=\boxed{}$$

$x=\boxed{}$ 를
㉠에 대입하면
$$\boxed{}-y=6$$
$$\therefore\ y=\boxed{}$$

4-2 $\begin{cases} x+y=2 & \cdots\cdots \ \text{㉠} \\ 3x-2y=6 & \cdots\cdots \ \text{㉡} \end{cases}$

_____

5-1 $\begin{cases} 6x-7y=12 & \cdots\cdots \ \text{㉠} \\ -3x+2y=3 & \cdots\cdots \ \text{㉡} \end{cases}$

_____

5-2 $\begin{cases} 3x+5y=-2 & \cdots\cdots \ \text{㉠} \\ 2x-y=3 & \cdots\cdots \ \text{㉡} \end{cases}$

_____

6-1 $\begin{cases} x+2y=11 & \cdots\cdots \ \text{㉠} \\ 2x-y=2 & \cdots\cdots \ \text{㉡} \end{cases}$

_____

6-2 $\begin{cases} 3x-4y=6 & \cdots\cdots \ \text{㉠} \\ x-y=3 & \cdots\cdots \ \text{㉡} \end{cases}$

_____

7-1 $\begin{cases} 3x+y=10 & \cdots\cdots \ \text{㉠} \\ 2x-3y=3 & \cdots\cdots \ \text{㉡} \end{cases}$

_____

7-2 $\begin{cases} 4x-y=-5 & \cdots\cdots \ \text{㉠} \\ 2x+3y=-13 & \cdots\cdots \ \text{㉡} \end{cases}$

_____

> **핵심 체크**
>
> 연립방정식을 가감법을 이용하여 풀 때, x와 y 중 어느 것을 소거할지 먼저 결정한다.

12 연립방정식의 풀이 : 가감법 (3)

각 방정식에 적당한 수를 곱하여 소거하려는 미지수의 계수의 절댓값을 같게 하여 연립방정식을 푼다.

$$\begin{cases} 2x - 3y = 5 & \cdots\cdots ㉠ \\ 5x + 2y = 3 & \cdots\cdots ㉡ \end{cases}$$

y의 계수의 절댓값을 같게
하여 더해서 y를 소거!

$\longrightarrow$ ㉠×2+㉡×3을 하면

$$\begin{array}{r} 4x - 6y = 10 \\ +) \ 15x + 6y = 9 \\ \hline 19x \qquad\quad = 19 \\ \therefore x = 1 \end{array}$$

$\longrightarrow$ $x=1$을 ㉠에 대입하면
$2 - 3y = 5,\ -3y = 3 \quad \therefore y = -1$
따라서 연립방정식의 해는
$x = 1,\ y = -1$

○ 다음 연립방정식을 가감법을 이용하여 푸시오.

1-1
$$\begin{cases} 3x - 2y = 4 & \cdots\cdots ㉠ \\ 8x + 3y = 19 & \cdots\cdots ㉡ \end{cases}$$
➡ ㉠×3+㉡×2를 하면
$$\begin{array}{r} 9x - 6y = 12 \\ +) \ 16x + 6y = 38 \\ \hline \boxed{}x \quad = \boxed{} \\ \therefore x = \boxed{} \end{array}$$
$x = \boxed{}$ 를
㉠에 대입하면
$\boxed{} - 2y = 4$
$\therefore y = \boxed{}$

1-2
$$\begin{cases} 3x + 4y = 5 & \cdots\cdots ㉠ \\ 5x + 6y = 7 & \cdots\cdots ㉡ \end{cases}$$

2-1
$$\begin{cases} 4x - 3y = 1 & \cdots\cdots ㉠ \\ 3x - 2y = 4 & \cdots\cdots ㉡ \end{cases}$$

2-2
$$\begin{cases} 5x - 3y = 10 & \cdots\cdots ㉠ \\ 3x + 2y = 6 & \cdots\cdots ㉡ \end{cases}$$

3-1
$$\begin{cases} 7x - 2y = -12 & \cdots\cdots ㉠ \\ 5x - 3y = -7 & \cdots\cdots ㉡ \end{cases}$$

3-2
$$\begin{cases} 3x - 2y = 4 & \cdots\cdots ㉠ \\ 8x - 5y = 13 & \cdots\cdots ㉡ \end{cases}$$

핵심 체크

연립방정식을 가감법을 이용하여 풀 때, 소거할 미지수의 계수의 절댓값이 다른 경우 (2)

① 각 방정식에 적당한 수를 곱하여 소거하려는 미지수의 계수의 절댓값을 같게 한다.

② 그 미지수의 계수의 부호가 같으면 한 식에서 다른 식을 빼고, 부호가 다르면 두 식을 더한다.

○ 다음 연립방정식을 가감법을 이용하여 푸시오.

4-1 $\begin{cases} 5x - 3y = 12 & \cdots\cdots ㉠ \\ 2x - 5y = 1 & \cdots\cdots ㉡ \end{cases}$

_____

4-2 $\begin{cases} 2x + 5y = -1 & \cdots\cdots ㉠ \\ 3x + 4y = 2 & \cdots\cdots ㉡ \end{cases}$

_____

5-1 $\begin{cases} 4x + 5y = 13 & \cdots\cdots ㉠ \\ -3x + 7y = 1 & \cdots\cdots ㉡ \end{cases}$

_____

5-2 $\begin{cases} 2x - 3y = 5 & \cdots\cdots ㉠ \\ 3x + 2y = 1 & \cdots\cdots ㉡ \end{cases}$

_____

6-1 $\begin{cases} 3x + 4y = 5 & \cdots\cdots ㉠ \\ 2x - 3y = -8 & \cdots\cdots ㉡ \end{cases}$

_____

6-2 $\begin{cases} 3x + 2y = 9 & \cdots\cdots ㉠ \\ 4x + 3y = 13 & \cdots\cdots ㉡ \end{cases}$

_____

7-1 $\begin{cases} -4x - 3y = 2 & \cdots\cdots ㉠ \\ 5x + 4y = -3 & \cdots\cdots ㉡ \end{cases}$

_____

7-2 $\begin{cases} 3x - 2y = 5 & \cdots\cdots ㉠ \\ 4x - 5y = 2 & \cdots\cdots ㉡ \end{cases}$

_____

핵심 체크

x와 y 중 어떤 미지수를 소거할지 결정할 때에는 계산이 조금 더 간단한 경우를 선택한다.

13 연립방정식의 풀이 : 대입법 (1)

$$\begin{cases} x = 5 - 3y & \cdots\cdots ㉠ \\ 2x - 3y = 1 & \cdots\cdots ㉡ \end{cases}$$

㉠을 ㉡에 대입하면

$2(5 - 3y) - 3y = 1$

> x가 소거되어 y에 대한 일차방정식이 된다.

$10 - 6y - 3y = 1$
$-9y = -9$
$\therefore y = 1$

$y = 1$을 ㉠에 대입하면
$x = 5 - 3 \times 1 = 2$
따라서 연립방정식의 해는
$x = 2,\ y = 1$

○ 다음 연립방정식을 대입법을 이용하여 푸시오.

1-1
$$\begin{cases} x + y = 30 & \cdots\cdots ㉠ \\ y = x + 2 & \cdots\cdots ㉡ \end{cases}$$

➡ ㉡을 ㉠에 대입하면

$x + (\boxed{}) = 30$

$2x = \boxed{} \qquad \therefore x = \boxed{}$

$x = \boxed{}$를 ㉡에 대입하면

$y = \boxed{} + 2 = \boxed{}$

1-2
$$\begin{cases} y = 2x - 10 & \cdots\cdots ㉠ \\ 2x + y = 2 & \cdots\cdots ㉡ \end{cases}$$

_____

2-1
$$\begin{cases} y = 2x - 1 & \cdots\cdots ㉠ \\ 2x + y = 7 & \cdots\cdots ㉡ \end{cases}$$

_____

2-2
$$\begin{cases} x = 2y - 1 & \cdots\cdots ㉠ \\ x - y = -3 & \cdots\cdots ㉡ \end{cases}$$

_____

3-1
$$\begin{cases} 2x = 3y - 1 & \cdots\cdots ㉠ \\ 2x + 5y = 23 & \cdots\cdots ㉡ \end{cases}$$

_____

3-2
$$\begin{cases} 3x - y = -7 & \cdots\cdots ㉠ \\ 3x = 2y - 5 & \cdots\cdots ㉡ \end{cases}$$

_____

> **핵심 체크**
>
> 두 방정식 중 어느 하나가 '$x = (y$에 대한 식$)$'의 꼴이거나 '$y = (x$에 대한 식$)$'의 꼴일 때에는 대입법을 이용하는 것이 편리하다.

○ 다음 연립방정식을 대입법을 이용하여 푸시오.

4-1 $\begin{cases} y=2x-3 & \cdots\cdots \ ㉠ \\ 3x-2y=4 & \cdots\cdots \ ㉡ \end{cases}$

➡ ㉠을 ㉡에 대입하면

$3x-2(2x-3)=4$

$-x=\boxed{}$ $\therefore \ x=\boxed{}$

$x=\boxed{}$를 ㉠에 대입하면

$y=2\times\boxed{}-3=\boxed{}$

4-2 $\begin{cases} x=3y-2 & \cdots\cdots \ ㉠ \\ 3x-2y=8 & \cdots\cdots \ ㉡ \end{cases}$

_____

5-1 $\begin{cases} x+2y=8 & \cdots\cdots \ ㉠ \\ y=2x-1 & \cdots\cdots \ ㉡ \end{cases}$

_____

5-2 $\begin{cases} -x+2y=2 & \cdots\cdots \ ㉠ \\ x=y+6 & \cdots\cdots \ ㉡ \end{cases}$

_____

6-1 $\begin{cases} y=-x+3 & \cdots\cdots \ ㉠ \\ 4x+3y=12 & \cdots\cdots \ ㉡ \end{cases}$

_____

6-2 $\begin{cases} y=2x+3 & \cdots\cdots \ ㉠ \\ 4x-y=9 & \cdots\cdots \ ㉡ \end{cases}$

_____

7-1 $\begin{cases} y=-x+4 & \cdots\cdots \ ㉠ \\ 3x-2y=7 & \cdots\cdots \ ㉡ \end{cases}$

_____

7-2 $\begin{cases} x=2y-3 & \cdots\cdots \ ㉠ \\ 2x+y=4 & \cdots\cdots \ ㉡ \end{cases}$

_____

핵심 체크

한 방정식을 다른 방정식에 대입할 때에는 (   )를 사용한다.

14 연립방정식의 풀이 : 대입법 (2)

두 방정식 중에서 한 방정식을 $x=(y$에 대한 식$)$ 또는 $y=(x$에 대한 식$)$으로 바꾸어 대입하여 연립방정식을 푼다.

$$\begin{cases} x-y=1 \\ 2x+y=8 \end{cases} \rightarrow \begin{cases} \boxed{x=y+1} \quad \cdots\cdots ㉠ \\ 2x+y=8 \quad \cdots\cdots ㉡ \end{cases}$$

$x-y=1$을
$x=(y$에 대한 식$)$으로
바꾼다.

$\rightarrow$ ㉠을 ㉡에 대입하면

$$2(y+1)+y=8$$
$$2y+2+y=8$$
$$3y=6$$
$$\therefore y=2$$

$\rightarrow$ $y=2$를 ㉠에 대입하면
$x=2+1=3$
따라서 연립방정식의 해는
$x=3, y=2$

○ 다음 연립방정식을 대입법을 이용하여 푸시오.

1-1
$$\begin{cases} 5x+y=2 \quad \cdots\cdots ㉠ \\ 7x+2y=10 \quad \cdots\cdots ㉡ \end{cases}$$

➡ ㉠을 y에 대하여 풀면

$y=\boxed{}$ $\cdots\cdots$ ㉢

㉢을 ㉡에 대입하면

$7x+2(\boxed{})=10$

$\boxed{}x=6$ $\therefore x=\boxed{}$

$x=\boxed{}$를 ㉢에 대입하면 $y=\boxed{}$

1-2
$$\begin{cases} 4x+y=14 \quad \cdots\cdots ㉠ \\ 3x-2y=5 \quad \cdots\cdots ㉡ \end{cases}$$

_____

2-1
$$\begin{cases} 3x-y=4 \quad \cdots\cdots ㉠ \\ 2x-3y=5 \quad \cdots\cdots ㉡ \end{cases}$$

_____

2-2
$$\begin{cases} 2x-y=5 \quad \cdots\cdots ㉠ \\ 3x+4y=2 \quad \cdots\cdots ㉡ \end{cases}$$

_____

3-1
$$\begin{cases} x-3y=7 \quad \cdots\cdots ㉠ \\ 5x+2y=1 \quad \cdots\cdots ㉡ \end{cases}$$

_____

3-2
$$\begin{cases} 4x+y=6 \quad \cdots\cdots ㉠ \\ 7x+2y=8 \quad \cdots\cdots ㉡ \end{cases}$$

_____

핵심 체크

연립방정식을 대입법을 이용하여 풀 때,

① 한 방정식을 $x=(y$에 대한 식$)$ 또는 $y=(x$에 대한 식$)$의 꼴로 바꾼다.

② ①에서 바꾼 식을 다른 방정식에 대입하여 푼다.

○ 다음 연립방정식을 대입법을 이용하여 푸시오.

4-1 $\begin{cases} 4x+3y=-4 & \cdots\cdots ㉠ \\ 2x+y=1 & \cdots\cdots ㉡ \end{cases}$

_____

4-2 $\begin{cases} -x+4y=-6 & \cdots\cdots ㉠ \\ 5x+6y=4 & \cdots\cdots ㉡ \end{cases}$

_____

5-1 $\begin{cases} x-2y=3 & \cdots\cdots ㉠ \\ 3x-4y=11 & \cdots\cdots ㉡ \end{cases}$

_____

5-2 $\begin{cases} 3x+y=6 & \cdots\cdots ㉠ \\ 5x-3y=-4 & \cdots\cdots ㉡ \end{cases}$

_____

6-1 $\begin{cases} x+3y=5 & \cdots\cdots ㉠ \\ 2x-5y=-1 & \cdots\cdots ㉡ \end{cases}$

_____

6-2 $\begin{cases} 2x+y=-1 & \cdots\cdots ㉠ \\ x+y=1 & \cdots\cdots ㉡ \end{cases}$

_____

7-1 $\begin{cases} y=2x-11 & \cdots\cdots ㉠ \\ y=-2x-3 & \cdots\cdots ㉡ \end{cases}$

➡ ㉠을 ㉡에 대입하면

$\boxed{}=-2x-3$

$\boxed{}x=8 \qquad \therefore x=\boxed{}$

$x=\boxed{}$를 ㉠에 대입하면 $y=\boxed{}$

7-2 $\begin{cases} x=-y & \cdots\cdots ㉠ \\ x=-5y+4 & \cdots\cdots ㉡ \end{cases}$

_____

⎡ **핵심 체크** ⎤

$x=(y$에 대한 식$)$ 또는 $y=(x$에 대한 식$)$의 꼴로 바꿀 때에는 바꾸기 쉬운 방정식을 선택한다.

기본연산 집중연습 | 10~14

○ 다음 연립방정식을 가감법을 이용하여 푸시오.

1-1 $\begin{cases} 2x+y=7 & \cdots\cdots ㉠ \\ x+y=5 & \cdots\cdots ㉡ \end{cases}$

1-2 $\begin{cases} 4x+3y=2 & \cdots\cdots ㉠ \\ x-3y=8 & \cdots\cdots ㉡ \end{cases}$

1-3 $\begin{cases} x-2y=12 & \cdots\cdots ㉠ \\ 7x-4y=-6 & \cdots\cdots ㉡ \end{cases}$

1-4 $\begin{cases} 3x+2y=-1 & \cdots\cdots ㉠ \\ 2x-3y=-5 & \cdots\cdots ㉡ \end{cases}$

1-5 $\begin{cases} 3x-4y=5 & \cdots\cdots ㉠ \\ 2x-3y=7 & \cdots\cdots ㉡ \end{cases}$

1-6 $\begin{cases} 7x-6y=33 & \cdots\cdots ㉠ \\ 5x-8y=31 & \cdots\cdots ㉡ \end{cases}$

○ 다음 연립방정식을 대입법을 이용하여 푸시오.

2-1 $\begin{cases} y=3x-2 & \cdots\cdots ㉠ \\ 2x+y=8 & \cdots\cdots ㉡ \end{cases}$

2-2 $\begin{cases} 5x-4y=-1 & \cdots\cdots ㉠ \\ x=3y+2 & \cdots\cdots ㉡ \end{cases}$

2-3 $\begin{cases} x-3y=-2 & \cdots\cdots ㉠ \\ 5x+2y=7 & \cdots\cdots ㉡ \end{cases}$

2-4 $\begin{cases} 3x+2y=9 & \cdots\cdots ㉠ \\ 4x-y=23 & \cdots\cdots ㉡ \end{cases}$

핵심 체크

❶ 연립방정식을 풀 때에는 가감법과 대입법을 이용한다.
  • 가감법 : 두 방정식을 변끼리 더하거나 빼어서 한 미지수를 소거하는 방법
  • 대입법 : 한 방정식을 한 미지수에 대하여 푼 후 그것을 다른 방정식에 대입하는 방법

○ 다음 연립방정식을 푸시오. 가감법과 대입법 중 어떤 방법으로 풀어도 상관없어.

3-1 $\begin{cases} -3x+y=1 & \cdots\cdots\ \text{㉠} \\ x-y=5 & \cdots\cdots\ \text{㉡} \end{cases}$

3-2 $\begin{cases} y=-5x+2 & \cdots\cdots\ \text{㉠} \\ 2x+y=-1 & \cdots\cdots\ \text{㉡} \end{cases}$

3-3 $\begin{cases} 3x+y=6 & \cdots\cdots\ \text{㉠} \\ 5x-3y=-4 & \cdots\cdots\ \text{㉡} \end{cases}$

3-4 $\begin{cases} 3x+2y=-5 & \cdots\cdots\ \text{㉠} \\ 5x+3y=-7 & \cdots\cdots\ \text{㉡} \end{cases}$

3-5 $\begin{cases} 2x+y=x & \cdots\cdots\ \text{㉠} \\ -3y+4=2x & \cdots\cdots\ \text{㉡} \end{cases}$

3-6 $\begin{cases} 2x+3y=23 & \cdots\cdots\ \text{㉠} \\ -2x+5y=17 & \cdots\cdots\ \text{㉡} \end{cases}$

3-7 $\begin{cases} 2x+7y=23 & \cdots\cdots\ \text{㉠} \\ -3x+5y=12 & \cdots\cdots\ \text{㉡} \end{cases}$

3-8 $\begin{cases} x+3y=5 & \cdots\cdots\ \text{㉠} \\ 2x-5y=-1 & \cdots\cdots\ \text{㉡} \end{cases}$

3-9 $\begin{cases} x-3y=-5 & \cdots\cdots\ \text{㉠} \\ -2x+y=5 & \cdots\cdots\ \text{㉡} \end{cases}$

3-10 $\begin{cases} x+3y=-1 & \cdots\cdots\ \text{㉠} \\ 2x=3y-2 & \cdots\cdots\ \text{㉡} \end{cases}$

> **핵심 체크**
>
> ❷ 두 방정식에서 한 미지수의 계수의 절댓값이 같을 때에는 가감법을 이용하는 것이 편리하다.
>
> ❸ 두 방정식 중 어느 하나가 '$x=(y$에 대한 식$)$' 또는 '$y=(x$에 대한 식$)$'의 꼴일 때에는 대입법을 이용하는 것이 편리하다.

○ 다음 그림과 같이 차례대로 주어진 연산을 통하여 식을 얻었다고 할 때, 연립방정식을 세우고 그 해를 구하시오.

4-1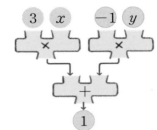

〈연립방정식〉

$$\begin{cases} 3x - y = 1 \\ 2x + y = 4 \end{cases}$$

〈연립방정식의 해〉

_____

4-2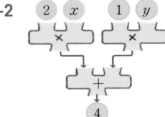

〈연립방정식〉

〈연립방정식의 해〉

_____

4-3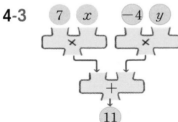

〈연립방정식〉

〈연립방정식의 해〉

_____

4-4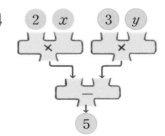

〈연립방정식〉

〈연립방정식의 해〉

_____

핵심 체크

④ 가감법과 대입법 중 어느 방법으로 연립방정식을 풀어도 해는 같다.

○ 다음은 재인이가 연립방정식을 푸는 과정을 나타낸 것이다. 풀이 과정에서 처음으로 틀린 부분을 찾고, 그 부분부터 다시 풀어 연립방정식의 해를 바르게 구하시오.

5-1

$$\begin{cases} 3x - y = 6 & \cdots\cdots ㉠ \\ x - 2y = -3 & \cdots\cdots ㉡ \end{cases}$$

➡ ㉠ × 2를 하면 $6x - 2y = 6$ $\cdots\cdots$ ㉢

㉡ − ㉢을 하면 $-5x = -9$ $\therefore x = \dfrac{9}{5}$

$x = \dfrac{9}{5}$를 ㉡에 대입하면

$\dfrac{9}{5} - 2y = -3$, $-2y = -\dfrac{24}{5}$ $\therefore y = \dfrac{12}{5}$

$\therefore x = \dfrac{9}{5}, y = \dfrac{12}{5}$

5-2

$$\begin{cases} 2x - y = 5 & \cdots\cdots ㉠ \\ y = x - 2 & \cdots\cdots ㉡ \end{cases}$$

➡ ㉡을 ㉠에 대입하면

$2x - (x - 2) = 5$

$2x - x - 2 = 5$ $\therefore x = 7$

$x = 7$을 ㉡에 대입하면 $y = 7 - 2 = 5$

$\therefore x = 7, y = 5$

5-3

$$\begin{cases} 2x - 3y = 13 & \cdots\cdots ㉠ \\ 3x + 3y = -3 & \cdots\cdots ㉡ \end{cases}$$

➡ ㉠ − ㉡을 하면 $-x = 16$ $\therefore x = -16$

$x = -16$을 ㉡에 대입하면

$-48 + 3y = -3$, $3y = 45$ $\therefore y = 15$

$\therefore x = -16, y = 15$

핵심 체크

❺ 등식의 양변에 같은 수를 곱할 때에는 양변의 모든 항에 빠짐없이 곱해야 한다.

❻ 괄호를 풀 때에는 괄호 앞에 곱해진 수를 괄호 안의 모든 항에 곱해야 한다.

15 괄호가 있는 연립방정식의 풀이

분배법칙을 이용하여 괄호를 풀고 동류항끼리 간단히 정리한 후 연립방정식을 푼다.

$$\begin{cases} 2(x-y)+3x=2 \\ 7x-3(2x-y)=14 \end{cases} \rightarrow \begin{cases} 2x-2y+3x=2 \\ 7x-6x+3y=14 \end{cases} \rightarrow \begin{cases} 5x-2y=2 \\ x+3y=14 \end{cases} \rightarrow x=2,\ y=4$$

괄호를 푼다.　　　　　　　동류항끼리 간단히 정리한다.

○ 다음 연립방정식을 푸시오.

1-1
$$\begin{cases} 4x-2(x-y)=-1 & \cdots\cdots \ ㉠ \\ 2x+y=3 & \cdots\cdots \ ㉡ \end{cases}$$

➡ ㉠의 괄호를 풀면 $4x-2x+\boxed{}y=-1$

$2x+\boxed{}y=-1 \quad \cdots\cdots \ ㉢$

㉡, ㉢을 연립하여 풀면

$x=\boxed{},\ y=\boxed{}$

1-2
$$\begin{cases} 2x+y=6 & \cdots\cdots \ ㉠ \\ 2(2x+y)+y=10 & \cdots\cdots \ ㉡ \end{cases}$$

2-1
$$\begin{cases} x+8y=-5 & \cdots\cdots \ ㉠ \\ -x+3(x+y)=3 & \cdots\cdots \ ㉡ \end{cases}$$

2-2
$$\begin{cases} 3(x-1)=y+1 & \cdots\cdots \ ㉠ \\ x+1=y-1 & \cdots\cdots \ ㉡ \end{cases}$$

3-1
$$\begin{cases} x-2y=9 & \cdots\cdots \ ㉠ \\ 4(x+y)-x=7 & \cdots\cdots \ ㉡ \end{cases}$$

3-2
$$\begin{cases} 3x+4y=7 & \cdots\cdots \ ㉠ \\ 4x-(x+y)=2 & \cdots\cdots \ ㉡ \end{cases}$$

핵심 체크

괄호가 있는 연립방정식은 먼저 분배법칙을 이용하여 괄호를 푼다.

○ 다음 연립방정식을 푸시오.

4-1
$$\begin{cases} 5x-2(x+y)=6 & \cdots\cdots ㉠ \\ 2(2x+y)+y=8 & \cdots\cdots ㉡ \end{cases}$$
➡ ㉠, ㉡의 괄호를 풀어 정리하면
$$\begin{cases} \boxed{}x-2y=6 & \cdots\cdots ㉢ \\ 4x+\boxed{}y=8 & \cdots\cdots ㉣ \end{cases}$$
㉢, ㉣을 연립하여 풀면
$x=\boxed{}$, $y=\boxed{}$

4-2
$$\begin{cases} 3x+2(x-y)=-3 & \cdots\cdots ㉠ \\ 2(x+y)+y=-5 & \cdots\cdots ㉡ \end{cases}$$

_____

5-1
$$\begin{cases} 5x-2(x-y)=-1 & \cdots\cdots ㉠ \\ -(x-2y)+3(x+y)=3 & \cdots\cdots ㉡ \end{cases}$$

_____

5-2
$$\begin{cases} 3(x+y)-4y=5 & \cdots\cdots ㉠ \\ x+2(x-y)=1 & \cdots\cdots ㉡ \end{cases}$$

_____

6-1
$$\begin{cases} 3x-2(x+y)=8 & \cdots\cdots ㉠ \\ 2(2x+y)-3y=-3 & \cdots\cdots ㉡ \end{cases}$$

_____

6-2
$$\begin{cases} 3(x-2)-2y=2(x-1) & \cdots\cdots ㉠ \\ 5(x-1)=2(y+3)+1 & \cdots\cdots ㉡ \end{cases}$$

_____

7-1
$$\begin{cases} 2(x-y)-x=-7 & \cdots\cdots ㉠ \\ 2(x+y)-y=-4 & \cdots\cdots ㉡ \end{cases}$$

_____

7-2
$$\begin{cases} 3x-2(x+2y)=12 & \cdots\cdots ㉠ \\ 2(x-y)=2-5y & \cdots\cdots ㉡ \end{cases}$$

_____

핵심 체크

괄호를 풀 때에는 괄호 앞에 곱해진 수를 괄호 안의 모든 항에 곱해야 한다. 이때 부호에 주의한다.

16 계수가 소수인 연립방정식의 풀이

양변의 모든 항에 10, 100, 1000, … 중 적당한 수를 10의 거듭제곱을 곱하여 계수를 정수로 바꾼 후 연립방정식을 푼다.

$$\begin{cases} x-0.3y=1.1 \\ 0.7x+0.4y=2.6 \end{cases} \xrightarrow[\text{양변에 10을 곱한다.}]{\text{양변에 10을 곱한다.}} \begin{cases} 10x-3y=11 \\ 7x+4y=26 \end{cases} \rightarrow x=2, y=3$$

주의 $x-0.3y=1.1$의 양변에 10을 곱할 때에는 모든 항에 곱해야 한다.
➡ $10x-3y=11$ (○), $x-3y=11$ (×)

◯ 다음 연립방정식을 푸시오.

1-1
$$\begin{cases} 0.4x+0.1y=0.2 & \cdots\cdots ㉠ \\ 0.7x+0.2y=0.5 & \cdots\cdots ㉡ \end{cases}$$
➡ ㉠, ㉡의 양변에 각각 10을 곱하면
$$\begin{cases} \boxed{}x+y=2 & \cdots\cdots ㉢ \\ 7x+\boxed{}y=5 & \cdots\cdots ㉣ \end{cases}$$
㉢, ㉣을 연립하여 풀면
$x=\boxed{}$, $y=\boxed{}$

1-2
$$\begin{cases} 0.2x+0.3y=0.8 & \cdots\cdots ㉠ \\ 0.7x-0.2y=0.3 & \cdots\cdots ㉡ \end{cases}$$

2-1
$$\begin{cases} 0.1x-0.5y=-0.3 & \cdots\cdots ㉠ \\ 0.2x+0.3y=0.7 & \cdots\cdots ㉡ \end{cases}$$

2-2
$$\begin{cases} 0.4x+0.3y=2.5 & \cdots\cdots ㉠ \\ 0.7x-0.4y=1.6 & \cdots\cdots ㉡ \end{cases}$$

3-1
$$\begin{cases} x+3y=-7 & \cdots\cdots ㉠ \\ 0.2x-0.3y=1.3 & \cdots\cdots ㉡ \end{cases}$$

3-2
$$\begin{cases} 0.2x-0.5y=0.8 & \cdots\cdots ㉠ \\ 0.08x+0.01y=-0.1 & \cdots\cdots ㉡ \end{cases}$$

핵심 체크

계수가 소수인 연립방정식은 양변에 10, 100, 1000, … 중 적당한 수를 곱하여 계수를 정수로 바꾼다.

○ 다음 연립방정식을 푸시오.

4-1 $\begin{cases} 0.2x - 0.3y = -1 & \cdots\cdots ㉠ \\ 0.4x - 5y = 6.8 & \cdots\cdots ㉡ \end{cases}$

_____

4-2 $\begin{cases} 0.1x + 0.2y = 0.2 & \cdots\cdots ㉠ \\ 0.04x + 0.06y = 0.07 & \cdots\cdots ㉡ \end{cases}$

_____

5-1 $\begin{cases} 0.2x - 0.5y = 3 & \cdots\cdots ㉠ \\ 0.2x - 0.1y = 1.4 & \cdots\cdots ㉡ \end{cases}$

_____

5-2 $\begin{cases} 1.4x + 1.3y = -6.7 & \cdots\cdots ㉠ \\ 0.14x - 0.35y = 0.77 & \cdots\cdots ㉡ \end{cases}$

_____

6-1 $\begin{cases} 0.2x = 0.1y - 1 & \cdots\cdots ㉠ \\ 4x - 0.5y = 7 & \cdots\cdots ㉡ \end{cases}$

_____

6-2 $\begin{cases} 0.5x - y = 2 & \cdots\cdots ㉠ \\ 0.01x - 0.04y = 0.02 & \cdots\cdots ㉡ \end{cases}$

_____

7-1 $\begin{cases} 0.4x + 0.3y = 2.4 & \cdots\cdots ㉠ \\ 0.6x - 0.15y = 1.2 & \cdots\cdots ㉡ \end{cases}$

_____

7-2 $\begin{cases} x - 2y = 5 & \cdots\cdots ㉠ \\ 0.2x - 0.3y = 1.2 & \cdots\cdots ㉡ \end{cases}$

_____

> **핵심 체크**
>
> 소수인 계수를 정수로 만들기 위해 양변에 10의 거듭제곱을 곱할 때에는 계수가 정수인 항에도 빠짐없이 곱한다.

17 계수가 분수인 연립방정식의 풀이

양변의 모든 항에 분모의 최소공배수를 곱하여 계수를 정수로 바꾼 후 연립방정식을 푼다.

$$\begin{cases} \dfrac{x}{5} - \dfrac{y}{2} = -\dfrac{4}{5} \\ \dfrac{x}{3} + \dfrac{y}{2} = 4 \end{cases}$$

양변에 분모의 최소공배수
10을 곱한다.

양변에 분모의 최소공배수
6을 곱한다.

$$\begin{cases} 2x - 5y = -8 \\ 2x + 3y = 24 \end{cases} \longrightarrow x = 6,\ y = 4$$

○ 다음 연립방정식을 푸시오.

1-1
$$\begin{cases} \dfrac{1}{2}x - \dfrac{1}{3}y = 1 & \cdots\cdots ㉠ \\ \dfrac{1}{5}x - \dfrac{1}{4}y = -1 & \cdots\cdots ㉡ \end{cases}$$

➡ ㉠×6을 하면

$\boxed{}\,x - 2y = \boxed{}$ ⋯⋯ ㉢

㉡×$\boxed{}$을 하면

$4x - 5y = \boxed{}$ ⋯⋯ ㉣

㉢, ㉣을 연립하여 풀면

$x = \boxed{}$, $y = \boxed{}$

1-2
$$\begin{cases} 3x + 2y = 5 & \cdots\cdots ㉠ \\ \dfrac{x}{2} - \dfrac{y}{4} = 2 & \cdots\cdots ㉡ \end{cases}$$

2-1
$$\begin{cases} \dfrac{x}{4} - \dfrac{y}{5} = -1 & \cdots\cdots ㉠ \\ \dfrac{x}{2} - \dfrac{y}{3} = -2 & \cdots\cdots ㉡ \end{cases}$$

2-2
$$\begin{cases} \dfrac{x}{3} - \dfrac{y}{4} = 4 & \cdots\cdots ㉠ \\ 2x + 3y = 6 & \cdots\cdots ㉡ \end{cases}$$

3-1
$$\begin{cases} \dfrac{x}{5} + \dfrac{y}{4} = 2 & \cdots\cdots ㉠ \\ y = -x + 9 & \cdots\cdots ㉡ \end{cases}$$

3-2
$$\begin{cases} \dfrac{3}{2}x + \dfrac{1}{4}y = -2 & \cdots\cdots ㉠ \\ \dfrac{2}{3}x - \dfrac{5}{6}y = 1 & \cdots\cdots ㉡ \end{cases}$$

핵심 체크

계수가 분수인 연립방정식은 각 방정식의 양변에 분모의 최소공배수를 곱하여 계수를 정수로 바꾼다.

◯ 다음 연립방정식의 해를 구하시오.

4-1 $\begin{cases} \dfrac{1}{2}x - \dfrac{1}{3}y = \dfrac{1}{2} & \cdots\cdots ㉠ \\ \dfrac{1}{5}x - \dfrac{1}{4}y = -\dfrac{1}{2} & \cdots\cdots ㉡ \end{cases}$

4-2 $\begin{cases} \dfrac{1}{5}x + \dfrac{1}{4}y = \dfrac{2}{5} & \cdots\cdots ㉠ \\ \dfrac{2}{3}x + \dfrac{1}{6}y = \dfrac{8}{3} & \cdots\cdots ㉡ \end{cases}$

_____

5-1 $\begin{cases} \dfrac{3}{10}x + \dfrac{4}{5}y = 2 & \cdots\cdots ㉠ \\ \dfrac{x}{4} - \dfrac{y}{12} = -\dfrac{4}{3} & \cdots\cdots ㉡ \end{cases}$

5-2 $\begin{cases} \dfrac{x}{2} - \dfrac{y}{3} = \dfrac{2}{3} & \cdots\cdots ㉠ \\ \dfrac{x}{5} + \dfrac{y}{10} = \dfrac{1}{2} & \cdots\cdots ㉡ \end{cases}$

_____

6-1 $\begin{cases} \dfrac{x}{2} - \dfrac{y-7}{5} = 3 & \cdots\cdots ㉠ \\ x - y = 5 & \cdots\cdots ㉡ \end{cases}$

➡ ㉠×10을 하면 $5x - 2(y-7) = \boxed{}$

$5x - 2y = \boxed{}$ $\cdots\cdots ㉢$

㉡, ㉢을 연립하여 풀면

$x = \boxed{}, y = \boxed{}$

6-2 $\begin{cases} \dfrac{x}{2} - \dfrac{y}{3} = -3 & \cdots\cdots ㉠ \\ \dfrac{x}{3} - \dfrac{y-4}{2} = -\dfrac{5}{3} & \cdots\cdots ㉡ \end{cases}$

_____

7-1 $\begin{cases} \dfrac{x}{2} - \dfrac{y}{4} = 1 & \cdots\cdots ㉠ \\ \dfrac{x-y}{3} = \dfrac{1}{2} & \cdots\cdots ㉡ \end{cases}$

7-2 $\begin{cases} 5x - y = 4 & \cdots\cdots ㉠ \\ \dfrac{x+y}{4} - \dfrac{y}{2} = -1 & \cdots\cdots ㉡ \end{cases}$

_____

___핵심 체크___

분수인 계수를 정수로 만들기 위해 양변에 분모의 최소공배수를 곱할 때에는 계수가 정수인 항에도 빠짐없이 곱한다.

18 복잡한 연립방정식의 풀이

$$\begin{cases} 0.5x - 0.2y = 1.8 \xrightarrow{\text{양변에 } 10\text{을 곱한다.}} \\ \dfrac{3}{2}x + \dfrac{1}{4}y = 2 \xrightarrow[\text{4를 곱한다.}]{\text{양변에 분모의 최소공배수}} \end{cases} \begin{cases} 5x - 2y = 18 \\ 6x + y = 8 \end{cases} \rightarrow x = 2, y = -4$$

○ 다음 연립방정식을 푸시오.

1-1
$$\begin{cases} 0.1x + 0.3y = 3 & \cdots\cdots \ \text{㉠} \\ \dfrac{1}{2}x - \dfrac{1}{6}y = 5 & \cdots\cdots \ \text{㉡} \end{cases}$$

➡ ㉠×10을 하면 $x + 3y = \boxed{}$ $\cdots\cdots$ ㉢

㉡×6을 하면 $\boxed{}x - y = \boxed{}$ $\cdots\cdots$ ㉣

㉢, ㉣을 연립하여 풀면

$x = \boxed{}$, $y = \boxed{}$

1-2
$$\begin{cases} 3(x - y) + y = 10 & \cdots\cdots \ \text{㉠} \\ \dfrac{x}{3} - \dfrac{x - y}{2} = 1 & \cdots\cdots \ \text{㉡} \end{cases}$$

_____

2-1
$$\begin{cases} \dfrac{1}{2}x - y = 2 & \cdots\cdots \ \text{㉠} \\ 0.1x - 0.4y = 0.2 & \cdots\cdots \ \text{㉡} \end{cases}$$

_____

2-2
$$\begin{cases} 0.3x - 0.1y = 1 & \cdots\cdots \ \text{㉠} \\ \dfrac{x}{4} + \dfrac{y}{3} = \dfrac{5}{12} & \cdots\cdots \ \text{㉡} \end{cases}$$

_____

3-1
$$\begin{cases} \dfrac{x}{4} - \dfrac{y}{6} = -\dfrac{2}{3} & \cdots\cdots \ \text{㉠} \\ 0.5x + 0.3y = -0.7 & \cdots\cdots \ \text{㉡} \end{cases}$$

_____

3-2
$$\begin{cases} 0.5x - 0.3y = 0.9 & \cdots\cdots \ \text{㉠} \\ \dfrac{1}{9}x + \dfrac{1}{3}y = 1 & \cdots\cdots \ \text{㉡} \end{cases}$$

_____

핵심 체크

· 계수가 소수이면 ➡ 10의 거듭제곱을 양변에 곱하여 계수를 정수로 바꾼다.

· 계수가 분수이면 ➡ 분모의 최소공배수를 양변에 곱하여 계수를 정수로 바꾼다.

○ 다음 연립방정식의 해를 구하시오.

4-1 $\begin{cases} 0.3x+y=0.6 & \cdots\cdots ㉠ \\ -\dfrac{1}{2}x+\dfrac{2}{3}y=6 & \cdots\cdots ㉡ \end{cases}$

_____

4-2 $\begin{cases} 0.4x-0.3y=-1.3 & \cdots\cdots ㉠ \\ -3(x-y)-2y=6 & \cdots\cdots ㉡ \end{cases}$

_____

5-1 $\begin{cases} x-\dfrac{2}{3}y=\dfrac{11}{6} & \cdots\cdots ㉠ \\ 0.6x-0.2y=0.1 & \cdots\cdots ㉡ \end{cases}$

_____

5-2 $\begin{cases} 0.7x-0.2y=1.2 & \cdots\cdots ㉠ \\ \dfrac{x}{7}-\dfrac{y}{5}=\dfrac{3}{35} & \cdots\cdots ㉡ \end{cases}$

_____

6-1 $\begin{cases} \dfrac{x}{2}-\dfrac{y}{3}=2 & \cdots\cdots ㉠ \\ 0.01x+0.02y=0.2 & \cdots\cdots ㉡ \end{cases}$

_____

6-2 $\begin{cases} 0.4x-\dfrac{3}{5}y=1 & \cdots\cdots ㉠ \\ \dfrac{1}{2}x-0.6y=1.7 & \cdots\cdots ㉡ \end{cases}$

_____

7-1 $\begin{cases} \dfrac{3x+2y}{2}=\dfrac{2x-y}{3} & \cdots\cdots ㉠ \\ 0.1x+0.4y=-1.2 & \cdots\cdots ㉡ \end{cases}$

_____

7-2 $\begin{cases} 0.3x-0.2y=0.7 & \cdots\cdots ㉠ \\ \dfrac{x}{2}-\dfrac{y}{4}=\dfrac{3}{2} & \cdots\cdots ㉡ \end{cases}$

_____

핵심 체크

• 계수를 정수로 만들기 위해 10의 거듭제곱이나 분모의 최소공배수를 곱할 때에는 양변의 모든 항에 곱한다.

• 한 방정식에 소수와 분수가 함께 있을 때에는 소수를 분수로 나타낸 후 분모의 최소공배수를 곱한다.

19 $A=B=C$ 꼴의 방정식의 풀이

$A=B=C$ 꼴의 방정식은 다음의 세 가지 경우로 고칠 수 있다. 이때 세 가지 경우의 해는 모두 같으므로 이 중 가장 간단한 연립방정식을 선택하여 푼다.

$$\begin{cases} A=B \\ A=C \end{cases} \text{또는} \begin{cases} A=B \\ B=C \end{cases} \text{또는} \begin{cases} A=C \\ B=C \end{cases}$$

○ 다음 방정식을 푸시오.

1-1 $\overline{2x+y=-x+3y=7}$

$\Rightarrow \begin{cases} 2x+y=7 & \cdots\cdots\ \text{㉠} \\ -x+\boxed{}y=7 & \cdots\cdots\ \text{㉡} \end{cases}$

㉠, ㉡을 연립하여 풀면

$x=\boxed{}$, $y=\boxed{}$

1-2 $3x-y=x-2y=5$

_____

2-1 $x+2y=5x+4y=3$

_____

2-2 $5x-2y=7x-3y-4=13$

_____

3-1 $3x+y=x-y=4$

_____

3-2 $-4x+y=-7x+2y=-12$

_____

핵심 체크

$A=B=C$ 꼴의 방정식에서 C가 상수이면 $\begin{cases} A=C \\ B=C \end{cases}$로 푸는 것이 가장 편리하다.

○ 다음 방정식을 푸시오.

4-1 $3x-2y-4=3+2y=5x-4y-10$

4-2 $3x+2y=5x-2y=x+y+5$

5-1 $3x-y-1=6+y=4x-4y-8$

5-2 $2x+y-3=3x-5y+2=x-y$

6-1 $\dfrac{5x-3y}{5}=\dfrac{-7x+2y}{4}=1$

6-2 $\dfrac{x-y}{3}=\dfrac{3x-y}{2}=2$

7-1 $\dfrac{2x+y}{3}=\dfrac{x-y}{4}=3$

7-2 $\dfrac{x+1}{4}=\dfrac{7-2y}{3}=\dfrac{3x-2y}{5}$

핵심 체크

$A=B=C$ 꼴의 방정식은 $\begin{cases}A=B\\A=C\end{cases}$ 또는 $\begin{cases}A=B\\B=C\end{cases}$ 또는 $\begin{cases}A=C\\B=C\end{cases}$ 중 가장 간단한 것을 선택하여 푼다.

기본연산 집중연습 | 15~19

o 다음 연립방정식을 푸시오.

1-1 $\begin{cases} x+8y=-5 & \cdots\cdots ㉠ \\ -x+3(x+y)=3 & \cdots\cdots ㉡ \end{cases}$

1-2 $\begin{cases} \dfrac{x}{2}+\dfrac{y}{3}=2 & \cdots\cdots ㉠ \\ \dfrac{x}{2}+\dfrac{y}{5}=-\dfrac{2}{5} & \cdots\cdots ㉡ \end{cases}$

1-3 $\begin{cases} 0.1x-0.3y=0.4 & \cdots\cdots ㉠ \\ 0.2x+0.5y=-1.4 & \cdots\cdots ㉡ \end{cases}$

1-4 $\begin{cases} \dfrac{1}{2}x-y=2 & \cdots\cdots ㉠ \\ 0.1x-0.4y=0.2 & \cdots\cdots ㉡ \end{cases}$

1-5 $\begin{cases} 4(x-y)+3y=2 & \cdots\cdots ㉠ \\ x+2(x-y)=-1 & \cdots\cdots ㉡ \end{cases}$

1-6 $\begin{cases} 0.5x+0.3y=-0.3 & \cdots\cdots ㉠ \\ \dfrac{x}{3}+\dfrac{y}{2}=1 & \cdots\cdots ㉡ \end{cases}$

1-7 $\begin{cases} 0.5x-0.1y=0.9 & \cdots\cdots ㉠ \\ 3(x-2)+y=1 & \cdots\cdots ㉡ \end{cases}$

1-8 $\begin{cases} 3(x-y)+y=10 & \cdots\cdots ㉠ \\ \dfrac{x}{3}-\dfrac{x-y}{2}=1 & \cdots\cdots ㉡ \end{cases}$

핵심 체크

❶ 괄호가 있는 연립방정식

　분배법칙을 이용하여 괄호를 풀고 동류항끼리 간단히 정리한 후 푼다.

❷ 계수가 소수인 연립방정식

　양변에 10, 100, 1000, … 중 적당한 수를 곱하여 계수를 정수로 바꾼 후 푼다.

○ 다음 연립방정식을 푸시오.

2-1 $\begin{cases} 0.5x+0.2y=1.2 & \cdots\cdots ㉠ \\ \dfrac{3}{4}x-\dfrac{1}{2}y=3 & \cdots\cdots ㉡ \end{cases}$

2-2 $\begin{cases} 0.4x-0.3y=2.4 & \cdots\cdots ㉠ \\ \dfrac{1}{3}x+\dfrac{1}{4}y=6 & \cdots\cdots ㉡ \end{cases}$

2-3 $\begin{cases} 0.5x-0.3y=2 & \cdots\cdots ㉠ \\ \dfrac{2x-y}{3}=\dfrac{x+5}{4} & \cdots\cdots ㉡ \end{cases}$

2-4 $\begin{cases} \dfrac{x-1}{2}-\dfrac{y+2}{4}=\dfrac{1}{4} & \cdots\cdots ㉠ \\ 0.1x-0.3y=3 & \cdots\cdots ㉡ \end{cases}$

○ 다음 방정식을 푸시오.

3-1 $7x-5y=4x+y=27$

3-2 $\dfrac{5x-y}{4}=\dfrac{2x+y}{3}=1$

3-3 $2x+y=5x+2y+1=4x-y+2$

3-4 $\dfrac{x+1}{3}=\dfrac{x-y+10}{4}=\dfrac{x+y-2}{5}$

핵심 체크

❸ 계수가 분수인 연립방정식

　양변에 분모의 최소공배수를 곱하여 계수를 정수로 바꾼 후 푼다.

❹ $A=B=C$ 꼴의 방정식

　$\begin{cases} A=B \\ A=C \end{cases}$ 또는 $\begin{cases} A=B \\ B=C \end{cases}$ 또는 $\begin{cases} A=C \\ B=C \end{cases}$ 중 가장 간단한 것을 선택하여 푼다.

20 연립방정식의 활용 (1)

연립방정식의 활용 문제를 푸는 순서

| 미지수 정하기 | → | 연립방정식 세우기 | → | 연립방정식 풀기 | → | 확인하기 |

문장을 끊어 읽고 미지수 x, y를 정한다.　　미지수 x, y를 사용하여 연립방정식을 세운다.　　가감법, 대입법을 이용하여 푼다.　　문제의 뜻에 맞는 것만을 답으로 한다.

1-1 서로 다른 두 자연수가 있다. 두 수의 합은 26이고 큰 수는 작은 수의 3배보다 6만큼 크다고 한다. 이 두 자연수를 구하시오.

> ① 미지수 x, y를 정한다.
>   ➡ 큰 수를 x, 작은 수를 y로 놓는다.
>
> ② 연립방정식을 세운다.
>   ➡ $\begin{cases} x+y = \boxed{} \leftarrow \text{두 수의 합은 26이다.} \\ x = 3y + \boxed{} \leftarrow \begin{array}{l}\text{큰 수는 작은 수의} \\ \text{3배보다 6만큼 크다.}\end{array} \end{cases}$
>
> ③ ②에서 세운 연립방정식을 푼다.
>   ＿＿＿＿＿＿＿＿＿
>
> ④ 두 자연수를 구한다.
>   ＿＿＿＿＿＿＿＿＿

1-2 서로 다른 두 자연수가 있다. 두 수의 차는 23이고 작은 수의 2배에서 큰 수를 빼면 16이라 한다. 다음 물음에 답하시오.

(1) 큰 수를 x, 작은 수를 y로 놓고, 연립방정식을 세우시오.

＿＿＿＿＿＿＿＿＿

(2) (1)의 연립방정식을 풀어 두 자연수를 구하시오.

＿＿＿＿＿＿＿＿＿

1-3 서로 다른 두 자연수가 있다. 두 수의 합은 185이고 두 수의 차는 71일 때, 다음 물음에 답하시오.

(1) 큰 수를 x, 작은 수를 y로 놓고, 연립방정식을 세우시오.

＿＿＿＿＿＿＿＿＿

(2) (1)의 연립방정식을 풀어 두 자연수를 구하시오.

＿＿＿＿＿＿＿＿＿

핵심 체크

큰 수를 x, 작은 수를 y로 놓으면
① 두 수의 합 ➡ $x+y$
② 두 수의 차 ➡ $x-y$

2-1 두 자리 자연수가 있다. 각 자리의 숫자의 합은 7이고, 십의 자리의 숫자와 일의 자리의 숫자를 바꾼 수는 처음 수보다 9만큼 작다고 할 때, 처음 수를 구하시오.

> ① 미지수 x, y를 정한다.
> ➡ 처음 수의 십의 자리의 숫자를 x, 일의 자리의 숫자를 y로 놓는다.
>
> ② 연립방정식을 세운다.
>
>
> 십의 자리   일의 자리
>
> 처음 수 x y ➡ ☐
>
> 각 자리의 숫자를 바꾼 수 y x ➡ ☐
>
> ➡ $\begin{cases} x+y= \boxed{} \leftarrow \text{각 자리의 숫자의 합은 7이다.} \\ \boxed{} =(10x+y)-9 \leftarrow \begin{array}{l}\text{바꾼 수는 처음 수}\\\text{보다 9만큼 작다.}\end{array} \end{cases}$
>
> ③ ②에서 세운 연립방정식을 푼다.
>
> _____
>
> ④ 처음 수를 구한다.
>
> _____

2-2 두 자리 자연수가 있다. 각 자리의 숫자의 합은 10이고, 십의 자리의 숫자와 일의 자리의 숫자를 바꾼 수는 처음 수보다 36만큼 크다고 한다. 다음 물음에 답하시오.

(1) 처음 수의 십의 자리의 숫자를 x, 일의 자리의 숫자를 y로 놓고, 연립방정식을 세우시오.

_____

(2) (1)의 연립방정식을 풀어 처음 수를 구하시오.

_____

2-3 두 자리 자연수가 있다. 이 수의 일의 자리의 숫자의 2배는 십의 자리의 숫자보다 1만큼 크고, 십의 자리의 숫자와 일의 자리의 숫자를 바꾼 수는 처음 수보다 18만큼 작다고 한다. 다음 물음에 답하시오.

(1) 처음 수의 십의 자리의 숫자를 x, 일의 자리의 숫자를 y로 놓고, 연립방정식을 세우시오.

_____

(2) (1)의 연립방정식을 풀어 처음 수를 구하시오.

_____

> ▸ **핵심 체크**
>
> 십의 자리의 숫자가 x, 일의 자리의 숫자가 y인 두 자리 자연수에 대하여
>
> ① 처음 수 ➡ $10x+y$
>
> ② 각 자리의 숫자를 바꾼 수 ➡ $10y+x$

21 연립방정식의 활용 (2)

$$(\text{거리}) = (\text{속력}) \times (\text{시간}), \quad (\text{속력}) = \frac{(\text{거리})}{(\text{시간})}, \quad (\text{시간}) = \frac{(\text{거리})}{(\text{속력})}$$

➡ 거리, 속력, 시간에 대한 문제는 $\begin{cases} (\text{거리에 대한 일차방정식}) \\ (\text{시간에 대한 일차방정식}) \end{cases}$ 으로 연립방정식을 세운다.

1-1 유라가 등산을 하는데 올라갈 때는 시속 2 km로 걷고, 내려올 때는 다른 길로 시속 4 km로 걸었더니 총 2시간이 걸렸다. 올라간 거리와 내려온 거리의 합이 7 km일 때, 올라간 거리와 내려온 거리를 각각 구하시오.

① 미지수 x, y를 정한다.
　➡ 올라간 거리를 x km, 내려온 거리를 y km로 놓는다.
② 연립방정식을 세운다.

	올라갈 때	내려올 때
거리	x km	y km
속력	시속 2 km	시속 ☐ km
시간	$\dfrac{x}{2}$ 시간	☐ 시간

$\begin{cases} (\text{올라간 거리}) + (\text{내려온 거리}) = (\text{총 이동 거리}) \\ (\text{올라갈 때 걸린 시간}) + (\text{내려올 때 걸린 시간}) = (\text{총 걸린 시간}) \end{cases}$

➡ $\begin{cases} x + y = \boxed{} \quad \leftarrow \text{거리에 대한 일차방정식} \\ \dfrac{x}{2} + \boxed{} = \boxed{} \quad \leftarrow \text{시간에 대한 일차방정식} \end{cases}$

③ ②에서 세운 연립방정식을 푼다.

_____

④ 유라가 올라간 거리와 내려온 거리를 각각 구한다.

_____

1-2 서준이가 등산을 하는데 올라갈 때는 시속 2 km로 걷고, 내려올 때는 올라갈 때와 다른 길을 택하여 시속 3 km로 걸어서 총 4시간이 걸렸다. 등산을 하는 데 걸은 거리가 총 10 km일 때, 다음 물음에 답하시오.

(1) 올라간 거리를 x km, 내려온 거리를 y km로 놓고, 아래 표를 완성하여 연립방정식을 세우시오.

	올라갈 때	내려올 때
거리		
속력		
시간		

_____

(2) (1)에서 세운 연립방정식을 푸시오.

_____

(3) 서준이가 올라간 거리와 내려온 거리를 각각 구하시오.

_____

핵심 체크

$\begin{cases} (\text{올라간 거리}) + (\text{내려온 거리}) = (\text{총 이동 거리}) \\ (\text{올라갈 때 걸린 시간}) + (\text{내려올 때 걸린 시간}) = (\text{총 걸린 시간}) \end{cases}$ 으로 연립방정식을 세운다.

2-1 강준이는 집에서 2 km 떨어진 학교에 가는데 시속 3 km로 걸어가다가 중간에 늦을 것 같아서 A 지점부터는 시속 6 km로 뛰어서 총 30분이 걸렸다. 강준이가 걸어간 거리와 뛰어간 거리를 각각 구하시오.

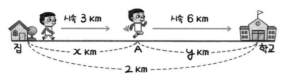

① 미지수 x, y를 정한다.
➡ 걸어간 거리를 x km, 뛰어간 거리를 y km로 놓는다.

② 연립방정식을 세운다.

	걸어갈 때	뛰어갈 때
거리	x km	y km
속력	시속 ☐ km	시속 6 km
시간	$\dfrac{x}{3}$ 시간	☐ 시간

$$\begin{cases} (걸어간\ 거리) + (뛰어간\ 거리) = (총\ 이동\ 거리) \\ (걸어간\ 시간) + (뛰어간\ 시간) = (총\ 걸린\ 시간) \end{cases}$$

➡ $\begin{cases} \boxed{} + \boxed{} = 2 \\ \dfrac{x}{3} + \boxed{} = \boxed{} \end{cases}$ ← (30분)$=\left(\dfrac{1}{2} 시간\right)$

③ ②에서 세운 연립방정식을 푼다.
_____

④ 강준이가 걸어간 거리와 뛰어간 거리를 각각 구한다.
_____

2-2 은지는 집에서 5 km 떨어진 영화관에 가는데 처음에는 시속 6 km로 뛰어가다가 중간에 시속 4 km로 걸어서 1시간 만에 도착하였다. 다음 물음에 답하시오.

(1) 뛰어간 거리를 x km, 걸어간 거리를 y km로 놓고, 아래 표를 완성하여 연립방정식을 세우시오.

	뛰어갈 때	걸어갈 때
거리		
속력		
시간		

_____

(2) (1)에서 세운 연립방정식을 푸시오.

_____

(3) 은지가 뛰어간 거리와 걸어간 거리를 각각 구하시오.

_____

2-3 준호는 7 km의 거리를 가는데 처음에는 시속 3 km로 뛰어가다가 중간에 시속 2 km로 걸어서 총 3시간이 걸렸다. 준호가 뛰어간 거리와 걸어간 거리를 각각 구하시오.

_____

핵심 체크

$\begin{cases} (걸어간\ 거리) + (뛰어간\ 거리) = (총\ 이동\ 거리) \\ (걸어간\ 시간) + (뛰어간\ 시간) = (총\ 걸린\ 시간) \end{cases}$ 으로 연립방정식을 세운다.

기본연산 집중연습 | 20~21

○ **다음 물음에 답하시오.**

1-1 서로 다른 두 정수가 있다. 두 수의 합은 8이고 큰 수의 2배는 작은 수에 25를 더한 값과 같을 때, 두 정수를 구하시오.

1-2 서로 다른 두 자연수가 있다. 합은 46이고 차는 6일 때, 두 자연수를 구하시오.

1-3 두 자리 자연수가 있다. 각 자리의 숫자의 합은 9이고, 십의 자리의 숫자와 일의 자리의 숫자를 바꾼 수에 7을 더한 것은 처음 수의 2배에서 2를 뺀 것과 같을 때, 처음 수를 구하시오.

1-4 두 자리 자연수가 있다. 십의 자리의 숫자의 2배는 일의 자리의 숫자보다 1만큼 크고, 십의 자리의 숫자와 일의 자리의 숫자를 바꾼 수는 처음 수보다 27만큼 크다고 할 때, 처음 수를 구하시오.

○ **다음 물음에 답하시오.**

2-1 현재 어머니와 아들의 나이의 합은 42세이고, 7년 후에는 어머니의 나이가 아들의 나이의 3배가 된다고 할 때, 다음 물음에 답하시오.
(1) 현재 어머니의 나이를 x세, 아들의 나이를 y세로 놓고, 아래 표를 완성하여 연립방정식을 세우시오.

	어머니	아들
현재 나이	x세	y세
7년 후 나이	( )세	( )세

(2) (1)의 연립방정식을 풀어 현재 어머니와 아들의 나이를 각각 구하시오.

2-2 현재 아버지와 딸의 나이의 차는 34세이다. 10년 후에는 아버지의 나이가 딸의 나이의 3배보다 6세가 많다고 할 때, 다음 물음에 답하시오.
(1) 현재 아버지의 나이를 x세, 딸의 나이를 y세로 놓고, 아래 표를 완성하여 연립방정식을 세우시오.

	아버지	딸
현재 나이	x세	y세
10년 후 나이	( )세	( )세

(2) (1)의 연립방정식을 풀어 현재 아버지와 딸의 나이를 각각 구하시오.

핵심 체크

❶ 나이에 대한 문제
현재 나이가 x세일 때
➡ (a년 후 나이)=($x+a$)세

❷ 두 자리 자연수에 대한 문제
십의 자리의 숫자가 x, 일의 자리의 숫자가 y인 두 자연수에 대하여
• 처음 수 ➡ $10x+y$
• 각 자리의 숫자를 바꾼 수 ➡ $10y+x$

O 다음 물음에 답하시오.

3-1 800원짜리 과자와 600원짜리 빵을 합하여 14개를 샀더니 10000원이었다. 다음 물음에 답하시오.

　(1) 과자의 개수를 x개, 빵의 개수를 y개로 놓고, 아래 표를 완성하여 연립방정식을 세우시오.

	과자	빵
개수	x개	y개
총 가격	☐원	☐원

　(2) (1)의 연립방정식을 풀어 과자와 빵의 개수를 각각 구하시오.

3-2 250원짜리 연필과 500원짜리 지우개를 합하여 11개를 샀더니 5000원이었다. 다음 물음에 답하시오.

　(1) 연필의 개수를 x개, 지우개의 개수를 y개로 놓고, 아래 표를 완성하여 연립방정식을 세우시오.

	연필	지우개
개수	x개	y개
총 가격	☐원	☐원

　(2) (1)의 연립방정식을 풀어 연필과 지우개의 개수를 각각 구하시오.

O 다음 물음에 답하시오.

4-1 민태가 등산을 하는데 올라갈 때는 시속 3 km로 걷고, 내려올 때는 다른 길로 시속 4 km로 걸어서 총 20 km를 6시간 만에 다녀왔다고 한다. 민태가 올라간 거리와 내려온 거리를 각각 구하시오.

4-2 연서가 등산을 하는데 올라갈 때는 시속 3 km로, 내려올 때는 올라간 길보다 4 km 더 먼 길을 시속 5 km로 걸어서 총 4시간이 걸렸다. 연서가 올라간 거리와 내려온 거리를 각각 구하시오.

4-3 주원이가 12 km의 거리를 가는데 처음에는 시속 4 km로 걸어가다가 중간에 시속 6 km로 뛰어서 총 2시간 30분이 걸렸다. 주원이가 걸어간 거리와 뛰어간 거리를 각각 구하시오.

4-4 집에서 도서관까지의 거리는 5 km이고, 그 사이에 서점이 있다. 집에서 서점까지는 시속 3 km로 걷고, 서점에서 도서관까지는 시속 4 km로 걸어서 1시간 30분 만에 도서관에 도착하였다. 집에서 서점까지의 거리와 서점에서 도서관까지의 거리를 각각 구하시오.

핵심 체크

③ 가격에 대한 문제

a원짜리 물건 x개, b원짜리 물건 y개를 샀을 때

➡ (총 가격)$=(ax+by)$원

④ 거리, 속력, 시간에 대한 문제

x km의 거리를 시속 a km로, y km의 거리를 시속 b km로 갈 때

➡ $\begin{cases} x+y=(\text{총 이동 거리}) \\ \dfrac{x}{a}+\dfrac{y}{b}=(\text{총 걸린 시간}) \end{cases}$

기본연산 테스트

1 x, y가 자연수일 때, 일차방정식 $2x+y=12$에 대하여 다음 표를 완성하고, 그 해를 순서쌍 (x, y)로 나타내시오.

x	1	2	3	4	5	6	$\cdots$
y							$\cdots$

2 다음 일차방정식의 해가 $(4, 2)$일 때, 상수 a의 값을 구하시오.

(1) $ax+3y=-2$

(2) $2x-ay=6$

3 다음 연립방정식의 해가 $(1, -3)$일 때, 상수 a, b의 값을 각각 구하시오.

(1) $\begin{cases} 2x-y=a \\ bx+2y=3 \end{cases}$

(2) $\begin{cases} ax+2y=7 \\ 3x-by=-6 \end{cases}$

4 다음 연립방정식을 푸시오.

(1) $\begin{cases} y=5-3x & \cdots\cdots ㉠ \\ 2x-3y=-4 & \cdots\cdots ㉡ \end{cases}$

(2) $\begin{cases} x-y=3 & \cdots\cdots ㉠ \\ x+3y=7 & \cdots\cdots ㉡ \end{cases}$

(3) $\begin{cases} 3x-4y=4 & \cdots\cdots ㉠ \\ x+2y=8 & \cdots\cdots ㉡ \end{cases}$

(4) $\begin{cases} 2x+5y=-4 & \cdots\cdots ㉠ \\ 5x-3y=21 & \cdots\cdots ㉡ \end{cases}$

(5) $\begin{cases} 3y=2x-5 & \cdots\cdots ㉠ \\ x=\dfrac{y+3}{2} & \cdots\cdots ㉡ \end{cases}$

핵심 체크

❶ 연립방정식의 해를 구하는 방법

　① 두 방정식을 변끼리 더하거나 빼어서 한 미지수를 소거하는 방법을 이용한다.

　② 한 방정식을 한 미지수에 대하여 푼 후 그것을 다른 방정식에 대입하는 방법을 이용한다.

5 다음 연립방정식을 푸시오.

(1) $\begin{cases} 0.5x - 0.3y = 1.1 & \cdots\cdots ㉠ \\ \dfrac{1}{2}x + 2y = \dfrac{17}{5} & \cdots\cdots ㉡ \end{cases}$

(2) $\begin{cases} 5x - 2(3x - y) = -4 & \cdots\cdots ㉠ \\ \dfrac{x}{4} - \dfrac{y}{3} = \dfrac{3}{2} & \cdots\cdots ㉡ \end{cases}$

(3) $\begin{cases} 3(x - 3) - 5y = 4 & \cdots\cdots ㉠ \\ 0.2x + 0.6y = -1 & \cdots\cdots ㉡ \end{cases}$

6 다음 방정식을 푸시오.

(1) $x - 4y - 5 = 4x + 4y + 2 = 6$

(2) $x - 3y + 1 = 2x + y - 10 = -3x + 4y - 1$

7 서로 다른 두 자연수가 있다. 두 수의 합은 72이고, 두 수의 차는 34일 때, 두 자연수 중 작은 수를 구하시오.

8 두 자리 자연수가 있다. 각 자리의 숫자의 합은 9이고, 십의 자리의 숫자와 일의 자리의 숫자를 바꾼 수는 처음 수의 3배보다 9만큼 작다고 할 때, 처음 수를 구하시오.

9 영수는 등산을 하는데 올라갈 때는 시속 2 km로 걷고, 내려올 때는 다른 길로 시속 3 km로 걸었더니 총 2시간 10분이 걸렸다. 올라간 거리와 내려온 거리의 합이 5 km일 때, 올라간 거리를 구하시오.

10 우현이는 집에서 3 km 떨어진 학교까지 가는데 시속 3 km로 걸어가다가 늦을 것 같아 시속 6 km로 뛰어서 학교에 도착했다. 집에서 출발한 지 45분 만에 학교에 도착했을 때, 걸어간 거리를 구하시오.

핵심 체크

❷ 연립방정식의 활용 문제를 푸는 순서

| 미지수 정하기 | ➡ | 연립방정식 세우기 | ➡ | 연립방정식 풀기 | ➡ | 확인하기 |

| 빅터 연산 **공부 계획표** |

일차함수와 그래프

함수 개념의 근원은 **고대 바빌로니아 시대**까지 거슬러 올라간다.
기원전 2000년경에 바빌로니아 사람들은 천문학을 연구하면서 천체를 관측한 자료를 수표로 나타내었는데 이 수표가 함수의 개념을 이용한 것이었다.
그 이후 갈릴레이가 역학에서 **변화하는 두 양 사이의 관계**를 연구한 것이 함수를 탄생시켰으며 데카르트는 **함수의 그래프**를 처음으로 좌표평면 위에 나타내었다.
함수(function)라는 용어는 1692년 라이프니츠가 처음 사용하였고, 함수를 나타낼 때 주로 사용하는 **함수 기호 f**는 18세기에 오일러가 처음 사용하였다.

내가 함수(function)라는 용어를 처음 사용했지.

01 함수의 뜻

두 변수 x, y에 대하여 x의 값이 정해짐에 따라 y의 값이 하나로 정해지는 관계가 있을 때, y를 x의 함수라 한다.
└▸ 정해지지 않거나 두 개 이상 정해지면 함수가 아니다.

예 $y = 500x$

x	1	2	3	4	⋯
y	500	1000	1500	2000	⋯

➡ x의 값이 정해짐에 따라 y의 값이 하나로 정해지므로 y는 x의 함수이다.

자연수 x 이하의 짝수 y

x	1	2	3	4	⋯
y	없다.	2	2	2, 4	⋯

➡ x의 값이 정해짐에 따라 y의 값이 하나로 정해지지 않으므로 y는 x의 함수가 아니다.

○ **두 변수 x와 y 사이의 관계가 다음과 같을 때, 물음에 답하시오.**

1-1 자연수 x의 약수 y

(1) 아래 표를 완성하시오.

x	1	2	3	4	⋯
y	1		1, 3		⋯

(2) x의 값이 정해지면 y의 값이 하나로 정해지는가? 즉 y는 x의 함수인가?

➡ x의 값이 정해짐에 따라 ☐ 의 값이 하나로 정해지지 않는다.
따라서 y는 x의 ☐☐☐☐☐ .

1-2 자연수 x의 배수 y

(1) 아래 표를 완성하시오.

x	1	2	3	4	⋯
y					⋯

(2) x의 값이 정해지면 y의 값이 하나로 정해지는가? 즉 y는 x의 함수인가?

_____

2-1 자연수 x보다 작은 홀수 y

(1) 아래 표를 완성하시오.

x	1	2	3	4	5	⋯
y						⋯

(2) x의 값이 정해지면 y의 값이 하나로 정해지는가? 즉 y는 x의 함수인가?

_____

2-2 자연수 x를 4로 나눈 나머지 y

(1) 아래 표를 완성하시오.

x	1	2	3	4	5	⋯
y						⋯

(2) x의 값이 정해지면 y의 값이 하나로 정해지는가? 즉 y는 x의 함수인가?

_____

핵심 체크

x의 값이 정해질 때 y의 값이 ┌ 하나로 정해지면 ➡ 함수이다.
├ 여러 개로 정해지면 ┐
└ 정해지지 않으면 ┘ ➡ 함수가 아니다.

○ 두 변수 x와 y 사이의 관계가 다음과 같을 때, 아래 표를 완성하시오. 또 y가 x의 함수인 것에는 ○표, 함수가 아닌 것에는 ×표를 하시오.

3-1 한 개에 700원인 아이스크림 x개의 값 y원
(   )

x(개)	1	2	3	4	⋯
y(원)					⋯

➡ ☐의 값이 정해짐에 따라 y의 값이 하나로 정해지므로 y는 x의 ☐.

3-2 한 변의 길이가 x cm인 정사각형의 넓이 y cm²
(   )

x (cm)	1	2	3	4	⋯
y (cm²)					⋯

4-1 자연수 x보다 작은 소수 y (   )

x	1	2	3	4	5	⋯
y						⋯

4-2 합이 3인 두 정수 x와 y (   )

x	1	2	3	4	⋯
y					⋯

5-1 시속 4 km로 x시간 동안 달린 거리 y km
(   )

x(시간)	1	2	3	4	⋯
y (km)					⋯

5-2 자연수 x보다 작은 짝수의 개수 y개 (   )

x	1	2	3	4	⋯
y					⋯

6-1 자연수 x의 약수의 개수 y개 (   )

x	1	2	3	4	⋯
y					⋯

6-2 자연수 x보다 큰 자연수 y (   )

x	1	2	3	4	⋯
y					⋯

핵심 체크

함수인 예와 함수가 아닌 예
• 자연수 x의 약수의 개수 y개 ➡ x의 값이 정해질 때 y의 값이 하나로 정해지므로 함수이다.
• 자연수 x의 약수 y ➡ $x=3$일 때 y의 값이 1, 3의 2개이므로 함수가 아니다.

02 함수의 관계식

❶ **정비례 관계** : x의 값이 2배, 3배, 4배, …로 변함에 따라 y의 값도 2배, 3배, 4배, …로 변하는 관계

➡ $y = ax$ 또는 $\dfrac{y}{x} = a$ ($a \neq 0$인 상수)

❷ **반비례 관계** : x의 값이 2배, 3배, 4배, …로 변함에 따라 y의 값은 $\dfrac{1}{2}$배, $\dfrac{1}{3}$배, $\dfrac{1}{4}$배, …로 변하는 관계

➡ $y = \dfrac{a}{x}$ 또는 $xy = a$ ($a \neq 0$인 상수)

❸ $y = \underline{ax + b}$ (a, b는 상수, $a \neq 0$)
  └➡ x에 대한 일차식

○ 두 변수 x와 y 사이의 관계가 다음과 같을 때, 물음에 답하시오.

1-1 시속 2 km로 x시간 동안 걸은 거리 y km

(1) 아래 표를 완성하시오.

x(시간)	1	2	3	4	…
y (km)	2		6		…

(2) y는 x의 함수인가? _____

(3) x와 y 사이의 관계식을 구하시오.

➡ (거리) = (⬜) × (시간)이므로

$y = \boxed{}\,x$

1-2 한 변의 길이가 x cm인 정삼각형의 둘레의 길이 y cm

(1) 아래 표를 완성하시오.

x (cm)	1	2	3	4	…
y (cm)					…

(2) y는 x의 함수인가? _____

(3) x와 y 사이의 관계식을 구하시오.

_____

2-1 10 L들이 물통에 매분 x L씩 물을 넣을 때, 물통이 가득 찰 때까지 걸리는 시간 y분

(1) 아래 표를 완성하시오.

x (L)	1	2	5	10
y(분)	10			

(2) y는 x의 함수인가? _____

(3) x와 y 사이의 관계식을 구하시오.

_____

2-2 넓이가 24 cm²인 직사각형의 가로의 길이 x cm와 세로의 길이 y cm

(1) 아래 표를 완성하시오.

x (cm)	1	2	3	4	…
y (cm)					…

(2) y는 x의 함수인가? _____

(3) x와 y 사이의 관계식을 구하시오.

_____

핵심 체크

두 변수 x와 y 사이의 관계가 정비례, 반비례인 경우 ➡ y는 x의 함수이다.

○ 두 변수 x와 y 사이의 관계가 다음과 같을 때, 물음에 답하시오.

3-1 길이가 30 cm인 테이프를 x cm 사용하고 남은 테이프의 길이 y cm

(1) 아래 표를 완성하시오.

x (cm)	1	2	3	4	…
y (cm)					…

(2) y는 x의 함수인가? _____

(3) x와 y 사이의 관계식을 구하시오.

_____

3-2 전체 쪽수가 250쪽인 책을 x쪽 읽고 남은 쪽수 y쪽

(1) 아래 표를 완성하시오.

x(쪽)	1	2	3	4	…
y(쪽)					…

(2) y는 x의 함수인가? _____

(3) x와 y 사이의 관계식을 구하시오.

_____

4-1 한 자루에 x원 하는 연필 10자루의 가격 y원

(1) 아래 표를 완성하시오.

x(원)	1	2	3	4	…
y(원)					…

(2) y는 x의 함수인가? _____

(3) x와 y 사이의 관계식을 구하시오.

_____

4-2 100 L들이 물통에 가득 찬 물이 1분에 15 L씩 x분 동안 빠져나가고 남은 물의 양 y L

(1) 아래 표를 완성하시오.

x(분)	1	2	3	4	…
y (L)					…

(2) y는 x의 함수인가? _____

(3) x와 y 사이의 관계식을 구하시오.

_____

5-1 시속 x km로 20 km의 거리를 달릴 때, 걸리는 시간 y시간

(1) 아래 표를 완성하시오.

시속 x km	1	2	4	5	…
y(시간)					…

(2) y는 x의 함수인가? _____

(3) x와 y 사이의 관계식을 구하시오.

_____

5-2 반지름의 길이가 x cm인 원의 둘레의 길이 y cm

(1) 아래 표를 완성하시오.

x (cm)	1	2	3	4	…
y (cm)					…

(2) y는 x의 함수인가? _____

(3) x와 y 사이의 관계식을 구하시오.

_____

핵심 체크

두 변수 x와 y 사이의 관계식이 $y=ax+b$ (a, b는 상수, $a \neq 0$)의 꼴인 경우 ➡ y는 x의 함수이다.
└➤일차식

기본연산 집중연습 | 01~02

○ 두 변수 x와 y 사이의 관계가 다음과 같을 때, y가 x의 함수이면 Ⓨ를 따라가고, 함수가 아니면 Ⓝ을 따라가서 해당하는 알파벳을 찾으시오.

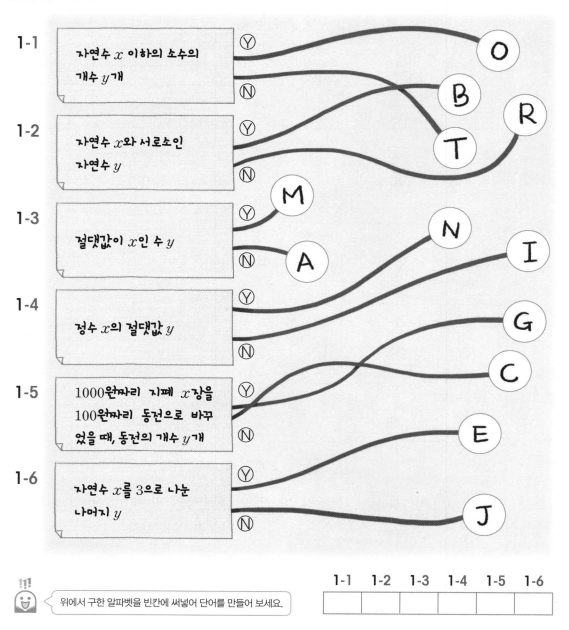

1-1 자연수 x 이하의 소수의 개수 y개

1-2 자연수 x와 서로소인 자연수 y

1-3 절댓값이 x인 수 y

1-4 정수 x의 절댓값 y

1-5 1000원짜리 지폐 x장을 100원짜리 동전으로 바꾸었을 때, 동전의 개수 y개

1-6 자연수 x를 3으로 나눈 나머지 y

위에서 구한 알파벳을 빈칸에 써넣어 단어를 만들어 보세요.

1-1	1-2	1-3	1-4	1-5	1-6

핵심 체크

❶ x의 값이 정해질 때 y의 값이 하나로 정해지면 함수이고, y의 값이 정해지지 않거나 여러 개로 정해지면 함수가 아니다.

○ 두 변수 x와 y 사이의 관계가 다음과 같을 때, 물음에 답하시오.

2-1 현재 15세인 학생의 x년 후 나이 y세

(1) 아래 표를 완성하시오.

x(년)	1	2	3	4	…
y(세)					…

(2) x와 y 사이의 관계식을 구하시오.

_____

2-2 시속 x km로 8 km의 거리를 달릴 때, 걸린 시간 y시간

(1) 아래 표를 완성하시오.

시속 x km	1	2	4	8
y(시간)				

(2) x와 y 사이의 관계식을 구하시오.

_____

2-3 넓이가 12 cm²인 직사각형의 가로의 길이 x cm, 세로의 길이 y cm

(1) 아래 표를 완성하시오.

x (cm)	1	2	3	4	6	12
y (cm)						

(2) x와 y 사이의 관계식을 구하시오.

_____

2-4 한 변의 길이가 x cm인 정오각형의 둘레의 길이 y cm

(1) 아래 표를 완성하시오.

x (cm)	1	2	3	4	…
y (cm)					…

(2) x와 y 사이의 관계식을 구하시오.

_____

○ 다음 두 변수 x와 y 사이의 관계를 식으로 나타내시오.

3-1 길이가 20 m인 끈을 x m 사용하고 남은 길이 y m

_____

3-2 한 시간에 80 km를 갈 수 있는 자동차가 x시간 동안 갈 수 있는 거리 y km

_____

3-3 한 자루에 800원 하는 볼펜 x자루의 값 y원

_____

3-4 자연수 x의 5배보다 1만큼 큰 수 y

_____

3-5 한 개에 x원인 배 y개의 값이 3000원

_____

3-6 합이 5인 두 정수 x와 y

_____

핵심 체크

❷ x와 y 사이의 관계식을 구할 때에는 (거리)=(속력)×(시간), (물건의 가격)=(1개당 가격)×(개수) 등을 이용한다.

03 함숫값

❶ 함수의 표현 : y가 x의 함수일 때, 이것을 기호로 $y=f(x)$로 나타낸다.
   ⟨예⟩ 함수 $y=f(x)$에 대하여 $y=x+1$이면 $f(x)=x+1$

$$\boxed{y=2x} = \boxed{f(x)=2x}$$

같은 함수를 다르게 표현한 것이다.

❷ 함숫값 : 함수 $y=f(x)$에서 x의 값에 따라 하나로 정해지는 y의 값,
   즉 $f(x)$를 x에서의 함숫값이라 한다.
   ⟨예⟩ 함수 $f(x)=2x$에 $x=0$, 1을 대입하면
      ➡ $f(0)=2\times0=0$이므로 $x=0$에서의 함숫값은 0
         $f(1)=2\times1=2$이므로 $x=1$에서의 함숫값은 2

○ 함수 $f(x)$에 대하여 다음을 구하시오.

1-1

$f(x)=-3x$
(1) $x=1$에서의 함숫값
   ➡ $f(1)=-3\times\boxed{}=\boxed{}$
(2) $f(-3)$
   ➡ $f(\boxed{})=-3\times(\boxed{})=\boxed{}$
(3) $f\left(\dfrac{2}{3}\right)$
   ➡ $f(\boxed{})=\boxed{}\times\dfrac{2}{3}=\boxed{}$

음수를 대입할 때에는 괄호를 이용하자.

1-2 $f(x)=\dfrac{1}{2}x$

(1) $x=2$에서의 함숫값 _____

(2) $f(-4)$ _____

(3) $f\left(\dfrac{2}{3}\right)$ _____

2-1 $f(x)=3x$

(1) $f(-1)$ _____

(2) $\dfrac{1}{2}f(-4)$ _____

(3) $f(-2)+f\left(\dfrac{1}{3}\right)$ _____

2-2 $f(x)=-\dfrac{3}{4}x$

(1) $f(-8)$ _____

(2) $2f(-2)$ _____

(3) $f(-4)+f(4)$ _____

핵심 체크

함수 $y=f(x)$에 대하여 $f(●)$의 값은 x 대신 ●를 대입하여 구한다.

○ 함수 $f(x)$에 대하여 다음을 구하시오.

3-1 $f(x)=\dfrac{12}{x}$

(1) $f(6)$ _____

(2) $f(-2)+f(3)$ _____

3-2 $f(x)=-\dfrac{4}{x}$

(1) $f(4)$ _____

(2) $f(-2)+2f(2)$ _____

4-1 $f(x)=2x-3$

(1) $f(-1)$ _____

(2) $f(1)+f(2)-f(3)$ _____

4-2 $f(x)=10-x$

(1) $f(-5)$ _____

(2) $2f(9)+f(-1)$ _____

○ 함수 $y=f(x)$가 다음과 같을 때, $f(-2)$의 값을 구하시오.

5-1 $f(x)=5x$ _____

5-2 $f(x)=-\dfrac{2}{x}$ _____

6-1 $f(x)=x-5$ _____

6-2 $f(x)=-2-x$ _____

7-1 $f(x)=3-2x$ _____

7-2 $f(x)=2x-1$ _____

핵심 체크

함숫값을 구하기 위해 함수의 식에 음수를 대입할 때에는 괄호를 이용한다.

 함수 $f(x)=2-x$에 대하여 $x=-1$에서의 함숫값은 $f(-1)=2-(-1)=3$
            └→ 괄호를 이용

04 함숫값이 주어질 때 미지수의 값 구하기 (1)

함수 $f(x)=3x$에 대하여 $f(a)=15$일 때, a의 값을 구하시오.

➡ $f(a)=3a=15$ ∴ $a=5$

$f(a)=15$는 $f(x)$에 $x=a$를 대입하여 얻은 값이 15라는 뜻이야.

○ 함수 $f(x)=5x$에 대하여 다음을 만족하는 a의 값을 구하시오.

1-1
$f(a)=-20$
➡ $f(a)=5a=-20$ ∴ $a=\boxed{}$

1-2 $f(a)=-5$ _____

2-1 $f(a)=\dfrac{1}{2}$ _____

2-2 $f(a)=25$ _____

○ 함수 $f(x)=\dfrac{4}{x}$에 대하여 다음을 만족하는 a의 값을 구하시오.

3-1
$f(a)=2$
➡ $f(a)=\dfrac{4}{a}=2$ ∴ $a=\boxed{}$

3-2 $f(a)=1$ _____

4-1 $f(a)=-4$ _____

4-2 $f(a)=-2$ _____

5-1 $f(a)=\dfrac{1}{2}$ _____

5-2 $f(a)=\dfrac{2}{3}$ _____

핵심 체크

다음은 함수 $f(x)$에서 $f(\bullet)$를 나타내는 모두 같은 표현들이다.

$f(\bullet)$ ➡ $x=\bullet$에서의 함숫값

    ➡ $x=\bullet$일 때 y의 값

    ➡ x에 $\bullet$를 대입하여 얻은 값

○ 함수 $f(x)=2x+1$에 대하여 다음을 만족하는 a의 값을 구하시오.

6-1
$f(a)=3$
➡ $f(a)=2a+1=3$
$2a=\square$ ∴ $a=\square$

6-2 $f(a)=-1$ _____

7-1 $f(a)=5$ _____

7-2 $f(a)=-\dfrac{1}{2}$ _____

8-1 $f(a)=-9$ _____

8-2 $f(a)=0$ _____

○ 다음을 구하시오.

9-1 함수 $f(x)=-2x$에 대하여 $f(a)=14$일 때, a의 값 _____

9-2 함수 $f(x)=\dfrac{1}{3}x$에 대하여 $f(a)=-6$일 때, a의 값 _____

10-1 함수 $f(x)=-\dfrac{6}{x}$에 대하여 $f(a)=2$일 때, a의 값 _____

10-2 함수 $f(x)=\dfrac{10}{x}$에 대하여 $f(a)=-5$일 때, a의 값 _____

11-1 함수 $f(x)=2x-1$에 대하여 $f(a)=5$일 때, a의 값 _____

11-2 함수 $f(x)=x-5$에 대하여 $f(a)=-2$일 때, a의 값 _____

핵심 체크

함수 $f(x)$가 주어지고 함숫값 $f(a)$를 알 때, 미지수 a를 구하기 위해서는 함수의 식에 $x=a$를 대입하여 얻은 a에 대한 식과 함숫값이 같음을 이용한다.

예 함수 $f(x)=x+1$에 대하여 $f(a)=3$일 때, $f(a)=a+1=3$ ∴ $a=2$
a에 대한 식 ↖   ↗ 함숫값

05 함숫값이 주어질 때 미지수의 값 구하기 (2)

함수 $f(x)=ax$에 대하여 $f(1)=3$일 때, 상수 a의 값을 구하시오.

➡ $f(1)=a\times1=3$ $\therefore a=3$

○ 함수 $f(x)=ax$에 대하여 다음을 만족하는 상수 a의 값을 구하시오.

1-1
$$f(9)=3$$
➡ $f(9)=9a=3$ $\therefore a=\boxed{}$

1-2 $f(-4)=8$ _____

2-1 $f\left(-\dfrac{1}{3}\right)=1$ _____

2-2 $f(-2)=1$ _____

○ 함수 $f(x)=\dfrac{a}{x}$에 대하여 다음을 만족하는 상수 a의 값을 구하시오.

3-1 $f(2)=-3$ _____

3-2 $f(5)=1$ _____

4-1 $f(-1)=3$ _____

4-2 $f(4)=-2$ _____

5-1
$$f\left(\dfrac{2}{3}\right)=9$$
➡ $f\left(\dfrac{2}{3}\right)=a\div\dfrac{2}{3}=a\times\boxed{}=9$

$\therefore a=\boxed{}$

5-2 $f\left(\dfrac{1}{2}\right)=6$ _____

핵심 체크

함숫값을 구하기 위해 함수의 식의 분모에 분수를 대입할 때에는 함수의 식을 나눗셈으로 바꾼다.

예) 함수 $f(x)=\dfrac{a}{x}$에 대하여 $x=\dfrac{1}{2}$에서의 함숫값은 $f\left(\dfrac{1}{2}\right)=a\div\dfrac{1}{2}=a\times2=2a$

$\llcorner\ \dfrac{a}{x}=a\div x$

○ 다음을 구하시오.

6-1 함수 $f(x)=ax$에 대하여 $f\left(-\dfrac{1}{2}\right)=4$일 때, 상수 a의 값

_____

6-2 함수 $f(x)=ax$에 대하여 $f(-3)=6$일 때, 상수 a의 값

_____

7-1 함수 $f(x)=\dfrac{a}{x}$에 대하여 $f(-2)=-9$일 때, 상수 a의 값

_____

7-2 함수 $f(x)=-\dfrac{a}{x}$에 대하여 $f(-1)=4$일 때, 상수 a의 값

_____

8-1 함수 $f(x)=2x+a$에 대하여 $f(-4)=-18$일 때, 상수 a의 값

_____

8-2 함수 $f(x)=-x+a$에 대하여 $f(2)=-7$일 때, 상수 a의 값

_____

9-1 함수 $f(x)=ax-1$에 대하여 $f(3)=2$일 때, 상수 a의 값

_____

9-2 함수 $f(x)=-ax+3$에 대하여 $f(2)=1$일 때, 상수 a의 값

_____

10-1 함수 $f(x)=\dfrac{a}{x}$에 대하여 $f\left(\dfrac{3}{2}\right)=6$일 때, 상수 a의 값

_____

10-2 함수 $f(x)=\dfrac{a}{x}$에 대하여 $f\left(-\dfrac{1}{2}\right)=-4$일 때, 상수 a의 값

_____

핵심 체크

함수 $y=f(x)$에 대하여 $f(\bullet)=\blacktriangle$일 때, 함수의 식에 x 대신 $\bullet$, y 대신 $\blacktriangle$를 대입하면 등식이 성립한다.

2 _ 일차함수와 그래프

기본연산 집중연습 | 03~05

○ 다음을 구하시오.

1-1 $f(x)=5x$에 대하여 $f(2)$의 값

1-2 $f(x)=-2x$에 대하여 $f(3)$의 값

1-3 $f(x)=-\dfrac{9}{x}$에 대하여 $\dfrac{1}{3}f(3)$의 값

1-4 $f(x)=-\dfrac{1}{4}x$에 대하여 $2f(-2)$의 값

1-5 $f(x)=\dfrac{6}{x}$에 대하여 $f(2)-f(-3)$의 값

1-6 $f(x)=3x+1$에 대하여 $f(-1)+f(-2)$의 값

○ 다음을 구하시오.

2-1 $f(x)=x+5$에 대하여 $f(a)=7$인 a의 값

2-2 $f(x)=-4x$에 대하여 $f(a)=8$인 a의 값

2-3 $f(x)=-\dfrac{6}{x}$에 대하여 $f(a)=3$인 a의 값

2-4 $f(x)=\dfrac{12}{x}$에 대하여 $f(a)=4$인 a의 값

2-5 $f(x)=-3x+1$에 대하여 $f(a)=0$인 a의 값

2-6 $f(x)=\dfrac{8}{x}$에 대하여 $f(a)=1$인 a의 값

핵심 체크

❶ $f(a)$ ➡ $\left[\begin{array}{l} x=a\text{에서의 함숫값} \\ x=a\text{일 때 } y\text{의 값} \end{array}\right.$ ➡ $f(x)$에 $x=a$를 대입하여 얻은 값

O 다음을 구하시오.

3-1 $f(x)=ax$에 대하여 $f(4)=-\dfrac{1}{2}$일 때,
상수 a의 값

3-2 $f(x)=ax-2$에 대하여 $f(2)=8$일 때,
상수 a의 값

3-3 $f(x)=\dfrac{a}{x}$에 대하여 $f(-3)=4$일 때,
상수 a의 값

3-4 $f(x)=ax$에 대하여 $f\left(-\dfrac{1}{3}\right)=2$일 때,
상수 a의 값

3-5 $f(x)=-\dfrac{a}{x}$에 대하여 $f\left(-\dfrac{3}{4}\right)=4$일 때,
상수 a의 값

3-6 $f(x)=\dfrac{a}{x}$에 대하여 $f\left(\dfrac{1}{3}\right)=6$일 때,
상수 a의 값

O 다음과 같은 함수 $y=f(x)$에 대하여 $x=2$에서의 함숫값을 구하시오.

4-1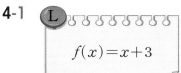
$f(x)=x+3$

4-2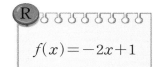
$f(x)=-2x+1$

4-3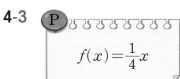
$f(x)=\dfrac{1}{4}x$

4-4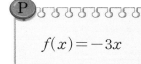
$f(x)=-3x$

4-5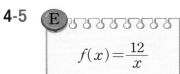
$f(x)=\dfrac{12}{x}$

4-6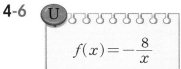
$f(x)=-\dfrac{8}{x}$

위에서 구한 함숫값이 작은 순서대로 압정에 적힌 알파벳을 빈칸에 써넣어 단어를 만들어 보세요.

핵심 체크

❷ 함숫값을 구하기 위해서 함수의 식에
음수를 대입할 때에는 ➡ 괄호를 이용한다.
분모에 분수를 대입할 때에는 ➡ 함수의 식을 나눗셈으로 바꾼다.

06 일차함수의 뜻

함수 $y=f(x)$에서 y가 x에 대한 일차식, 즉

$$y = ax + b \ (a, b는 \ 상수, a \neq 0)$$

로 나타날 때, 이 함수를 일차함수라 한다.

예 $y = -x + 3,\ y = \dfrac{1}{3}x + 1,\ y = 2x \rightarrow$ 일차함수
b가 0이다.

$y = 2x^2 + 1,\ y = \dfrac{1}{x},\ y = 2 \rightarrow$ 일차함수가 아니다.
이차식
a가 0이다.
분모에 x가 있다.

○ 다음 중 일차함수인 것에는 ○표, 일차함수가 아닌 것에는 ×표를 하시오.

1-1 $y = 5x - 30$ ( )

➡ $y = (x$에 대한 [　　　])이므로
[　　　] 이다.

1-2 $y = x$ ( )

2-1 $y = \dfrac{4}{x}$ ( )

2-2 $y = x^2 - 3x + 2$ ( )

3-1 $y = 5$ ( )

3-2 $y = 2x^2 - x(2x + 5)$ ( )

4-1 $x + 3 = 0$ ( )

4-2 $2x - 1 < 0$ ( )

5-1 $y = x(x - 5)$ ( )

5-2 $\dfrac{1}{2}x + \dfrac{1}{2}y = 0$ ( )

핵심 체크

y를 x에 대한 식으로 나타내었을 때, $y = (x$에 대한 일차식$)$의 꼴이면 y는 x에 대한 일차함수이다.

○ 두 변수 x와 y 사이의 관계가 다음과 같을 때, y를 x에 대한 식으로 나타내시오. 또 일차함수인 것에는 ○표, 일차함수가 아닌 것에는 ×표를 하시오.

6-1 밑변의 길이가 x cm, 높이가 4 cm인 삼각형의 넓이 y cm^2

➡ $y=$ ☐   (   )

6-2 한 개에 60 g인 물건 x개의 무게 y g

관계식 : _____ (   )

7-1 올해 x세인 재인이의 15년 후의 나이 y세

관계식 : _____ (   )

7-2 반지름의 길이가 x cm인 원의 넓이 y cm^2

관계식 : _____ (   )

8-1 시속 x km로 100 km의 거리를 달릴 때, 걸린 시간 y시간

관계식 : _____ (   )

8-2 하루 중 낮의 길이가 x시간일 때, 밤의 길이 y시간

관계식 : _____ (   )

9-1 가로의 길이, 세로의 길이가 각각 x cm, $(x+2)$ cm인 직사각형의 넓이 y cm^2

관계식 : _____ (   )

9-2 한 자루에 500원인 연필 x자루와 한 개에 5000원인 필통 1개를 구입한 총 금액 y원

관계식 : _____ (   )

10-1 한 변의 길이가 x cm인 정사각형의 둘레의 길이 y cm

관계식 : _____ (   )

10-2 시속 12 km로 x시간 동안 달린 거리 y km

관계식 : _____ (   )

핵심 체크

$y=ax+b$에서 $\begin{cases} b=0이면 \Rightarrow y=ax\,(a\neq0)는\ 일차함수이다. \\ a=0이면 \Rightarrow y=b는\ 일차함수가\ 아니다. \end{cases}$

x의 값이 수 전체일 때, 일차함수 $y=ax$의 그래프는 원점 $(0,0)$을 지나는 직선이다.

예 일차함수 $y=2x$에서

　　└▸ 정비례 관계는 일차함수이다.

$x=1$일 때, $y=2\times1=2$이므로 이 일차함수의 그래프는 점 $(1,2)$를 지난다.

따라서 일차함수 $y=2x$의 그래프는 오른쪽 그림과 같이 두 점 $(0,0)$과 $(1,2)$를 지나는 직선이다.

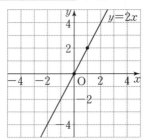

두 점을 지나는 직선은 오직 하나뿐이야.

○ 다음은 일차함수의 그래프가 지나는 두 점의 좌표를 나타낸 것이다. □ 안에 알맞은 수를 써넣고, 두 점을 이용하여 그래프를 그리시오.

1-1 $y=3x \Rightarrow (0,\boxed{}),\ (1,\boxed{})$

① 원점 $(0,\boxed{})$을 찍는다.

② $x=1$일 때, $y=3$이므로 점 $(1,\boxed{})$을 찍는다.

③ 두 점을 직선으로 잇는다.

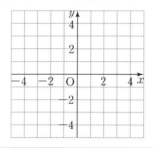

1-2 (1) $y=-3x \Rightarrow (0,0),\ (1,\boxed{})$

(2) $y=4x \Rightarrow (0,0),\ (1,\boxed{})$

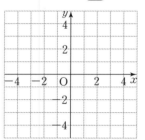

2-1 (1) $y=\dfrac{1}{2}x \Rightarrow (0,\boxed{}),\ (2,\boxed{})$

(2) $y=-\dfrac{2}{3}x \Rightarrow (0,\boxed{}),\ (3,\boxed{})$

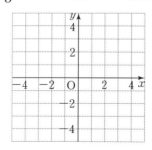

2-2 (1) $y=-\dfrac{1}{2}x \Rightarrow (0,\boxed{}),\ (2,\boxed{})$

(2) $y=\dfrac{3}{4}x \Rightarrow (\boxed{},0),\ (4,\boxed{})$

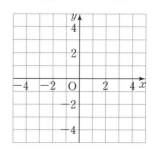

핵심 체크

일차함수 $y=ax\,(a\neq0)$의 그래프는 항상 원점을 지나므로 $y=ax\,(a\neq0)$ 꼴의 일차함수의 그래프를 그릴 때에는 원점과 다른 한 점을 찾아 직선으로 잇는다.

일차함수 $y=\frac{1}{2}x+1$의 그래프 그리기

❶ $y=\frac{1}{2}x+1$을 만족하는 두 점을 찾는다.

$x=0$일 때, $y=\frac{1}{2}\times0+1=1$ ➡ 점 $(0,1)$

$x=2$일 때, $y=\frac{1}{2}\times2+1=2$ ➡ 점 $(2,2)$

❷ 두 점 $(0,1)$, $(2,2)$를 직선으로 잇는다.

> 두 점을 찾을 때에는 두 점의 좌표가 정수가 되는 것을 찾는 것이 그래프를 그릴 때 편리해.

○ 다음은 일차함수의 그래프가 지나는 두 점의 좌표를 나타낸 것이다. ☐ 안에 알맞은 수를 써넣고, 두 점을 이용하여 그래프를 그리시오.

1-1 $y=2x-1$ ➡ $(0,\ \boxed{})$, $(1,\ \boxed{})$

① $x=0$일 때, $y=2\times\boxed{}-1=\boxed{}$이므로 점 $(0,\ \boxed{})$을 찍는다.

② $x=1$일 때, $y=2\times\boxed{}-1=\boxed{}$이므로 점 $(1,\ \boxed{})$을 찍는다.

③ 두 점을 직선으로 잇는다.

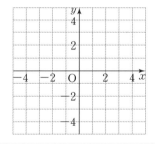

1-2 (1) $y=-3x+4$ ➡ $(0,\ \boxed{})$, $(1,\ \boxed{})$

(2) $y=x+1$ ➡ $(0,\ \boxed{})$, $(-1,\ \boxed{})$

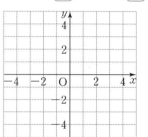

2-1 (1) $y=3x-2$ ➡ $(0,\ \boxed{})$, $(1,\ \boxed{})$

(2) $y=-\frac{1}{3}x-2$ ➡ $(0,\ \boxed{})$, $(3,\ \boxed{})$

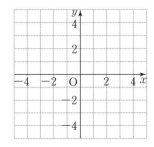

2-2 (1) $y=\frac{3}{4}x+\frac{3}{2}$ ➡ $(-2,\ \boxed{})$, $(2,\ \boxed{})$

(2) $y=-2x+1$ ➡ $(-1,\ \boxed{})$, $(2,\ \boxed{})$

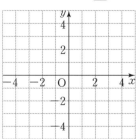

핵심 체크

그래프가 지나는 두 점은 풀이에 주어진 점 이외에도 무수히 많으므로 다른 점을 이용하여 그래프를 그릴 수도 있다.

09 일차함수의 그래프의 평행이동

❶ 평행이동 : 한 도형을 일정한 방향으로 일정한 거리만큼 이동하는 것

❷ 일차함수 $y=ax+b\,(a\neq0)$의 그래프 : 일차함수 $y=ax$의
그래프를 y축의 방향으로 b만큼 평행이동한 직선

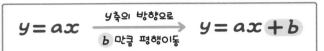

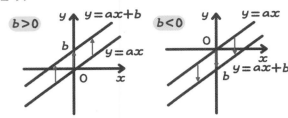

예 $y=2x$의 그래프 $\xrightarrow[\text{3만큼 평행이동}]{y축의 방향으로}$ $y=2x+3$의 그래프

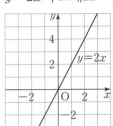
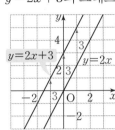

○ 다음 □ 안에 알맞은 것을 써넣고, 주어진 일차함수의 그래프를 좌표평면 위에 나타내시오.

1-1

(1) $y=3x+2$

$\Rightarrow y=3x \xrightarrow[\boxed{}\text{만큼 평행이동}]{y축의 방향으로} y=3x+2$

(2) $y=3x-4$

$\Rightarrow y=3x \xrightarrow[\boxed{}\text{만큼 평행이동}]{\boxed{}\text{축의 방향으로}} y=3x-4$

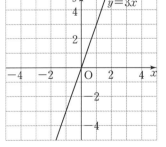

1-2

(1) $y=-\dfrac{1}{2}x-1$

$\Rightarrow y=-\dfrac{1}{2}x \xrightarrow[-1\text{만큼 평행이동}]{\boxed{}\text{축의 방향으로}} y=-\dfrac{1}{2}x-1$

(2) $y=-\dfrac{1}{2}x+3$

$\Rightarrow y=-\dfrac{1}{2}x \xrightarrow[\boxed{}\text{만큼 평행이동}]{\boxed{}\text{축의 방향으로}} y=-\dfrac{1}{2}x+3$

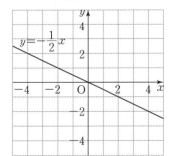

핵심 체크

일차함수 $y=ax$의 그래프를 y축의 방향으로 b만큼 평행이동한 그래프를 나타내는 일차함수의 식은 $y=ax+b$이다.

○ 다음 좌표평면 위의 일차함수의 그래프 ㉠~㉣은 주어진 일차함수의 그래프를 평행이동하여 그린 것이다. 물음에 답하시오.

2-1 $y=2x$

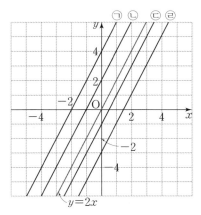
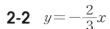

(1) 각각의 그래프는 일차함수 $y=2x$의 그래프를 y축의 방향으로 얼마만큼 평행이동한 것인지 구하시오.

㉠ _____

㉡ _____

㉢ _____

㉣ _____

(2) 각각의 그래프를 나타내는 일차함수의 식을 구하시오.

㉠ _____

㉡ _____

㉢ _____

㉣ _____

2-2 $y=-\dfrac{2}{3}x$

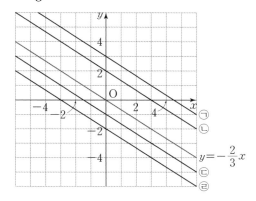

(1) 각각의 그래프는 일차함수 $y=-\dfrac{2}{3}x$의 그래프를 y축의 방향으로 얼마만큼 평행이동한 것인지 구하시오.

㉠ _____

㉡ _____

㉢ _____

㉣ _____

(2) 각각의 그래프를 나타내는 일차함수의 식을 구하시오.

㉠ _____

㉡ _____

㉢ _____

㉣ _____

핵심 체크

일차함수 $y=ax+b$의 그래프에서

① $b>0$이면 $y=ax$의 그래프를 y축을 따라 위로 b만큼 평행이동한 것이다.

② $b<0$이면 $y=ax$의 그래프를 y축을 따라 아래로 $|b|$만큼 평행이동한 것이다.

09 일차함수의 그래프의 평행이동

○ 다음 좌표평면 위의 그래프를 보고 □ 안에 알맞은 것을 써넣으시오.

3-1

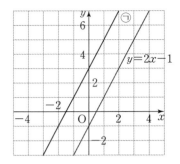

➡ 일차함수의 그래프 ㉠은 일차함수
$y=2x-1$의 그래프를 y축의 방향으로
□만큼 평행이동한 것이므로 ㉠을 나타내
는 일차함수의 식은 ☐☐☐☐☐이다.

3-2

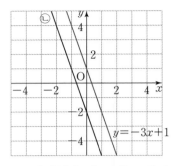

➡ 일차함수의 그래프 ㉡은 일차함수
$y=-3x+1$의 그래프를 y축의 방향으로
□만큼 평행이동한 것이므로 ㉡을 나타
내는 일차함수의 식은 ☐☐☐☐☐이다.

○ 다음 일차함수의 그래프를 y축의 방향으로 [ ] 안의 수만큼 평행이동한 그래프를 나타내는 일차함수의 식을 구하시오.

4-1 $y=\dfrac{2}{3}x$ $[2]$ ＿＿＿＿＿＿＿

4-2 $y=3x$ $[-2]$ ＿＿＿＿＿＿＿

5-1 $y=-4x$ $[1]$ ＿＿＿＿＿＿＿

5-2 $y=5x$ $[-3]$ ＿＿＿＿＿＿＿

6-1 $y=2x-3$ $[-2]$ ＿＿＿＿＿＿＿

6-2 $y=-2x+1$ $[-4]$ ＿＿＿＿＿＿＿

7-1 $y=-x+2$ $[-1]$ ＿＿＿＿＿＿＿

7-2 $y=3x-4$ $[4]$ ＿＿＿＿＿＿＿

> **핵심 체크**
>
> 일차함수 $y=ax+b$의 그래프를 y축의 방향으로 c만큼 평행이동한 그래프를 나타내는 일차함수의 식은 $y=ax+b+c$이다.

10 일차함수의 그래프 위의 점

정답과 해설 | **27**쪽

일차함수 $y=2x$의 그래프를 y축의 방향으로 3만큼 평행이동한 그래프가 점 $(1, a)$를 지날 때, a의 값을 구하시오.

❶ 먼저 평행이동한 그래프를 나타내는 식을 구한다.

➡ $y=2x$ $\xrightarrow[\text{3 만큼 평행이동}]{y축의 방향으로}$ $y=2x+3$

❷ 그래프가 지나는 점의 좌표를 ❶에서 구한 식에 대입하여 a의 값을 구한다.

➡ $x=1$, $y=a$를 $y=2x+3$에 대입하면

$a=2\times1+3$ ∴ $a=5$

○ 다음 두 점은 일차함수 $y=2x+3$의 그래프 위의 점이다. □ 안에 알맞은 수를 써넣으시오.

1-1
$(1, \boxed{})$, $(2, \boxed{})$

➡ $x=1$일 때, $y=2\times\boxed{}+3=\boxed{}$

$x=2$일 때, $y=\boxed{}\times2+3=\boxed{}$

이므로 $(1, \boxed{})$, $(2, \boxed{})$은 일차함수 $y=2x+3$의 그래프 위의 점이다.

1-2 $(-2, \boxed{})$, $\left(-\dfrac{1}{2}, \boxed{}\right)$

2-1 $(3, \boxed{})$, $(\boxed{}, 0)$

2-2 $(-3, \boxed{})$, $(\boxed{}, -5)$

○ 다음을 구하시오.

3-1
일차함수 $y=-3x+a$의 그래프가 점 $(4, -5)$를 지날 때, 상수 a의 값

➡ $x=4$, $y=-5$를 $y=-3x+a$에 대입하면

$\boxed{}=-3\times\boxed{}+a$ ∴ $a=\boxed{}$

3-2 일차함수 $y=ax-5$의 그래프가 점 $(1, -3)$을 지날 때, 상수 a의 값

_____

4-1 일차함수 $y=3x+1$의 그래프가 점 $(a, -2)$를 지날 때, a의 값

_____

4-2 일차함수 $y=-2x+2$의 그래프가 점 $(-1, a)$를 지날 때, a의 값

_____

핵심 체크

일차함수 $y=ax+b$의 그래프가 점 $(\bullet, \blacktriangle)$를 지날 때, $y=ax+b$에 $x=\bullet$, $y=\blacktriangle$를 대입하면 등식이 성립한다. 즉 $\blacktriangle=a\times\bullet+b$

10 일차함수의 그래프 위의 점

5-1 일차함수 $y=4x$의 그래프를 y축의 방향으로 -2만큼 평행이동한 그래프에 대하여 다음 물음에 답하시오.

(1) 평행이동한 그래프를 나타내는 일차함수의 식을 구하시오.

_____

(2) 다음 중 그래프 위의 점이 아닌 것을 찾으시오. _____

㉠ $(-1, -6)$	㉡ $(2, 9)$
㉢ $(0, -2)$	㉣ $\left(-\dfrac{1}{2}, -4\right)$

5-2 일차함수 $y=-\dfrac{1}{3}x$의 그래프를 y축의 방향으로 4만큼 평행이동한 그래프에 대하여 다음 물음에 답하시오.

(1) 평행이동한 그래프를 나타내는 일차함수의 식을 구하시오.

_____

(2) 다음 중 그래프 위의 점이 아닌 것을 찾으시오. _____

㉠ $(-3, 5)$	㉡ $(0, 4)$
㉢ $\left(1, \dfrac{7}{3}\right)$	㉣ $(6, 2)$

6-1 일차함수 $y=-3x$의 그래프를 y축의 방향으로 4만큼 평행이동한 그래프가 점 $(a, -5)$를 지날 때, 다음을 구하시오.

(1) 평행이동한 그래프를 나타내는 일차함수의 식 _____

(2) a의 값 _____

6-2 일차함수 $y=-2x$의 그래프를 y축의 방향으로 9만큼 평행이동한 그래프가 점 $(a, 1)$을 지날 때, 다음을 구하시오.

(1) 평행이동한 그래프를 나타내는 일차함수의 식 _____

(2) a의 값 _____

7-1 일차함수 $y=2x$의 그래프를 y축의 방향으로 -7만큼 평행이동한 그래프가 점 $(3, a)$를 지날 때, 다음을 구하시오.

(1) 평행이동한 그래프를 나타내는 일차함수의 식 _____

(2) a의 값 _____

7-2 일차함수 $y=-x$의 그래프를 y축의 방향으로 3만큼 평행이동한 그래프가 점 $(-2, a)$를 지날 때, 다음을 구하시오.

(1) 평행이동한 그래프를 나타내는 일차함수의 식 _____

(2) a의 값 _____

핵심 체크

$x=m, y=n$을 일차함수의 식에 대입했을 때, 등식이 성립하면 점 (m, n)은 일차함수의 그래프 위의 점이고, 등식이 성립하지 않으면 일차함수의 그래프 위의 점이 아니다.

기본연산 집중연습 | 06~10

정답과 해설 | **28**쪽

1 다음 메모지에 적힌 함수 중에서 일차함수를 모두 찾으시오.

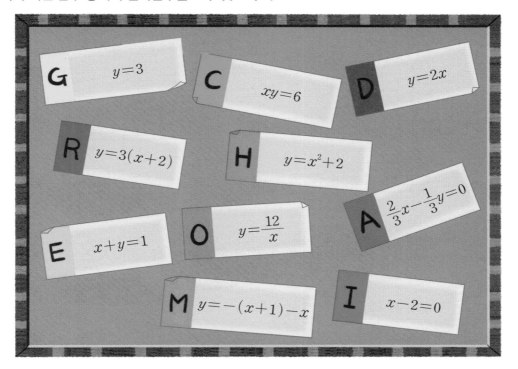

위에서 찾은 일차함수에 적힌 알파벳을 이용하여 단어를 만들어 보세요.

○ 두 변수 x와 y 사이의 관계가 다음과 같을 때, y를 x에 대한 식으로 나타내시오. 또 일차함수인 것에는 ○표, 일차함수가 아닌 것에는 ×표를 하시오.

2-1 한 변의 길이가 x cm인 정사각형의 넓이 y cm²

관계식 : _____ (   )

2-2 시속 x km로 3시간 동안 달린 거리 y km

관계식 : _____ (   )

2-3 가로의 길이가 x cm, 세로의 길이가 y cm인 직사각형의 둘레의 길이가 30 cm

관계식 : _____ (   )

2-4 한 자루에 1000원인 볼펜 x자루와 한 개에 500원인 지우개 1개를 구입한 총 금액 y원

관계식 : _____ (   )

핵심 체크

❶ y는 x에 대한 일차함수

$y=ax+b$ (a, b는 상수, $a \neq 0$)

└→ x에 대한 일차식

○ 다음은 일차함수의 그래프를 지나는 두 점의 좌표를 나타낸 것이다. □ 안에 알맞은 수를 써넣고, 두 점을 이용하여 그래프를 그리시오.

3-1 $y = x + 3$ ➡ $(0, \boxed{}), (\boxed{}, 0)$

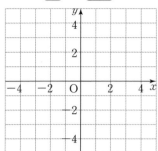

3-2 $y = -\dfrac{5}{4}x + \dfrac{1}{2}$ ➡ $(-2, \boxed{}), (2, \boxed{})$

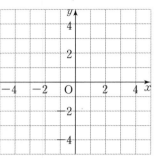

○ 다음 □ 안에 알맞은 것을 써넣고 주어진 일차함수의 그래프를 좌표평면 위에 나타내시오.

4-1 (1) $y = -3x + 2$

➡ $y = -3x \xrightarrow[\text{2만큼 } \boxed{}\text{이동}]{\boxed{}\text{축의 방향으로}} y = -3x + 2$

(2) $y = -3x - 1$

➡ $y = \boxed{} \xrightarrow[-1\text{만큼 평행이동}]{y\text{축의 방향으로}} y = -3x - 1$

(3) $y = -3x - 4$

➡ $y = -3x \xrightarrow[\boxed{}\text{만큼 평행이동}]{y\text{축의 방향으로}} y = -3x - \boxed{}$

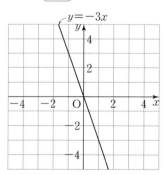

4-2 (1) $y = \dfrac{1}{2}x + 1$

➡ $y = \dfrac{1}{2}x \xrightarrow[1\text{만큼 } \boxed{}\text{이동}]{\boxed{}\text{축의 방향으로}} y = \dfrac{1}{2}x + 1$

(2) $y = \dfrac{1}{2}x - 3$

➡ $y = \boxed{} \xrightarrow[-3\text{만큼 평행이동}]{y\text{축의 방향으로}} y = \dfrac{1}{2}x - 3$

(3) $y = \dfrac{1}{2}x + 3$

➡ $y = \dfrac{1}{2}x \xrightarrow[\boxed{}\text{만큼 평행이동}]{y\text{축의 방향으로}} y = \dfrac{1}{2}x + \boxed{}$

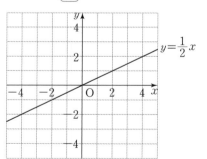

핵심 체크

❷ 일차함수 $y = ax$의 그래프의 평행이동

$y = ax$의 그래프를 y축의 방향으로 b만큼 평행이동하면

$y = ax + b$

❸ 일차함수 $y = ax + b$의 그래프의 평행이동

$y = ax + b$의 그래프를 y축의 방향으로 c만큼 평행이동하면

$y = ax + b + c$

○ 다음 일차함수의 그래프를 y축의 방향으로 [ ] 안의 수만큼 평행이동한 그래프를 나타내는 일차함수의 식을 구하시오.

5-1 $y = 3x$ $\quad$ [2]

5-2 $y = -2x$ $\quad$ [4]

5-3 $y = \dfrac{1}{4}x$ $\quad$ [-1]

5-4 $y = -\dfrac{3}{2}x$ $\quad$ [5]

5-5 $y = -x + 2$ $\quad$ [-4]

5-6 $y = \dfrac{2}{3}x - 1$ $\quad$ [-2]

2 일차함수와 그래프

○ 다음 중 주어진 일차함수의 그래프 위의 점인 것을 ㉠~㉣ 중에서 찾으시오.

6-1 일차함수 $y = 3x + 1$의 그래프

㉠ $(-4, 11)$ $\qquad$ ㉡ $(2, 7)$

㉢ $\left(-\dfrac{1}{3}, \dfrac{2}{3}\right)$ $\qquad$ ㉣ $(0, 3)$

6-2 일차함수 $y = -4x + 3$의 그래프

㉠ $(-2, 5)$ $\qquad$ ㉡ $(-1, 1)$

㉢ $(3, -9)$ $\qquad$ ㉣ $(2, 3)$

6-3 일차함수 $y = x + 1$의 그래프를 y축의 방향으로 -2만큼 평행이동한 그래프

㉠ $(1, 3)$ $\qquad$ ㉡ $(-2, -4)$

㉢ $(-1, -2)$ $\qquad$ ㉣ $(0, -2)$

6-4 일차함수 $y = -\dfrac{3}{2}x - 2$의 그래프를 y축의 방향으로 3만큼 평행이동한 그래프

㉠ $(0, -2)$ $\qquad$ ㉡ $(2, 2)$

㉢ $(-4, 11)$ $\qquad$ ㉣ $(0, 1)$

핵심 체크

❹ 일차함수의 그래프 위의 점

일차함수 $y = ax + b$의 그래프가 점 (m, n)을 지나면 $x = m$일 때, $y = n$을 만족한다.

즉 $y = ax + b$에 $x = m$, $y = n$을 대입하면 등식이 성립한다. ➡ $n = am + b$

11 일차함수의 그래프에서 x절편, y절편

정답과 해설 | 29쪽

❶ x절편 : 일차함수의 그래프가 x축과 만나는 점의 x좌표
　➡ $y=0$일 때, x의 값

❷ y절편 : 일차함수의 그래프가 y축과 만나는 점의 y좌표
　➡ $x=0$일 때, y의 값

예
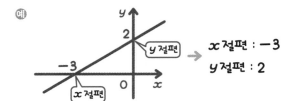

➡ x절편 : -3
　y절편 : 2

○ 다음 일차함수의 그래프에 대하여 아래 표를 완성하시오.

1-1

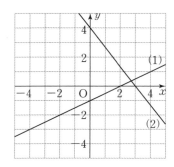

그래프	(1)	(2)
x축과의 교점의 좌표	$(2,0)$	
x절편	2	
y축과의 교점의 좌표		
y절편		

1-2

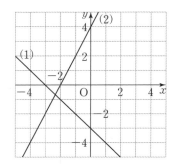

그래프	(1)	(2)
x축과의 교점의 좌표		
x절편		
y축과의 교점의 좌표		
y절편		

2-1

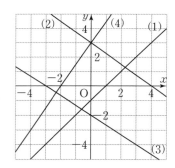

그래프	(1)	(2)	(3)	(4)
x절편				
y절편				

2-2

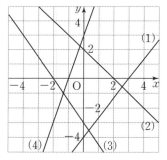

그래프	(1)	(2)	(3)	(4)
x절편				
y절편				

핵심 체크

・x축과 만나는 점의 좌표가 (★, 0)이면 ➡ x절편은 ★

・y축과 만나는 점의 좌표가 (0, ■)이면 ➡ y절편은 ■

12 일차함수의 식에서 x절편, y절편 구하기

정답과 해설 | 29쪽

일차함수 $y=ax+b\,(a\neq0)$의 그래프에서

❶ x절편 : $-\dfrac{b}{a}$ ➡ x축과의 교점의 좌표 : $\left(-\dfrac{b}{a},\,0\right)$
  └ y좌표가 0

❷ y절편 : b ➡ y축과의 교점의 좌표 : $(0,\,b)$
  └ x좌표가 0

㉑ 일차함수 $y=2x+3$의 그래프에서

　① $y=0$을 $y=2x+3$에 대입하면 $0=2x+3$ 　 $\therefore x=-\dfrac{3}{2}$

　② $x=0$을 $y=2x+3$에 대입하면 $y=3$

　$\therefore x$절편 : $-\dfrac{3}{2}$, y절편 : 3

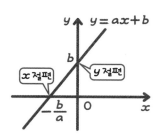

○ 다음 일차함수의 그래프의 x절편과 y절편을 각각 구하시오.

1-1 $y=2x-3$

➡ $y=2x-3$에 $\boxed{}=0$을 대입하면

$\boxed{}=2x-3$ 　$\therefore x=\boxed{}$

$y=2x-3$에 $\boxed{}=0$을 대입하면

$y=2\times\boxed{}-3=\boxed{}$

$\therefore x$절편 : $\boxed{}$, y절편 : $\boxed{}$

1-2 $y=x-2$

x절편 : _____ 　 y절편 : _____

2-1 $y=-4x-1$

x절편 : _____ 　 y절편 : _____

2-2 $y=\dfrac{3}{2}x+3$

x절편 : _____ 　 y절편 : _____

3-1 $y=\dfrac{2}{3}x-4$

x절편 : _____ 　 y절편 : _____

3-2 $y=-3x+6$

x절편 : _____ 　 y절편 : _____

4-1 $y=-2x+5$

x절편 : _____ 　 y절편 : _____

4-2 $y=5x+8$

x절편 : _____ 　 y절편 : _____

핵심 체크

일차함수 $y=ax+b\,(a\neq0)$의 그래프에서

x절편 ➡ $-\dfrac{b}{a}$, y절편 ➡ b

12 일차함수의 식에서 x절편, y절편 구하기

○ 다음 일차함수의 그래프와 ① x축과의 교점의 좌표, ② y축과의 교점의 좌표를 각각 구하시오.

5-1
> $y=x+3$
> ➡ $y=0$을 $y=x+3$에 대입하면 $x=\boxed{}$
>   ∴ x축과의 교점의 좌표는 $(\boxed{}, 0)$
> $x=0$을 $y=x+3$에 대입하면 $y=3$
>   ∴ y축과의 교점의 좌표는 $(0, \boxed{})$

5-2 $y=-\dfrac{1}{2}x-1$

① _____ ② _____

6-1 $y=2x+1$

① _____ ② _____

6-2 $y=3x-6$

① _____ ② _____

7-1 $y=-2x+4$

① _____ ② _____

7-2 $y=\dfrac{1}{2}x+3$

① _____ ② _____

○ 다음 일차함수의 그래프에 대하여 옳은 것에는 ○표, 옳지 않은 것에는 ×표를 하시오.

8-1 $y=-x+1$

(1) x절편이 1이다. (   )

(2) y절편이 1이다. (   )

(3) $x=0$일 때, y의 값이 1이다. (   )

(4) x축과의 교점의 좌표는 $(0, 1)$이다.
  (   )

(5) y축과의 교점의 좌표는 $(1, 0)$이다.
  (   )

8-2 $y=x+2$

(1) x절편이 2이다. (   )

(2) y절편이 2이다. (   )

(3) x축과의 교점의 좌표는 $(-2, 0)$이다.
  (   )

(4) y축과의 교점의 y좌표는 2이다. (   )

(5) $y=2x+4$의 그래프와 x절편이 같다.
  (   )

핵심 체크

x축과의 교점의 좌표와 y축과의 교점의 좌표는 순서쌍이고, x절편, y절편은 순서쌍이 아니라 하나의 수이다.
    x축과의 교점의 x좌표◂━   ┗▸ y축과의 교점의 y좌표

13 x절편, y절편을 이용하여 그래프 그리기

정답과 해설 | 30쪽

일차함수 $y=-2x+2$의 그래프 그리기

1 x절편, y절편을 구한다.

$y=-2x+2$에서
$y=0$일 때, $0=-2x+2$
$\therefore x=1$, 즉 $(x$절편$)=1$
$x=0$일 때, $y=-2\times0+2$
$\therefore y=2$, 즉 $(y$절편$)=2$

2 x절편, y절편을 나타낸다.

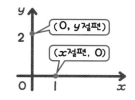

3 두 점을 직선으로 잇는다.

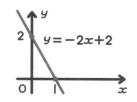

○ x절편과 y절편을 이용하여 다음 일차함수의 그래프를 그리시오.

1-1

$y=x+3$

① y절편은 $\boxed{}$이므로 점 $(\boxed{}, \boxed{})$을 찍는다.

② x절편은 $\boxed{}$이므로 점 $(\boxed{}, \boxed{})$을 찍는다.

③ 두 점을 직선으로 잇는다.

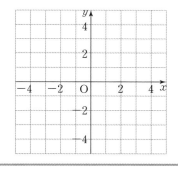

1-2 (1) $y=\dfrac{1}{3}x-1$ (2) $y=-\dfrac{1}{3}x-1$

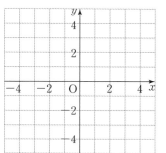

2-1 (1) $y=x+1$ (2) $y=-x+2$

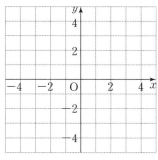

2-2 (1) $y=2x+4$ (2) $y=2x-4$

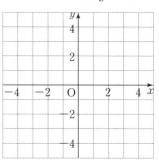

핵심 체크

x절편과 y절편을 이용하여 그래프를 그릴 때에는 두 점 $(x$절편, $0)$, $(0, y$절편$)$을 좌표평면 위에 나타내어 두 점을 직선으로 잇는다.

14 일차함수의 그래프의 기울기 (1)

일차함수 $y=ax+b(a\neq0)$의 그래프에서 x의 값의 증가량에 대한 y의 값의 증가량의 비율을 기울기라 한다.

(예) 일차함수 $y=2x+1$에 대하여

$$(기울기) = \frac{(y의\ 값의\ 증가량)}{(x의\ 값의\ 증가량)} = a\ (일정)$$

x	⋯	0	1	2	3	⋯
y	⋯	1	3	5	7	⋯

$+1$ $+2$

$+2$ $+4$

$$\therefore (기울기)=\frac{(y의\ 값의\ 증가량)}{(x의\ 값의\ 증가량)}=\frac{3-1}{1-0}=\frac{7-3}{3-1}=\cdots=2$$

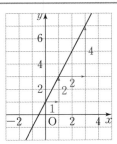

○ 다음 일차함수에 대하여 아래 표를 완성하고, ☐ 안에 알맞은 수를 써넣으시오.

1-1 $y=x-2$

x	⋯	-1	0	1	2	⋯
y	⋯	-3				⋯

➡ x의 값이 0에서 1로 1만큼 증가하면 y의 값은 -2에서 ☐로 ☐만큼 증가한다.

$$\therefore (기울기)=\frac{(y의\ 값의\ 증가량)}{(x의\ 값의\ 증가량)}$$

$$=\frac{☐}{☐}=☐$$

1-2 $y=2x-3$

x	⋯	-1	0	1	2	⋯
y	⋯	-5				⋯

➡ x의 값이 -1에서 1로 2만큼 증가하면 y의 값은 -5에서 ☐로 ☐만큼 증가한다.

$$\therefore (기울기)=\frac{☐}{2}=☐$$

2-1 $y=-x-3$

x	⋯	-1	0	1	2	⋯
y	⋯	-2				⋯

➡ x의 값이 -1에서 0으로 1만큼 증가하면 y의 값은 -2에서 ☐으로 ☐만큼 증가한다.

$$\therefore (기울기)=\frac{☐}{1}=☐$$

2-2 $y=-\frac{1}{2}x+1$

x	⋯	-1	0	1	2	⋯
y	⋯	$\frac{3}{2}$				⋯

➡ x의 값이 0에서 2로 2만큼 증가하면 y의 값은 1에서 ☐으로 ☐만큼 증가한다.

$$\therefore (기울기)=\frac{☐}{2}=☐$$

핵심 체크

일차함수 $y=ax+b(a\neq0)$의 그래프에서 $(기울기)=\dfrac{(y의\ 값의\ 증가량)}{(x의\ 값의\ 증가량)}=a$

○ 다음 일차함수의 그래프를 보고 기울기를 구하시오.

3-1

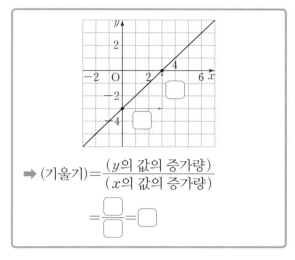

➡ (기울기)=$\dfrac{(y의\ 값의\ 증가량)}{(x의\ 값의\ 증가량)}$

$=\dfrac{\boxed{}}{\boxed{}}=\boxed{}$

3-2

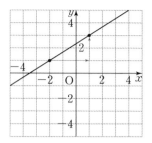

_____

3-3

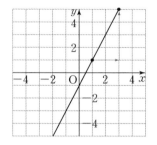

_____

4-1

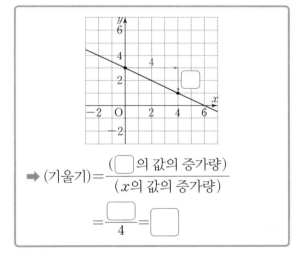

➡ (기울기)=$\dfrac{(\boxed{}의\ 값의\ 증가량)}{(x의\ 값의\ 증가량)}$

$=\dfrac{\boxed{}}{4}=\boxed{}$

4-2

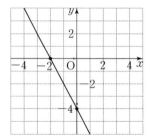

_____

4-3

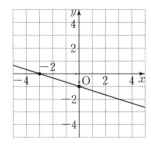

_____

핵심 체크

a만큼 감소한다는 것은 $-a$만큼 증가한다는 것과 같다.

예 (2만큼 감소)=(-2만큼 증가)

2

일차함수와 그래프

15 일차함수의 그래프의 기울기 (2)

일차함수 $y=-\dfrac{2}{3}x+1$의 그래프에서 x의 값의 증가량이 3일 때,

y의 값의 증가량을 구하시오.

➡ 기울기는 $-\dfrac{2}{3}$이다.

➡ x의 값이 3만큼 증가할 때, y의 값은 -2만큼 증가한다.
└▸ 2만큼 감소

○ **다음을 구하시오.**

1-1 일차함수 $y=2x+4$의 그래프에서 x의 값의 증가량이 3일 때, y의 값의 증가량

➡ $(기울기)=\dfrac{(y의\ 값의\ 증가량)}{(\square의\ 값의\ 증가량)}$ 이므로

$\dfrac{(y의\ 값의\ 증가량)}{\square}=2$
└▸ 기울기

$\therefore (y의\ 값의\ 증가량)=\square$

1-2 일차함수 $y=\dfrac{1}{2}x+3$의 그래프에서 x의 값이 6만큼 증가할 때, y의 값의 증가량

———————

2-1 일차함수 $y=5x-3$의 그래프에서 x의 값의 증가량이 4일 때, y의 값의 증가량

———————

2-2 일차함수 $y=-2x-1$의 그래프에서 x의 값이 1에서 3까지 증가할 때, y의 값의 증가량

———————

3-1 일차함수 $y=\dfrac{2}{3}x-5$의 그래프에서 x의 값이 2에서 8까지 증가할 때, y의 값의 증가량

———————

3-2 일차함수 $y=-\dfrac{3}{2}x-4$의 그래프에서 x의 값이 -2에서 2까지 증가할 때, y의 값의 증가량

———————

> **핵심 체크**
>
> 일차함수 $y=ax+b\,(a\neq0)$의 그래프에서 기울기는 x의 계수인 a이다.

○ 다음을 만족하는 일차함수를 ㉠~㉫ 중에서 고르시오.

4-1

㉠ $y=-\dfrac{1}{3}x+2$	㉡ $y=\dfrac{1}{3}x-3$
㉢ $y=2x+1$	㉣ $y=3x-2$
㉤ $y=3x$	㉫ $y=-2x+1$

(1) x의 값이 3만큼 증가할 때, y의 값은 1만큼 증가하는 일차함수

➡ (기울기)$=\dfrac{\boxed{}}{3}=\boxed{}$인 일차함수를 찾는다. _____

(2) x의 값이 3만큼 증가할 때, y의 값은 6만큼 감소하는 일차함수

➡ (기울기)$=\dfrac{-6}{3}=\boxed{}$인 일차함수를 찾는다. _____

(3) x의 값이 6만큼 증가할 때, y의 값은 2만큼 감소하는 일차함수

_____

(4) x의 값이 2만큼 증가할 때, y의 값은 4만큼 증가하는 일차함수

_____

(5) 기울기가 서로 같은 두 일차함수

_____

4-2

㉠ $y=2x+3$	㉡ $y=-2x-1$
㉢ $y=\dfrac{1}{2}x+1$	㉣ $y=-\dfrac{1}{2}x-4$
㉤ $y=4x$	㉫ $y=\dfrac{1}{2}x$

(1) x의 값이 2만큼 증가할 때, y의 값은 4만큼 감소하는 일차함수

_____

(2) x의 값이 1만큼 증가할 때, y의 값은 2만큼 증가하는 일차함수

_____

(3) x의 값이 4만큼 증가할 때, y의 값은 2만큼 감소하는 일차함수

_____

(4) x의 값이 2만큼 증가할 때, y의 값은 8만큼 증가하는 일차함수

_____

(5) 기울기가 서로 같은 두 일차함수

_____

2 일차함수와 그래프

핵심 체크

두 일차함수 $y=ax+b$, $y=cx+d$의 기울기가 서로 같다면 $a=c$이다.

⑩ 두 일차함수 $y=2x+1$, $y=2x-3$의 기울기는 서로 같고, 두 일차함수 $y=2x+1$, $y=-2x+1$의 기울기는 서로 다르다.

16 두 점을 지나는 일차함수의 그래프의 기울기

두 점 (x_1, y_1), (x_2, y_2)를 지나는 일차함수의 그래프의 기울기는

➡ (기울기) $= \dfrac{(y의\ 값의\ 증가량)}{(x의\ 값의\ 증가량)} = \dfrac{y_2 - y_1}{x_2 - x_1}$

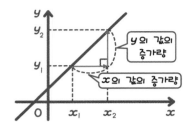

예 두 점 $(2, 2)$, $(4, 3)$을 지나는 일차함수의 그래프의 기울기를 구하시오.

➡ (기울기) $= \dfrac{(y의\ 값의\ 증가량)}{(x의\ 값의\ 증가량)} = \dfrac{3-2}{4-2} = \dfrac{1}{2}$

○ 다음 두 점을 지나는 일차함수의 그래프의 기울기를 구하시오.

1-1

$$\overset{+4}{(-1, 2), (2, 6)}$$
$$\underset{+3}{}$$

➡ (기울기) $= \dfrac{\boxed{} - \boxed{}}{2 - (\boxed{})} = \boxed{}$

1-2 $(3, 4), (6, 5)$ _____

2-1 $(-1, -1), (3, 3)$ _____

2-2 $(-3, 2), (3, 5)$ _____

3-1 $(1, -5), (5, -4)$ _____

3-2 $(1, 4), (2, 7)$ _____

4-1 $(0, 1), (3, -1)$ _____

4-2 $(-4, -1), (-1, 5)$ _____

핵심 체크

두 점 (x_1, y_1), (x_2, y_2)를 지나는 일차함수의 그래프의 기울기는 $\dfrac{y_2 - y_1}{x_2 - x_1} \left(= \dfrac{y_1 - y_2}{x_1 - x_2} \right)$이다.

이때 $\dfrac{y_1 - y_2}{x_2 - x_1}$처럼 한쪽만 순서를 바꾸지 않도록 주의한다.

○ 다음을 구하시오.

5-1 두 점 $(1, k)$, $(3, 8)$을 지나는 일차함수의 그래프의 기울기가 2일 때, k의 값

➡ (기울기)$=\dfrac{8-k}{3-1}=2$에서

$\dfrac{8-k}{2}=2$, $8-k=\boxed{}$ ∴ $k=\boxed{}$

5-2 두 점 $(3, 2)$, $(-1, k)$를 지나는 일차함수의 그래프의 기울기가 -4일 때, k의 값

_____

6-1 두 점 $(k, 1)$, $(-4, 8)$을 지나는 일차함수의 그래프의 기울기가 -1일 때, k의 값

_____

6-2 두 점 $(-5, k)$, $(1, 3)$을 지나는 일차함수의 그래프의 기울기가 $\dfrac{1}{2}$일 때, k의 값

_____

7-1 두 점 $(-2, -7)$, $(3, k)$를 지나는 일차함수의 그래프의 기울기가 1일 때, k의 값

_____

7-2 두 점 $(-2, k)$, $(2, -2)$를 지나는 일차함수의 그래프의 기울기가 $-\dfrac{3}{2}$일 때, k의 값

_____

8-1 두 점 $(-1, k)$, $(4, -1)$을 지나는 일차함수의 그래프의 기울기가 -2일 때, k의 값

_____

8-2 두 점 $(k, -4)$, $(9, 2)$를 지나는 일차함수의 그래프의 기울기가 2일 때, k의 값

_____

9-1 두 점 $(-2, k)$, $(1, 2)$를 지나는 일차함수의 그래프의 기울기가 $-\dfrac{1}{3}$일 때, k의 값

_____

9-2 두 점 $(k, 2)$, $(-3, -4)$를 지나는 일차함수의 그래프의 기울기가 3일 때, k의 값

_____

핵심 체크

같은 직선 위의 어느 두 점을 선택해도 그 기울기는 항상 일정하므로 그래프를 지나는 두 점만 알면 기울기를 구할 수 있다.

17 기울기와 y절편을 이용하여 그래프 그리기

정답과 해설 | 32쪽

일차함수 $y=-2x+4$의 그래프 그리기

① 기울기, y절편을 구한다.   ② y절편을 나타낸다.   ③ 그래프가 지나는 한 점을 찍는다.   ④ 두 점을 직선으로 잇는다.

$($기울기$)=-2$
$(y$절편$)=4$

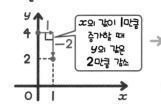

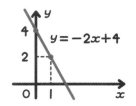

○ 기울기와 y절편을 이용하여 다음 일차함수의 그래프를 그리시오.

1-1 $y=\dfrac{2}{3}x-2$

① y절편은 ☐이므로 점 (☐ , ☐)를 찍는다.

② 기울기는 ☐이므로 점 $(0, ☐)$에서 x축의 방향으로 3만큼 이동한 후 y축의 방향으로 ☐만큼 이동한 점을 찾아 찍는다.

③ 두 점을 직선으로 잇는다.

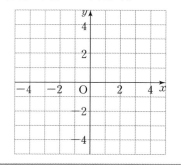

1-2 (1) $y=-x-1$ (2) $y=\dfrac{3}{2}x+1$

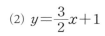

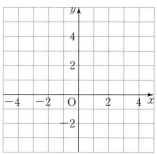

1-3 (1) $y=-\dfrac{2}{5}x+4$ (2) $y=\dfrac{1}{4}x-1$

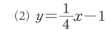

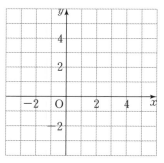

핵심 체크

일차함수 $y=ax+b(a\neq0)$의 그래프를 그릴 때에는 y절편이 b이므로 먼저 점 $(0, b)$를 찍고, 그 점에서 기울기를 이용하여 그래프가 지나는 다른 한 점을 찾아 두 점을 직선으로 잇는다.

기본연산 집중연습 | 11~17

정답과 해설 | **32**쪽

○ 다음 일차함수의 그래프에서 ① x절편, ② y절편, ③ 기울기를 각각 구하시오.

1-1
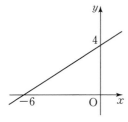
① ＿＿＿＿＿＿＿＿＿

② ＿＿＿＿＿＿＿＿＿

③ ＿＿＿＿＿＿＿＿＿

1-2
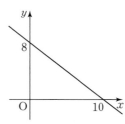
① ＿＿＿＿＿＿＿＿＿

② ＿＿＿＿＿＿＿＿＿

③ ＿＿＿＿＿＿＿＿＿

1-3
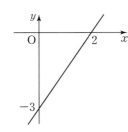
① ＿＿＿＿＿＿＿＿＿

② ＿＿＿＿＿＿＿＿＿

③ ＿＿＿＿＿＿＿＿＿

1-4
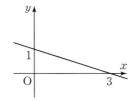
① ＿＿＿＿＿＿＿＿＿

② ＿＿＿＿＿＿＿＿＿

③ ＿＿＿＿＿＿＿＿＿

1-5
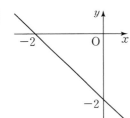
① ＿＿＿＿＿＿＿＿＿

② ＿＿＿＿＿＿＿＿＿

③ ＿＿＿＿＿＿＿＿＿

1-6
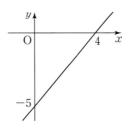
① ＿＿＿＿＿＿＿＿＿

② ＿＿＿＿＿＿＿＿＿

③ ＿＿＿＿＿＿＿＿＿

1-7
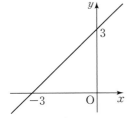
① ＿＿＿＿＿＿＿＿＿

② ＿＿＿＿＿＿＿＿＿

③ ＿＿＿＿＿＿＿＿＿

1-8
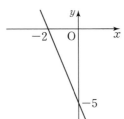
① ＿＿＿＿＿＿＿＿＿

② ＿＿＿＿＿＿＿＿＿

③ ＿＿＿＿＿＿＿＿＿

핵심 체크

❶ x절편 ➡ 그래프가 x축과 만나는 점의 x좌표

❷ y절편 ➡ 그래프가 y축과 만나는 점의 y좌표

❸ 두 점 $(a, 0)$, $(0, b)$를 지나는 일차함수의 그래프의 기울기

(기울기)$= \dfrac{b-0}{0-a} = -\dfrac{b}{a}$

○ 다음 일차함수의 그래프의 ① x절편, ② y절편, ③ 기울기를 각각 구하시오.

2-1 $y=-3x+4$

① _____

② _____

③ _____

2-2 $y=\dfrac{3}{5}x-3$

① _____

② _____

③ _____

2-3 $y=3x+3$

① _____

② _____

③ _____

2-4 $y=-\dfrac{1}{2}x-1$

① _____

② _____

③ _____

2-5 $y=\dfrac{4}{3}x-4$

① _____

② _____

③ _____

2-6 $y=-\dfrac{3}{2}x+6$

① _____

② _____

③ _____

○ 다음 두 점을 지나는 일차함수의 그래프의 기울기를 구하시오.

3-1 $(1,3),(3,-1)$

3-2 $(-1,-2),(3,4)$

3-3 $(3,-2),(0,-4)$

3-4 $(3,-1),(-2,2)$

핵심 체크

❹ 일차함수의 식에서 기울기와 y절편

$$y=ax+b$$

기울기 y절편

❺ 두 점 $(x_1,y_1),(x_2,y_2)$를 지나는 일차함수의 그래프의 기울기

$$(기울기)=\dfrac{y_2-y_1}{x_2-x_1}=\dfrac{y_1-y_2}{x_1-x_2}$$

○ 다음 사다리 타기 놀이를 통해 일차함수의 그래프 그리는 방법을 정하고, □ 안에 알맞은 수를 써넣으시오. 또 해당하는
   그래프를 좌표평면 위에 그리시오.

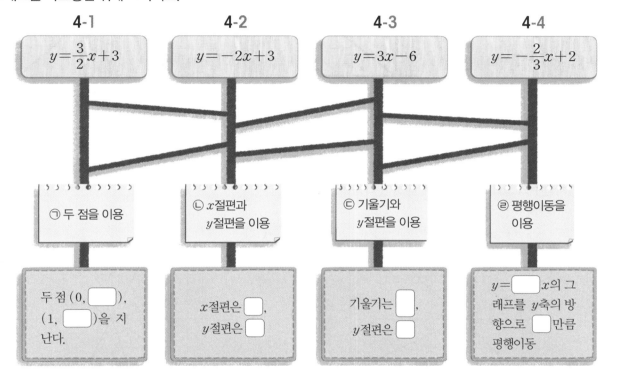

4-1
$$y=\frac{3}{2}x+3$$

4-2
$$y=-2x+3$$

4-3
$$y=3x-6$$

4-4
$$y=-\frac{2}{3}x+2$$

㉠ 두 점을 이용

㉡ x절편과 y절편을 이용

㉢ 기울기와 y절편을 이용

㉣ 평행이동을 이용

두 점 $(0, \Box)$, $(1, \Box)$을 지난다.

x절편은 $\Box$, y절편은 $\Box$

기울기는 $\Box$, y절편은 $\Box$

$y=\Box x$의 그래프를 y축의 방향으로 $\Box$만큼 평행이동

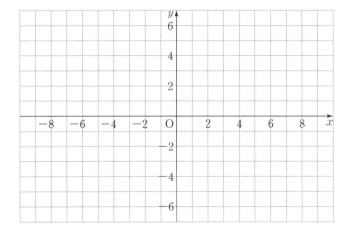

2 일차함수와 그래프

핵심 체크

❻ x절편과 y절편을 이용하여 일차함수의 그래프 그리기

① 두 점 $(x$절편, $0)$, $(0, y$절편$)$을 좌표평면 위에 나타낸다.

② ①의 두 점을 직선으로 잇는다.

❼ 기울기와 y절편을 이용하여 일차함수의 그래프 그리기

① 점 $(0, y$절편$)$을 좌표평면 위에 나타내고, 이 점에서 기울기만큼 이동한 점을 찍는다.

② ①의 두 점을 직선으로 잇는다.

18 일차함수 $y=ax(a \neq 0)$의 그래프의 성질

❶ 원점 $(0, 0)$을 지나는 직선이다.

❷

$a > 0$일 때	$a < 0$일 때
① 오른쪽 위로 향하는 직선이다. ② x의 값이 증가하면 y의 값도 증가한다. ③ 제1, 3사분면을 지난다. 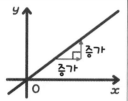	① 오른쪽 아래로 향하는 직선이다. ② x의 값이 증가하면 y의 값은 감소한다. ③ 제2, 4사분면을 지난다. 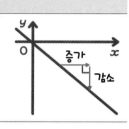

❸ a의 절댓값, 즉 $|a|$가 클수록 y축에 가깝다.

◎ 주어진 일차함수의 그래프 ㉠~㉣에 대하여 다음을 구하시오.

1-1

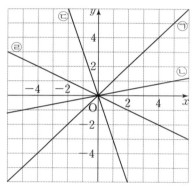

(1) 오른쪽 위로 향하는 그래프

_____

(2) y축에 가장 가까운 그래프

_____

(3) x의 값이 증가할 때, y의 값은 감소하는 그래프

_____

(4) 점 $(-4, 2)$를 지나는 그래프

_____

1-2

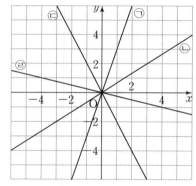

(1) 오른쪽 아래로 향하는 그래프

_____

(2) y축에 가장 가까운 그래프

_____

(3) x의 값이 증가할 때, y의 값도 증가하는 그래프

_____

(4) 점 $(3, 2)$를 지나는 그래프

_____

핵심 체크

일차함수 $y=ax(a \neq 0)$의 그래프에서
① $a > 0$이면 제1, 3사분면을 지난다. ➡ x의 값이 증가하면 y의 값도 증가한다.
② $a < 0$이면 제2, 4사분면을 지난다. ➡ x의 값이 증가하면 y의 값은 감소한다.

○ 주어진 일차함수의 그래프에 대한 설명으로 옳은 것에는 ○표, 옳지 않은 것에는 ×표를 하시오.

2-1 $y=-\dfrac{3}{2}x$

(1) 점 $(2, 3)$을 지난다. (　　)

(2) 원점을 지나지 않는 직선이다. (　　)

(3) 제2, 4사분면을 지난다. (　　)

(4) $y=-x$의 그래프보다 y축에 더 가깝다.
(　　)

(5) x의 값이 증가하면 y의 값도 증가한다.
(　　)

2-2 $y=\dfrac{2}{3}x$

(1) 원점을 지나는 직선이다. (　　)

(2) 오른쪽 위로 향하는 직선이다. (　　)

(3) 제2, 4사분면을 지난다. (　　)

(4) 점 $(-3, -2)$를 지난다. (　　)

(5) x의 값이 증가하면 y의 값은 감소한다.
(　　)

3-1 $y=-5x$

(1) 점 $(-1, -5)$를 지난다. (　　)

(2) 오른쪽 위로 향하는 직선이다. (　　)

(3) 제2, 4사분면을 지난다. (　　)

(4) x의 값이 증가하면 y의 값도 증가한다.
(　　)

(5) $y=-2x$의 그래프보다 y축에 더 가깝다.
(　　)

3-2 $y=3x$

(1) 원점을 지나지 않는 직선이다. (　　)

(2) 제1, 3사분면을 지난다. (　　)

(3) 점 $(3, 1)$을 지난다. (　　)

(4) x의 값이 증가하면 y의 값도 증가한다.
(　　)

(5) $y=-4x$의 그래프보다 y축에 더 가깝다.
(　　)

핵심 체크

일차함수 $y=ax(a \neq 0)$의 그래프는 항상 원점을 지나는 직선이다.

예 $y=-\dfrac{3}{2}x$, $y=\dfrac{2}{3}x$, $y=-5x$, $y=3x$에 $x=0$, $y=0$을 대입하면 등식이 성립한다.

19 일차함수 $y=ax+b(a\neq0)$의 그래프의 성질

$a>0$일 때	$a<0$일 때
① 오른쪽 위로 향하는 직선이다.	① 오른쪽 아래로 향하는 직선이다.
② x의 값이 증가하면 y의 값도 증가한다.	② x의 값이 증가하면 y의 값은 감소한다.
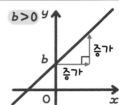 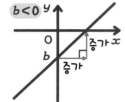	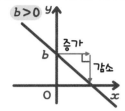 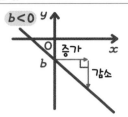

◯ 좌표평면 위에 ㉠~㉣의 일차함수의 그래프를 그리고 다음을 구하시오.

1-1

㉠ $y=-x+2$	㉡ $y=3x+1$
㉢ $y=-\dfrac{3}{2}x-1$	㉣ $y=\dfrac{2}{3}x-3$

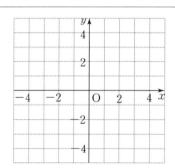

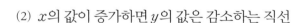

(1) 오른쪽 위로 향하는 직선

_____

(2) x의 값이 증가하면 y의 값은 감소하는 직선

_____

(3) x의 값이 증가하면 y의 값도 증가하는 직선

_____

1-2

㉠ $y=-\dfrac{1}{2}x+1$	㉡ $y=-2x+1$
㉢ $y=3x+1$	㉣ $y=\dfrac{1}{2}x+1$

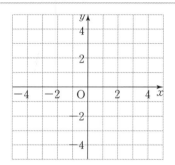

(1) 오른쪽 아래로 향하는 직선

_____

(2) x의 값이 증가하면 y의 값도 증가하는 직선

_____

(3) x의 값이 증가하면 y의 값은 감소하는 직선

_____

> **핵심 체크**
>
> 일차함수 $y=ax+b(a\neq0)$의 그래프에서
> ① $a>0$이면 오른쪽 위로 향하는 직선이다. ➡ x의 값이 증가하면 y의 값도 증가한다.
> ② $a<0$이면 오른쪽 아래로 향하는 직선이다. ➡ x의 값이 증가하면 y의 값은 감소한다.

○ 주어진 일차함수의 그래프에 대한 설명으로 옳은 것에는 ○표, 옳지 않은 것에는 ×표를 하시오.

2-1 $y=3x-2$

(1) x절편은 $\dfrac{2}{3}$이다. ( )

(2) y축과의 교점의 좌표는 $(-2, 0)$이다. ( )

(3) 기울기는 3이다. ( )

(4) 제3사분면을 지나지 않는다. ( )

(5) x의 값이 증가할 때, y의 값도 증가한다. ( )

(6) x의 값이 1만큼 증가할 때, y의 값은 3만큼 증가한다. ( )

2-2 $y=-2x-5$

(1) x축과의 교점의 좌표는 $(-5, 0)$이다. ( )

(2) y절편은 -5이다. ( )

(3) 기울기는 -2이다. ( )

(4) 점 $(1, -3)$을 지난다. ( )

(5) 제2사분면을 지난다. ( )

(6) x의 값이 4만큼 증가할 때, y의 값은 2만큼 감소한다. ( )

3-1 $y=\dfrac{2}{3}x+4$

(1) x절편은 4이다. ( )

(2) 그래프가 y축과 x축보다 아래쪽에서 만난다. ( )

(3) 기울기는 $\dfrac{2}{3}$이다. ( )

(4) 제1, 3, 4사분면을 지난다. ( )

(5) x의 값이 6만큼 증가할 때, y의 값은 4만큼 증가한다. ( )

(6) 일차함수 $y=\dfrac{2}{3}x$의 그래프를 y축의 방향으로 4만큼 평행이동한 그래프이다. ( )

3-2 $y=-\dfrac{1}{2}x-3$

(1) x절편은 -6이다. ( )

(2) 그래프가 y축과 x축보다 위쪽에서 만난다. ( )

(3) 점 $(2, -2)$를 지난다. ( )

(4) 제1사분면을 지나지 않는다. ( )

(5) 그래프는 오른쪽 아래로 향하는 직선이다. ( )

(6) x의 값이 2만큼 증가할 때, y의 값은 1만큼 감소한다. ( )

핵심 체크

일차함수 $y=ax+b\,(a\neq0)$의 그래프에서

① $b>0$이면 y절편은 양수이다. ➡ y축과 x축보다 위쪽에서 만난다.

② $b<0$이면 y절편은 음수이다. ➡ y축과 x축보다 아래쪽에서 만난다.

2 일차함수와 그래프

20 일차함수 $y=ax+b\,(a\neq0)$의 그래프의 모양

일차함수 $y=ax+b$에서 a의 부호는 일차함수의 그래프의 모양을 결정하고, b의 부호는 그래프가 y축과 만나는 부분을 결정한다. 따라서 기울기 a의 부호와 y절편 b의 부호만 알면 그래프의 대략적인 모양을 그릴 수 있다.

$a>0,b>0$일 때	$a>0,b<0$일 때	$a<0,b>0$일 때	$a<0,b<0$일 때
제1, 2, 3사분면을 지난다.	제1, 3, 4사분면을 지난다.	제1, 2, 4사분면을 지난다.	제2, 3, 4사분면을 지난다.

○ 일차함수 $y=ax+b$의 그래프가 다음과 같을 때, a, b의 부호를 각각 구하시오.

1-1

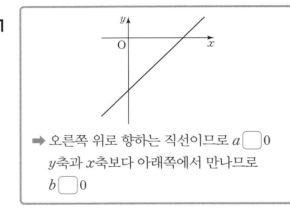

➡ 오른쪽 위로 향하는 직선이므로 $a\,\square\,0$
y축과 x축보다 아래쪽에서 만나므로
$b\,\square\,0$

1-2

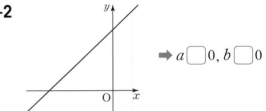

➡ $a\,\square\,0,\ b\,\square\,0$

2-1

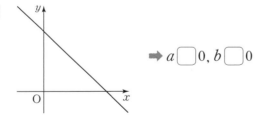

➡ $a\,\square\,0,\ b\,\square\,0$

2-2

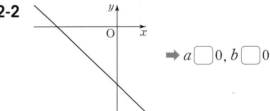

➡ $a\,\square\,0,\ b\,\square\,0$

핵심 체크

일차함수 $y=ax+b\,(a\neq0)$의 그래프에서

① 그래프의 모양이
- 오른쪽 위로 향하는 직선이면 $a>0$
- 오른쪽 아래로 향하는 직선이면 $a<0$

② y축과의 교점의 위치가
- x축보다 위쪽이면 $b>0$
- x축보다 아래쪽이면 $b<0$

○ 일차함수 $y=ax-b$의 그래프가 다음과 같을 때, a, b의 부호를 각각 구하시오.

3-1

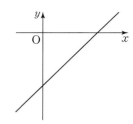

연구　오른쪽 위로 향하는 직선이므로 a ☐ 0

　　　y축과 x축보다 아래쪽에서 만나므로

　　　$-b<0$　∴ b ☐ 0

3-2

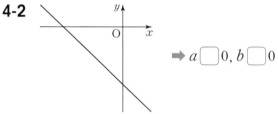

➡ a ☐ 0, b ☐ 0

4-1

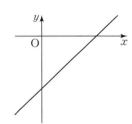

➡ a ☐ 0, b ☐ 0

4-2

➡ a ☐ 0, b ☐ 0

○ 일차함수 $y=-ax-b$의 그래프가 다음과 같을 때, a, b의 부호를 각각 구하시오.

5-1

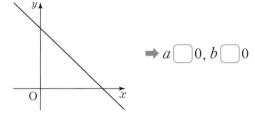

연구　오른쪽 위로 향하는 직선이므로

　　　$-a>0$　∴ a ☐ 0

　　　y축과 x축보다 아래쪽에서 만나므로

　　　$-b<0$　∴ b ☐ 0

5-2

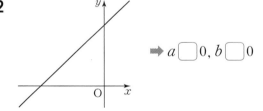

➡ a ☐ 0, b ☐ 0

6-1

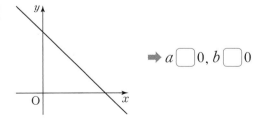

➡ a ☐ 0, b ☐ 0

6-2

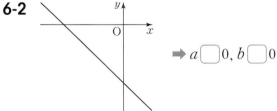

➡ a ☐ 0, b ☐ 0

핵심 체크

일차함수 $y=ax+b$의 그래프에서 a의 부호는 그래프의 모양을 결정하고, b의 부호는 그래프가 y축과 만나는 부분을 결정한다.

2

일차함수와 그래프

21 일차함수의 그래프의 평행과 일치

❶ 기울기가 같은 두 일차함수의 그래프는 서로 평행하거나 일치한다.

| 기울기가 같고 y절편이 다른 두 직선 | → | 평행 |

| 기울기가 같고 y절편도 같은 두 직선 | → | 일치 |

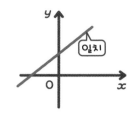

❷ 서로 평행한 두 일차함수의 그래프의 기울기는 같다.

○ ㉠~㉫의 일차함수의 그래프에 대하여 다음 물음에 답하시오.

1-1

㉠ $y=-3x-3$ ㉡ $y=3x+1$
㉢ $y=3x-5$ ㉣ $y=-5x-2$
㉤ $y=-\dfrac{2}{3}x+4$ ㉥ $y=-3(1+x)$

(1) 서로 평행한 것끼리 짝을 지으시오.

_____

(2) 일치하는 것끼리 짝을 지으시오.

_____

(3) 다음 그래프와 평행한 그래프를 찾으시오.

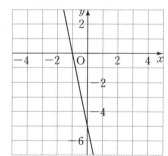

_____

1-2

㉠ $y=-\dfrac{1}{2}x-5$ ㉡ $y=2x+2$
㉢ $y=2(x+1)$ ㉣ $y=-\dfrac{1}{2}x+3$
㉤ $y=-2x-4$ ㉥ $y=\dfrac{3}{2}x+1$

(1) 서로 평행한 것끼리 짝을 지으시오.

_____

(2) 일치하는 것끼리 짝을 지으시오.

_____

(3) 다음 그래프와 평행한 그래프를 찾으시오.

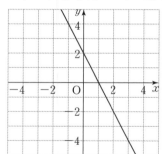

_____

핵심 체크

두 일차함수의 그래프가 평행하면 한 그래프를 y축의 방향으로 평행이동했을 때 두 그래프가 일치한다.

⑩ 두 일차함수 $y=2x+2$, $y=2x-2$에서 $y=2x+2$의 그래프를 y축의 방향으로 -4만큼 평행이동하면 $y=2x-2$의 그래프와 일치한다.

○ 다음 두 일차함수의 그래프가 서로 평행할 때, 상수 a의 값을 구하시오.

2-1
$y=ax+1, y=5x-2$

➡ 평행한 두 일차함수의 그래프는 기울기가 같고 y절편이 다르므로
$a=\boxed{}$

2-2 $y=-\dfrac{5}{2}x+4, y=ax-1$

_____

3-1 $y=3ax-2, y=12x+2$

_____

3-2 $y=2ax+5, y=-2x-5$

_____

4-1 $y=ax+1, y=3x-6$

_____

4-2 $y=-\dfrac{1}{3}x+4, y=ax-4$

_____

5-1 두 점 $(-2, -8), (5, 13)$을 지나는 직선,
$y=ax+5$

_____

5-2 두 점 $(-3, 4), (0, a)$를 지나는 직선,
$y=\dfrac{2}{3}x+5$

_____

○ 다음 두 일차함수의 그래프가 서로 일치할 때, 상수 a, b의 값을 각각 구하시오.

6-1
$y=ax+2, y=-3x+b$

➡ 일치하는 두 일차함수의 그래프는 기울기와 y절편이 각각 같으므로
$a=-3, b=\boxed{}$

6-2 $y=ax+5, y=-2x-b$

_____

7-1 $y=-4x+b, y=ax-1$

_____

7-2 $y=-3x-b, y=ax-2$

_____

> **핵심 체크**
>
> 두 일차함수 $y=ax+b, y=cx+d$의 그래프에서
> ① $a=c, b\neq d$ (기울기는 같고 y절편이 다르다.) ➡ 평행
> ② $a=c, b=d$ (기울기와 y절편이 각각 같다.) ➡ 일치

기본연산 집중연습 | 18~21

○ 오른쪽 그림의 일차함수 $y=ax+1$의 그래프에서 다음을 만족하는 그래프를 모두 고르시오.

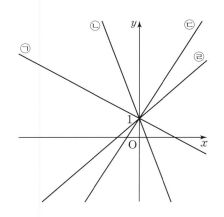

1-1 $a>0$인 그래프

1-2 $a<0$인 그래프

1-3 제3사분면을 지나지 않는 그래프

1-4 제4사분면을 지나지 않는 그래프

○ ㉠~◎의 일차함수의 그래프 중 다음을 만족하는 일차함수를 모두 고르시오.

㉠ $y=3x-1$	㉡ $y=-x+5$	㉢ $y=\dfrac{1}{2}x+\dfrac{3}{2}$	㉣ $y=-\dfrac{2}{3}x-4$
㉤ $y=5x+2$	㉥ $y=-3x-7$	㉦ $y=\dfrac{1}{5}x-3$	◎ $y=-\dfrac{4}{3}x+2$

2-1 x의 값이 증가할 때, y의 값도 증가하는 직선

2-2 x의 값이 증가할 때, y의 값은 감소하는 직선

2-3 오른쪽 위로 향하는 직선

2-4 오른쪽 아래로 향하는 직선

2-5 y축과 x축보다 아래쪽에서 만나는 직선

2-6 y축과 x축보다 위쪽에서 만나는 직선

핵심 체크

일차함수 $y=ax+b\,(a\neq0)$의 그래프에서

❶ $a>0$이면 오른쪽 위로 향하는 직선이다. ➡ x의 값이 증가하면 y의 값도 증가한다.

$a<0$이면 오른쪽 아래로 향하는 직선이다. ➡ x의 값이 증가하면 y의 값은 감소한다.

❷ $b>0$이면 y축과 x축보다 위쪽에서 만난다.

$b<0$이면 y축과 x축보다 아래쪽에서 만난다.

○ 일차함수 $y=-ax+b$의 그래프가 다음과 같을 때, a, b의 부호를 각각 구하시오.

3-1

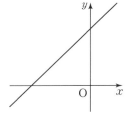

3-2

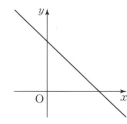

3-3

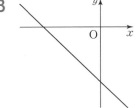

3-4

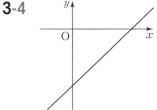

2
일차함수와 그래프

○ 다음 일차함수 중 그 그래프가 서로 평행한 것끼리 바르게 연결하시오.

4-1 $y=2x$ ·

· $y=-2(x+2)$ A

4-2 $y=\dfrac{1}{2}x-1$ ·

· $y=-\dfrac{1}{2}x-2$ B

4-3 $y=-2(1+x)$ ·

· $y=2x+\dfrac{3}{2}$ C

4-4 $y=-\dfrac{1}{2}x+4$ ·

· $y=\dfrac{1}{2}x+1$ D

핵심 체크

❸ 일차함수 $y=ax+b\,(a\neq0)$의 그래프에서
y축과 x축보다 위쪽에서 만나면 $b>0$
y축과 x축보다 아래쪽에서 만나면 $b<0$

❹ 두 일차함수 $y=ax+b$, $y=cx+d$의 그래프에서
$a=c$, $b\neq d$이면 평행
$a=c$, $b=d$이면 일치

22 일차함수의 식 구하기 (1) : 기울기와 y절편이 주어질 때

기울기가 a이고, y절편이 b인 직선을 그래프로 하는 일차함수의 식은

➡ $y = ax + b$

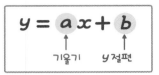

⑩ 기울기가 2이고, y절편이 -1인 직선을 그래프로 하는 일차함수의 식은
  $y = 2x - 1$

○ 다음 직선을 그래프로 하는 일차함수의 식을 구하시오.

1-1 기울기가 4이고, y절편이 2인 직선
➡ 일차함수의 식을 $y = ax + b$로 놓으면
  $a = 4$, $b = \boxed{}$
  따라서 구하는 식은 $\boxed{}$

1-2 기울기가 -1이고, y절편이 -3인 직선

_____

2-1 기울기가 $\dfrac{3}{2}$이고, y절편이 4인 직선

_____

2-2 기울기가 $\dfrac{2}{3}$이고, y절편이 -1인 직선

_____

3-1 기울기가 3이고, 점 $(0, -1)$을 지나는 직선

_____

점 $(0, -1)$을 지난다는 것은 y절편이 -1인 것과 같아.

3-2 기울기가 -2이고, 점 $(0, 3)$을 지나는 직선

_____

4-1 기울기가 4이고, 점 $(0, 1)$을 지나는 직선

_____

4-2 기울기가 $\dfrac{1}{2}$이고, 점 $(0, -2)$를 지나는 직선

_____

핵심 체크

기울기와 y절편이 주어질 때 일차함수의 식은 $y = (기울기)x + (y절편)$이다.

○ 다음 직선을 그래프로 하는 일차함수의 식을 구하시오.

5-1 x의 값이 2만큼 증가할 때, y의 값은 4만큼 증가하고, y절편이 -2인 직선

> 연구 (기울기)$=\dfrac{(y\text{의 값의 증가량})}{(x\text{의 값의 증가량})}=\dfrac{4}{2}=$
>
> 따라서 구하는 식은

5-2 x의 값이 1만큼 증가할 때, y의 값은 4만큼 증가하고, y절편이 8인 직선

_____

6-1 x의 값이 3만큼 증가할 때, y의 값은 5만큼 감소하고, y절편이 2인 직선

_____

6-2 x의 값이 3만큼 증가할 때, y의 값은 9만큼 감소하고, y절편이 $-\dfrac{2}{3}$인 직선

_____

7-1 일차함수 $y=3x+4$의 그래프와 평행하고, y절편이 5인 직선

> 연구 $y=3x+4$의 그래프와 평행하므로 기울기는 ⬚ 이다.
>
> 따라서 구하는 식은

7-2 일차함수 $y=2x+3$의 그래프와 평행하고, y절편이 -1인 직선

_____

8-1 일차함수 $y=-2x-1$의 그래프와 평행하고, y절편이 3인 직선 _____

8-2 일차함수 $y=\dfrac{1}{3}x+1$의 그래프와 평행하고, y절편이 -2인 직선 _____

9-1 오른쪽 그림과 같은 일차함수의 그래프와 평행하고, y절편이 -3인 직선

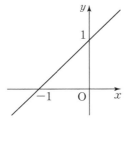

> 연구 오른쪽 일차함수의 그래프의 기울기는
>
> $\dfrac{⬚-0}{0-(⬚)}=$
>
> 따라서 구하는 식은

9-2 오른쪽 그림과 같은 일차함수의 그래프와 평행하고, y절편이 6인 직선

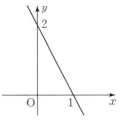

_____

핵심 체크

기울기를 나타내는 표현은 다음과 같다.

① x의 값이 3만큼 증가할 때, y의 값은 6만큼 감소한다. ➡ (기울기)$=\dfrac{(y\text{의 값의 증가량})}{(x\text{의 값의 증가량})}=\dfrac{-6}{3}=-2$

② $y=-2x+5$의 그래프와 평행하다. ➡ (기울기)$=-2$

23 일차함수의 식 구하기⑵ : 기울기와 한 점의 좌표가 주어질 때

기울기가 a이고, 한 점 ($\bullet$, $\blacktriangle$)를 지나는 직선을 그래프로 하는 일차함수의 식은 다음과 같은 순서로 구한다.

❶ 일차함수의 식을 $y=ax+b$로 놓는다.

❷ $x=\bullet$, $y=\blacktriangle$를 $y=ax+b$에 대입하여 b의 값을 구한다. ➡ $\blacktriangle=a\times\bullet+b$가 성립한다.

⑩ 기울기가 2이고, 점 (1, 3)을 지나는 직선을 그래프로 하는 일차함수의 식을 구하시오.

　① 일차함수의 식을 $y=2x+b$로 놓는다.

　② $x=1$, $y=3$을 $y=2x+b$에 대입하면 $3=2\times1+b$　∴ $b=1$

　　따라서 구하는 일차함수의 식은 $y=2x+1$

○ 다음 직선을 그래프로 하는 일차함수의 식을 구하시오.

1-1 기울기가 -2이고, 점 $(-1, 4)$를 지나는 직선

➡ 일차함수의 식을 $y=-2x+b$로 놓고
$x=-1$, $y=4$를 대입하면
$4=-2\times(-1)+b$　∴ $b=\boxed{}$
따라서 구하는 식은 $\boxed{}$

1-2 기울기가 $-\dfrac{2}{5}$이고, 점 $(5, -1)$을 지나는 직선

＿＿＿＿＿＿＿＿

2-1 기울기가 $\dfrac{1}{2}$이고, 점 $(4, -2)$를 지나는 직선

＿＿＿＿＿＿＿＿

2-2 기울기가 2이고, 점 $(3, 2)$를 지나는 직선

＿＿＿＿＿＿＿＿

3-1 기울기가 $\dfrac{1}{3}$이고, 점 $(3, 0)$을 지나는 직선

＿＿＿＿＿＿＿＿

3-2 기울기가 -1이고, x절편이 1인 직선

＿＿＿＿＿＿＿＿

x절편이 1이라는 것은 점 $(1, 0)$을 지나는 것과 같아.

4-1 기울기가 -3이고, 점 $(2, -2)$를 지나는 직선

＿＿＿＿＿＿＿＿

4-2 기울기가 $-\dfrac{1}{4}$이고, x절편이 12인 직선

＿＿＿＿＿＿＿＿

　핵심 체크

기울기와 한 점의 좌표가 주어질 때, $y=(기울기)x+b$에 한 점의 좌표를 대입하여 일차함수의 식을 구한다.

○ 다음 직선을 그래프로 하는 일차함수의 식을 구하시오.

5-1 x의 값이 5만큼 증가할 때, y의 값은 3만큼 감소하고, 점 $(-5, -2)$를 지나는 직선

_____

5-2 x의 값이 2만큼 증가할 때, y의 값은 4만큼 감소하고, 점 $(1, -3)$을 지나는 직선

_____

6-1 x의 값이 3만큼 증가할 때, y의 값은 -1만큼 증가하고, 점 $(3, 4)$를 지나는 직선

_____

6-2 x의 값이 2만큼 증가할 때, y의 값은 4만큼 증가하고, 점 $(-2, -1)$을 지나는 직선

_____

7-1 일차함수 $y = 3x + 2$의 그래프와 평행하고, 점 $(2, 3)$을 지나는 직선

_____

7-2 일차함수 $y = -3x + 2$의 그래프와 평행하고, 점 $(1, 3)$을 지나는 직선

_____

8-1 일차함수 $y = \dfrac{1}{3}x - 2$의 그래프와 평행하고, 점 $(-3, 4)$를 지나는 직선

_____

8-2 일차함수 $y = -2x + 1$의 그래프와 평행하고, 점 $(3, -1)$을 지나는 직선

_____

9-1 오른쪽 그림과 같은 일차함수의 그래프와 평행하고, 점 $(3, 6)$을 지나는 직선

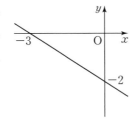

_____

9-2 오른쪽 그림과 같은 일차함수의 그래프와 평행하고, 점 $(-4, 2)$를 지나는 직선

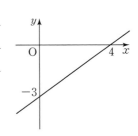

_____

> **핵심 체크**
>
> 일차함수 $y = ax + b$의 그래프가 점 $(●, ▲)$를 지나면 $x = ●$일 때, $y = ▲$를 만족한다.
> 즉 $y = ax + b$에 $x = ●$, $y = ▲$를 대입하면 등식이 성립한다. ➡ $▲ = a × ● + b$

오른쪽

24 일차함수의 식 구하기 (3) : 서로 다른 두 점의 좌표가 주어질 때

두 점 $(1, 2)$, $(3, 6)$을 지나는 직선을 그래프로 하는 일차함수의 식을 구하시오.

❶ 기울기를 구한다.

$$(기울기) = \frac{6-2}{3-1} = \frac{4}{2} = 2$$

❷ 일차함수의 식을 $y = 2x + b$로 놓는다.

❸ 두 점 중 한 점의 좌표를 ❷에서 구한 식에 대입하여 b의 값을 구한다.

$x=1$, $y=2$를 $y=2x+b$에 대입하면 $2 = 2 \times 1 + b$ $\therefore b=0$

따라서 구하는 일차함수의 식은 $y = 2x$

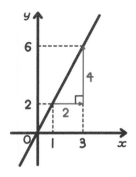

○ 다음 두 점을 지나는 직선을 그래프로 하는 일차함수의 식을 구하시오.

1-1
> $(1, 3)$, $(2, 5)$
>
> ➡ $(기울기) = \dfrac{5-3}{2-1} = \boxed{}$이므로
>
> 일차함수의 식을 $y = \boxed{}x + b$로 놓고
>
> $x=1$, $y=3$을 대입하면
>
> $3 = \boxed{} \times 1 + b$ $\therefore b = \boxed{}$
>
> 따라서 구하는 식은 $\boxed{}$

1-2 $(-1, 6)$, $(3, 2)$

_____

2-1 $(1, 2)$, $(3, -4)$

_____

2-2 $(2, 6)$, $(4, 3)$

_____

3-1 $(-2, 1)$, $(1, 3)$

_____

3-2 $(1, 3)$, $(2, -2)$

_____

4-1 $(-2, -2)$, $(2, 4)$

_____

4-2 $(1, 3)$, $(0, 6)$

_____

핵심 체크

서로 다른 두 점의 좌표가 주어질 때, $y = \dfrac{(y의\ 값의\ 증가량)}{(x의\ 값의\ 증가량)}x + b$에 한 점의 좌표를 대입하여 일차함수의 식을 구한다.

○ 다음 그래프가 지나는 두 점을 이용하여 일차함수의 식을 구하시오.

5-1

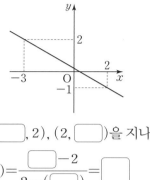

➡ 두 점 ($\boxed{}$, 2), (2, $\boxed{}$)을 지나므로

(기울기)$=\dfrac{\boxed{}-2}{2-(\boxed{})}=\boxed{}$

$y=\boxed{}\,x+b$로 놓고

$x=2$, $y=-1$을 대입하면

$-1=-\dfrac{3}{5}\times 2+b$ $\therefore b=\boxed{}$

따라서 구하는 식은 $\boxed{}$

5-2

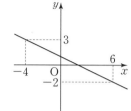

_____

5-3

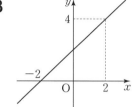

_____

6-1

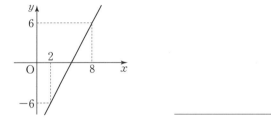

_____

6-2

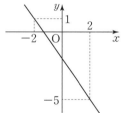

_____

7-1

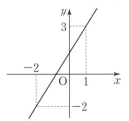

_____

7-2

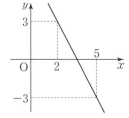

_____

핵심 체크

서로 다른 두 점의 좌표를 이용하여 먼저 기울기를 구한 후 $y=$(기울기)$x+b$로 놓고, 두 점 중 한 점의 좌표를 대입하여 b의 값을 구한다.

2
일차함수와 그래프

25 일차함수의 식 구하기 (4) : x절편과 y절편이 주어질 때

x절편이 3, y절편이 -1인 직선을 그래프로 하는 일차함수의 식을 구하시오.

➡ 두 점 $(0, -1)$, $(3, 0)$을 지나므로

$(기울기) = \dfrac{0 - (-1)}{3 - 0} = \dfrac{1}{3}$

따라서 구하는 일차함수의 식은 $y = \dfrac{1}{3}x - 1$

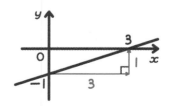

○ **다음 직선을 그래프로 하는 일차함수의 식을 구하시오.**

1-1
> x절편이 4, y절편이 1인 직선
> ➡ 두 점 $(4, 0)$, $(0, \boxed{})$을 지나므로
> $(기울기) = \dfrac{\boxed{} - 0}{0 - 4} = \boxed{}$
> 따라서 구하는 식은 $\boxed{}$

1-2 x절편이 -6, y절편이 3인 직선

_____

2-1 x절편이 -3, y절편이 -4인 직선

_____

2-2 x절편이 2, y절편이 6인 직선

_____

3-1 x절편이 -2, y절편이 8인 직선

_____

3-2 x절편이 3, y절편이 -6인 직선

_____

4-1 x절편이 5, y절편이 -4인 직선

_____

4-2 x절편이 -1, y절편이 -5인 직선

_____

핵심 체크

- x절편이 m이면 ➡ 점 $(m, 0)$을 지난다.
- y절편이 n이면 ➡ 점 $(0, n)$을 지난다.

다음 직선을 그래프로 하는 일차함수의 식을 구하시오.

5-1

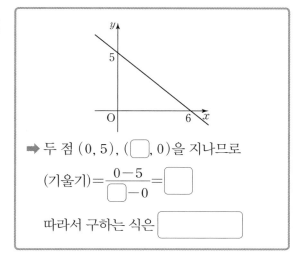

➡ 두 점 $(0, 5)$, $(\boxed{}, 0)$을 지나므로

$(기울기)=\dfrac{0-5}{\boxed{}-0}=\boxed{}$

따라서 구하는 식은 $\boxed{}$

5-2

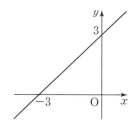

_____

6-1

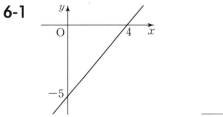

_____

6-2

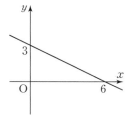

_____

7-1

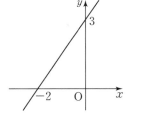

_____

7-2

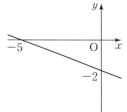

_____

8-1

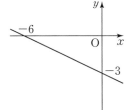

_____

8-2

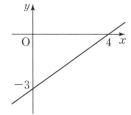

_____

핵심 체크

x절편이 m, y절편이 n인 직선을 그래프로 하는 일차함수의 식은 $(기울기)=\dfrac{n-0}{0-m}=-\dfrac{n}{m}$, $(y절편)=n$이므로 $y=-\dfrac{n}{m}x+n$이다.

26 일차함수의 활용

일차함수의 활용 문제를 푸는 순서

변수 정하기	→	관계식 세우기	→	답 구하기	→	확인하기
변하는 두 양을 변수 x, y로 정한다.		x, y 사이의 관계를 일차함수의 식으로 나타낸다.		관계식을 이용하여 답을 구한다.		문제의 뜻에 맞는지 확인한다.

1-1 물통에 현재 20 L의 물이 들어 있다. 이 물통에 1분마다 2 L씩 물을 채워 넣으려고 한다. x분 후 물통에 들어 있는 물의 양을 y L라 할 때, 다음 물음에 답하시오.

(1) 아래 표를 완성하고, x와 y 사이의 관계식을 구하시오.

시간(분)	넣는 물의 양 (L)	물통에 들어 있는 물의 양 (L)
0	0	20
1	2×1	$20 + 2 \times 1$
2	$2 \times \boxed{}$	$20 + 2 \times \boxed{}$
⋮	⋮	⋮
x	$2 \times \boxed{}$	$20 + 2 \times \boxed{}$

➡ x와 y 사이의 관계식은 $y = 20 + \boxed{}$

(2) 5분 후 물통에 들어 있는 물의 양을 구하시오.

➡ $x = 5$를 $y = 20 + \boxed{}$에 대입하면

$y = 20 + \boxed{} = \boxed{}$

따라서 5분 후 물통에 들어 있는 물의 양은 $\boxed{}$ L이다.

(3) 물통에 들어 있는 물의 양이 40 L가 되는 것은 몇 분 후인지 구하시오.

➡ $y = 40$을 $y = 20 + \boxed{}$에 대입하면

$\boxed{} = 20 + 2x$ ∴ $x = \boxed{}$

따라서 물의 양이 40 L가 되는 것은 $\boxed{}$분 후이다.

1-2 공기 중에서 소리의 속력은 기온이 0 ℃일 때, 초속 331 m이고 기온이 1 ℃ 올라갈 때마다 초속 0.6 m씩 증가한다고 한다. 기온이 x ℃일 때의 소리의 속력을 초속 y m라 할 때, 다음 물음에 답하시오.

(1) x와 y 사이의 관계식을 구하시오.

_____

(2) 기온이 10 ℃일 때, 소리의 속력을 구하시오. _____

(3) 소리의 속력이 초속 343 m일 때, 기온을 구하시오. _____

1-3 온도가 20 ℃인 물에 열을 가하면 매분 3 ℃씩 온도가 올라간다고 한다. 온도가 20 ℃인 물에 열을 가한 지 x분 후에 물의 온도가 y ℃가 된다고 할 때, 다음 물음에 답하시오.

(1) x와 y 사이의 관계식을 구하시오.

_____

(2) 열을 가한 지 5분 후의 물의 온도를 구하시오. _____

(3) 물의 온도가 80 ℃가 되는 것은 열을 가한 지 몇 분 후인지 구하시오.

_____

핵심 체크

처음 물의 양이 a L이고 1분마다 b L씩 물을 채울 때

① x분 동안 채워진 물의 양은 bx L

② x분 후의 물의 양을 y L라 하면 $y = $ (처음 물의 양) $+$ (x분 동안 채워진 물의 양)이므로 x와 y 사이의 관계식은 $y = a + bx$이다.

2-1 1 km를 가는 데 연료를 0.2 L씩 사용하는 자동차가 있다. 이 자동차에 40 L의 휘발유를 넣고 x km를 달린 후에 남아 있는 휘발유의 양을 y L라 할 때, 다음 물음에 답하시오.

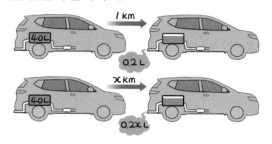

(1) x와 y 사이의 관계식을 구하시오.

_____

(2) 자동차가 120 km를 달린 후에 남아 있는 휘발유의 양을 구하시오.

➡ $x=$ ⬚ 을 (1)에서 구한 관계식에 대입하면

$y=40-$ ⬚ $=$ ⬚

따라서 자동차가 120 km를 달린 후에 남아 있는 휘발유는 ⬚ L이다.

(3) 이 자동차로 달릴 수 있는 최대 거리를 구하시오.

➡ $y=$ ⬚ 을 (1)에서 구한 관계식에 대입하면

⬚ $=40-$ ⬚ ∴ $x=$ ⬚

따라서 달릴 수 있는 최대 거리는 ⬚ km이다.

2-2 물통에 60 L의 물이 들어 있다. 이 물통에서 1분에 4 L씩 물이 흘러 나간다고 한다. x분 후에 남아 있는 물의 양을 y L라 할 때, 다음 물음에 답하시오.

(1) x와 y 사이의 관계식을 구하시오.

_____

(2) 8분 후에 남아 있는 물의 양을 구하시오.

_____

(3) 물통에 들어 있는 모든 물이 흘러 나오는 것은 몇 분 후인지 구하시오.

_____

2-3 초속 2 m로 내려오는 어떤 엘리베이터가 있다. 지상에서부터 50 m의 높이에서 출발하여 내려오는 이 엘리베이터의 x초 후의 높이를 y m라 할 때, 다음 물음에 답하시오.

(1) x와 y 사이의 관계식을 구하시오.

_____

(2) 15초 후의 엘리베이터의 높이를 구하시오.

_____

(3) 엘리베이터가 지상에 도착하는 것은 출발한 지 몇 초 후인지 구하시오.

_____

핵심 체크

처음 물의 양이 a L이고 1분마다 b L씩 물이 흘러 나갈 때

① x분 동안 흘러 나간 물의 양은 bx L

② x분 후의 물의 양을 y L라 하면 $y=$(처음 물의 양)$-$(x분 동안 흘러 나간 물의 양)이므로 x와 y 사이의 관계식은 $y=a-bx$이다.

기본연산 집중연습 | 22~26

○ **다음 직선을 그래프로 하는 일차함수의 식을 구하시오.**

1-1 기울기가 5이고, y절편이 -1인 직선

1-2 x의 값이 2만큼 증가할 때, y의 값은 6만큼 감소하고, y절편이 2인 직선

1-3 일차함수 $y=\dfrac{2}{3}x-4$의 그래프와 평행하고, y절편이 5인 직선

1-4 기울기가 3이고, 점 $(-1, 2)$를 지나는 직선

1-5 x의 값이 3만큼 증가할 때, y의 값은 -5만큼 증가하고, 점 $(-3, 1)$을 지나는 직선

1-6 일차함수 $y=\dfrac{1}{2}x+3$의 그래프와 평행하고, 점 $(4, -2)$를 지나는 직선

1-7 두 점 $(2, -3)$, $(-1, 3)$을 지나는 직선

1-8 x절편이 -2이고, y절편이 -7인 직선

1-9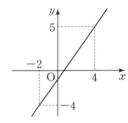

1-10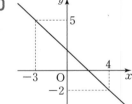

1-11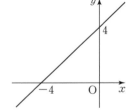

1-12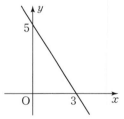

핵심 체크

❶ 일차함수의 식 구하기

- 기울기와 y절편이 주어질 때 ➡ $y=(\text{기울기})x+(y\text{절편})$
- 기울기와 한 점의 좌표가 주어질 때 ➡ $y=(\text{기울기})x+b$에 한 점의 좌표를 대입한다.
- 서로 다른 두 점의 좌표가 주어질 때 ➡ $y=\dfrac{(y\text{의 값의 증가량})}{(x\text{의 값의 증가량})}x+b$에 한 점의 좌표를 대입한다.
- x절편이 m, y절편이 n일 때 ➡ $y=-\dfrac{n}{m}x+n$

○ 다음 그림에서 주어진 내용에 맞게 변하는 두 양을 변수 x, y로 놓고, x와 y 사이의 관계식을 만들려고 한다. 아래 표를 완성하시오.

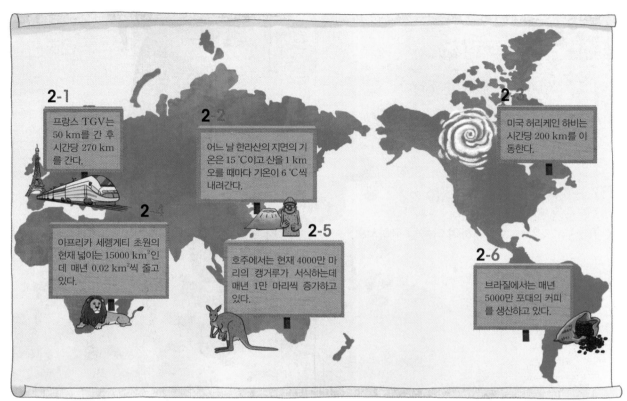

		x	y	x와 y 사이의 관계식
2-1	TGV	시간(시간)	이동 거리 (km)	
2-2	한라산	높이 (km)	기온 (℃)	
2-3	허리케인	시간(시간)	이동 거리 (km)	
2-4	세렝게티	시간(년)	넓이 (km²)	
2-5	캥거루	시간(년)	마리 수(만 마리)	
2-6	커피	시간(년)	생산량(만 포대)	

핵심 체크

❷ 온도에 대한 일차함수의 활용

온도가 올라가면 ＋, 온도가 내려가면 －

㉠ 1 m 높아질 때마다 온도는 a ℃씩 내려간다.

  x m 높아질 때, 온도의 변화량은 $-ax$ ℃

❸ 거리, 속력, 시간에 대한 일차함수의 활용

(거리)＝(속력)×(시간), (속력)＝$\dfrac{(거리)}{(시간)}$, (시간)＝$\dfrac{(거리)}{(속력)}$

를 이용한다.

기본연산 테스트

1 다음 중에서 함수인 것에는 ○표, 함수가 아닌 것에는 ×표를 하시오.

(1) 합이 6인 두 정수 x와 y ( )

(2) 자연수 x보다 작은 자연수 y ( )

(3) 자연수 x와 6의 최대공약수 y ( )

2 함수 $f(x) = -2x + 3$에 대하여 다음을 구하시오.

(1) $f(-1)$

(2) $2f(1)$

(3) $f\left(\dfrac{1}{2}\right) + f\left(-\dfrac{1}{2}\right)$

3 다음 중 일차함수인 것에는 ○표, 일차함수가 아닌 것에는 ×표를 하시오.

(1) $y = \dfrac{1}{3}x - 2$ ( )

(2) $y = \dfrac{1}{x}$ ( )

(3) $y = 2x - 2(x + 1)$ ( )

4 다음 일차함수의 그래프는 일차함수 $y = -2x$의 그래프를 y축의 방향으로 얼마만큼 평행이동한 것인지 구하시오.

(1) $y = -2x + 1$

(2) $y = -2(x - 3)$

(3) $y = -2\left(x + \dfrac{1}{2}\right)$

5 다음 일차함수의 그래프를 y축의 방향으로 [ ] 안의 수만큼 평행이동한 그래프를 나타내는 일차함수의 식을 구하시오.

(1) $y = x$ [-1]

(2) $y = \dfrac{2}{3}x + 1$ [-3]

(3) $y = -\dfrac{1}{4}x - 2$ [2]

6 다음 일차함수의 그래프가 주어진 점을 지나면 ○표, 주어진 점을 지나지 않으면 ×표를 하시오.

(1) $y = 2x - 1$ $(3, -5)$ ( )

(2) $y = \dfrac{1}{2}x - 3$ $(6, 0)$ ( )

(3) $y = -x + 4$ $(5, 1)$ ( )

핵심 체크

❶ x의 값이 정해짐에 따라 y의 값이 오직 하나로 정해지는 관계가 있을 때, y를 x의 함수라 한다.
　특히 y가 x에 대한 일차식, 즉 $y = ax + b$ $(a, b$는 상수, $a \neq 0)$로 나타날 때, 이 함수를 일차함수라 한다.

❷ 함수 $y = f(x)$에서 x의 값에 따라 하나로 정해지는 y의 값을 함숫값이라 한다. 이때 $x = a$에서의 함숫값을 $f(a)$와 같이 나타낸다.

❸ 일차함수의 그래프의 평행이동 ⇒ $y = ax \xrightarrow[\substack{b\text{만큼 평행이동}}]{\substack{y\text{축의 방향으로}}} y = ax + b$

7 다음 일차함수의 그래프에서 x절편, y절편, 기울기를 각각 구하시오.

(1)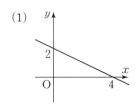

(2)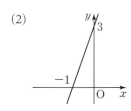

8 다음 일차함수의 그래프의 x절편, y절편, 기울기를 각각 구하시오.

(1) $y=2x-6$ (2) $y=\dfrac{1}{2}x+1$

9 다음 두 점을 지나는 일차함수의 그래프의 기울기를 구하시오.

(1) $(1, 2), (2, 5)$ (2) $(3, -6), (-1, 4)$

10 ㉠~㉺의 일차함수의 그래프에 대하여 다음 물음에 답하시오.

> ㉠ $y=2x-2$ ㉡ $y=-\dfrac{1}{2}x+3$
>
> ㉢ $y=0.5x-4$ ㉣ $y=\dfrac{1}{2}(x-6)$
>
> ㉤ $y=2(x-1)$ ㉥ $y=-\dfrac{1}{2}(x-2)$

(1) 서로 평행한 것끼리 짝을 지으시오.

(2) 일치하는 것끼리 짝을 지으시오.

11 다음 직선을 그래프로 하는 일차함수의 식을 구하시오.

(1) 기울기가 -1이고, 점 $(1, -3)$을 지나는 직선

(2) 두 점 $(-1, 0), (1, 4)$를 지나는 직선

(3) x절편이 4, y절편이 8인 직선

12 길이가 $20\,\text{cm}$인 양초가 있다. 이 양초에 불을 붙이면 1분마다 양초의 길이가 $0.5\,\text{cm}$씩 줄어든다고 한다. 양초에 불을 붙인 지 x분 후의 양초의 길이를 $y\,\text{cm}$라 할 때, 다음 물음에 답하시오.

(1) x와 y 사이의 관계식을 구하시오.

(2) 불을 붙인 지 12분 후의 양초의 길이를 구하시오.

핵심 체크

④ 일차함수 $y=ax+b$의 그래프에서

- x절편 : $y=0$일 때의 x의 값 ➡ $-\dfrac{b}{a}$
- y절편 : $x=0$일 때의 y의 값 ➡ b
- (기울기)$=\dfrac{(y\text{의 값의 증가량})}{(x\text{의 값의 증가량})}=a$

⑤ 두 일차함수 $y=ax+b$와 $y=cx+d$의 그래프에서

- $a=c, b\neq d$이면 평행
- $a=c, b=d$이면 일치

| 빅터 연산 **공부 계획표** |

일차함수와 일차방정식

옛이야기 '**토끼와 거북**'에서 거북은 1초에 1 m를 갈 수 있고, 토끼
는 1초에 6 m를 갈 수 있을 때, 거북이 출발선으로부터 100 m 앞에서
출발하는 조건으로 300 m 달리기 경주를 하면 토끼가 경주를 시작한
지 몇 초 후에 거북을 따라잡을 수 있을까?

경주를 시작한 지 x초 후에 출발선으로부터 토끼까지의 거리 y m는 $y=6x$
이고 x초 후에 출발선으로부터 거북까지의 거리 y m는 $y=x+100$이다.

이때 연립방정식 $\begin{cases} y=6x \\ y=x+100 \end{cases}$ 을 오른쪽 두 **일차함수의 그래프**를 이용
하여 풀면 두 직선은 점 $(20, 120)$에서 만나므로 연립방정식의 해는 $x=20$,
$y=120$이다. 따라서 토끼는 경주를 시작한 지 **20초 후**에 거북을 따라잡을
수 있다.

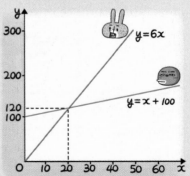

01 일차함수와 일차방정식의 관계

❶ 미지수가 2개인 일차방정식의 그래프 : 일차방정식의 해의 순서쌍을 좌표평면 위에 나타내는 것

❷ 직선의 방정식 : x, y의 값이 수 전체일 때, 일차방정식 $ax+by+c=0$(a, b, c는 상수, $a\neq0$ 또는 $b\neq0$)을 직선의 방정식이라 한다.

❸ 일차함수와 일차방정식의 관계

미지수가 2개인 일차방정식

$ax+by+c=0$(a, b, c는 상수, $a\neq0$, $b\neq0$)의 그래프는

일차함수 $y=-\dfrac{a}{b}x-\dfrac{c}{b}$의 그래프와 같다.

$$ax+by+c=0$$
$$by=-ax-c$$
$$y=-\frac{a}{b}x-\frac{c}{b}$$

ax와 c를 우변으로 이항한다.

양변을 b로 나눈다.

○ 주어진 일차방정식에 대하여 다음 물음에 답하시오.

1-1 $x+2y-4=0$

(1) 아래 표를 완성하시오.

x	$\cdots$	-4	-2	0	2	4	$\cdots$
y	$\cdots$	4					$\cdots$

(2) x, y의 값이 수 전체일 때, 위의 표를 이용하여 일차방정식의 그래프를 그리시오.

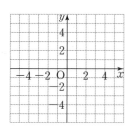

(3) 일차함수 $y=ax+b$의 꼴로 나타내시오.

➡ $x+2y-4=0$에서 $2y=-x+4$

∴ $y=\boxed{}x+\boxed{}$

(4) (3)의 일차함수를 그래프로 나타내시오.

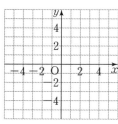

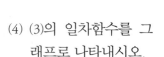 (2)의 그래프와 (4)의 그래프는 서로 $\boxed{}$.

1-2 $x-2y-4=0$

(1) 아래 표를 완성하시오.

x	$\cdots$	-4	-2	0	2	4	$\cdots$
y	$\cdots$						$\cdots$

(2) x, y의 값이 수 전체일 때, 위의 표를 이용하여 일차방정식의 그래프를 그리시오.

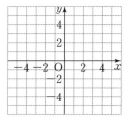

(3) 일차함수 $y=ax+b$의 꼴로 나타내시오.

_____

(4) (3)의 일차함수를 그래프로 나타내시오.

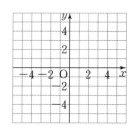

핵심 체크

| 일차방정식 $ax+by+c=0$($a\neq0$, $b\neq0$)의 그래프 | = | 일차함수 $y=-\dfrac{a}{b}x-\dfrac{c}{b}$의 그래프 |

○ 다음 일차방정식을 ① 일차함수 $y=ax+b$의 꼴로 나타내고 ② 기울기, ③ x절편, ④ y절편을 각각 구하시오.

2-1

$4x-2y+6=0$

➡ $4x-2y+6=0$에서 $y=\boxed{}$이므로

(기울기)$=\boxed{}$, (y절편)$=\boxed{}$

또 $y=0$일 때, $0=\boxed{}$

∴ $x=\boxed{}$, 즉 (x절편)$=\boxed{}$

2-2 $x-y+5=0$

① _____ ② _____

③ _____ ④ _____

3-1 $2x+y=8$

① _____ ② _____

③ _____ ④ _____

3-2 $8x-2y-1=0$

① _____ ② _____

③ _____ ④ _____

4-1 $x-\dfrac{1}{4}y=3$

① _____ ② _____

③ _____ ④ _____

4-2 $3x-y+2=0$

① _____ ② _____

③ _____ ④ _____

5-1 $x-4y+8=0$

① _____ ② _____

③ _____ ④ _____

5-2 $x+3y-9=0$

① _____ ② _____

③ _____ ④ _____

6-1 $2x-5y+10=0$

① _____ ② _____

③ _____ ④ _____

6-2 $3x+2y-6=0$

① _____ ② _____

③ _____ ④ _____

핵심 체크

일차방정식을 일차함수의 꼴로 나타내려면 일차방정식을 y에 대하여 풀면 된다.

3 일차함수와 일차방정식

02 일차방정식 $ax+by+c=0$의 그래프 그리기

❶ $x-y+2=0$에서 y를 x에 대한 식으로 나타낸다.

$x-y+2=0 \Rightarrow y=x+2$

❷ $y=x+2$의 그래프의 기울기, y절편, x절편을 구한다.

➡ 그래프의 기울기는 1, y절편은 2, x절편은 -2 ← $y=0$을 대입하면 $0=x+2$ ∴ $x=-2$

❸ 그래프의 기울기와 y절편 또는 x절편과 y절편을 이용하여 그래프를 그린다.

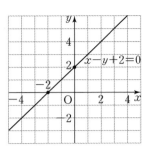

○ 다음 일차방정식을 일차함수 $y=ax+b$의 꼴로 나타내고, 기울기와 y절편을 이용하여 그래프를 그리시오.

1-1
$3x-y-3=0$

➡ $3x-y-3=0$에서

$y=\boxed{}x-3$이므로

기울기는 $\boxed{}$, y절편은 $\boxed{}$

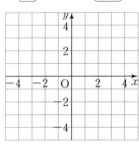

1-2
$2x-3y-6=0$

_____

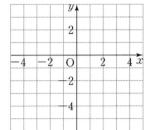

2-1
$3x+2y-4=0$

_____

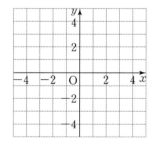

2-2
$2x+3y-3=0$

_____

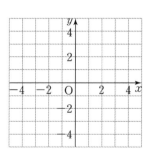

핵심 체크

일차방정식의 그래프는 주어진 일차방정식을 일차함수의 꼴로 바꾼 후 그릴 수 있다. 이때 일차함수의 그래프는 다음 세 가지 방법으로 그리면 된다.

① 기울기와 y절편을 이용하여 그린다.

② x절편과 y절편을 이용하여 그린다.

③ 그래프가 지나는 두 점을 이용하여 그린다.

정답과 해설 | **42**쪽

○ 다음 일차방정식을 일차함수 $y=ax+b$의 꼴로 나타내고, x절편과 y절편을 이용하여 그래프를 그리시오.

3-1 $3x-4y+12=0$

➡ $3x-4y+12=0$에서

$y=\dfrac{3}{4}x+3$이므로 $(y$절편$)=\boxed{}$

또 $y=0$일 때, $0=\dfrac{3}{4}x+3$

$\therefore x=\boxed{}$, 즉 $(x$절편$)=\boxed{}$

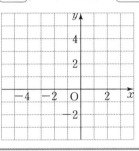

3-2 $x-2y+4=0$

—————————

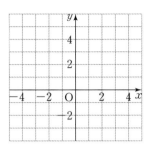

4-1 $x+y+3=0$

—————————

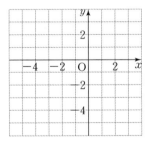

4-2 $x+3y-3=0$

—————————

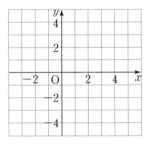

5-1 $4x+3y-12=0$

—————————

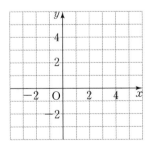

5-2 $-2x+y+4=0$

—————————

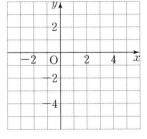

핵심 체크

일차방정식의 그래프를 그릴 때에는 x절편과 y절편을 이용하여 그리는 것이 편리할 때가 많다.

03 일차방정식 $ax+by+c=0$의 그래프의 성질

일차방정식의 그래프 위의 점

일차방정식 $ax+by+c=0$의 그래프가 점 (m, n)을 지난다.

➡ $ax+by+c=0$에 $x=m, y=n$을 대입하면 등식이 성립한다.

➡ 순서쌍 (m, n)은 일차방정식 $ax+by+c=0$의 해이다.

○ 다음 일차방정식의 그래프 위에 있는 점을 ㉠~㉣ 중에서 모두 고르시오.

1-1 $2x-y+4=0$ ＿＿＿＿＿

㉠ $(0, 4)$ ㉡ $(3, 5)$

㉢ $(-7, -5)$ ㉣ $(-3, -2)$

 주어진 일차방정식에 ㉠, ㉡, ㉢, ㉣의 점의 좌표를 각각 대입해 봐.

1-2 $x+2y-5=0$ ＿＿＿＿＿

㉠ $(0, -5)$ ㉡ $(3, 1)$

㉢ $(-1, 2)$ ㉣ $(-7, 6)$

2-1 $x+3y-6=0$ ＿＿＿＿＿

㉠ $(-2, 0)$ ㉡ $(-3, 3)$

㉢ $(6, 0)$ ㉣ $(3, -1)$

2-2 $5x-y-2=0$ ＿＿＿＿＿

㉠ $(3, 13)$ ㉡ $(-2, 12)$

㉢ $(2, 8)$ ㉣ $(1, -3)$

○ 다음은 일차방정식 $2x+y-1=0$의 그래프 위에 있는 점이다. a의 값을 구하시오.

3-1

$(-2, a)$

➡ $x=-2, y=a$를 $2x+y-1=0$에 대입
하면

$2 \times (\boxed{})+a-1=0 \quad \therefore a=\boxed{}$

3-2 $(a, -9)$ ＿＿＿＿＿

4-1 $(4, a)$ ＿＿＿＿＿

4-2 $(a, 7)$ ＿＿＿＿＿

5-1 $(0, a)$ ＿＿＿＿＿

5-2 $(a, 0)$ ＿＿＿＿＿

핵심 체크

점 $(●, ▲)$가 일차방정식 $ax+by+c=0$의 그래프 위에 있는 점일 때, $ax+by+c=0$에 $x=●, y=▲$를 대입하면 등식이 성립한다.

◎ 다음 일차방정식의 그래프에 대한 설명으로 옳은 것에는 ○표, 옳지 않은 것에는 ×표를 하시오.

6-1 $-2x+y-3=0$

(1) x절편은 -2이다. ( )

(2) y절편은 3이다. ( )

(3) 점 $(1, 5)$를 지난다. ( )

(4) 제4사분면을 지난다. ( )

(5) 일차함수 $y=2x$의 그래프와 평행하다.
( )

6-2 $3x+y-2=0$

(1) x절편은 1이다. ( )

(2) y절편은 2이다. ( )

(3) 점 $(-1, 1)$을 지난다. ( )

(4) 제1, 2, 3사분면을 지난다. ( )

(5) 일차함수 $y=-3x+3$의 그래프와 평행하다. ( )

◎ 일차방정식 $ax+y-b=0$의 그래프가 다음과 같을 때, a, b의 부호를 각각 구하시오.

7-1

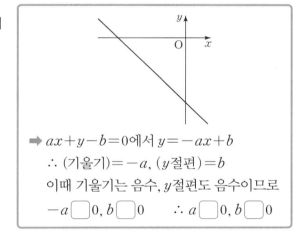

➡ $ax+y-b=0$에서 $y=-ax+b$
∴ (기울기)$=-a$, (y절편)$=b$
이때 기울기는 음수, y절편도 음수이므로
$-a \bigcirc 0, b \bigcirc 0$ ∴ $a \bigcirc 0, b \bigcirc 0$

7-2

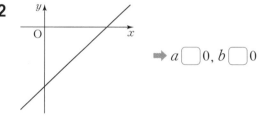

➡ $a \bigcirc 0, b \bigcirc 0$

8-1

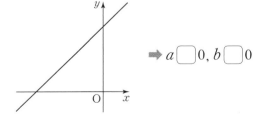

➡ $a \bigcirc 0, b \bigcirc 0$

8-2

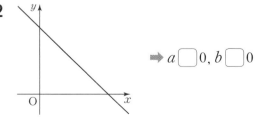

➡ $a \bigcirc 0, b \bigcirc 0$

핵심 체크

일차방정식의 그래프에 대한 문제를 풀 때에는 일차함수 $y=ax+b$의 꼴로 바꾼 후 생각한다.

04 좌표축에 평행한 직선의 방정식

① 방정식 $x=p\,(p\neq0)$의 그래프
  ① x좌표가 항상 p이다.
  ② y축에 평행한 직선이다.
  ③ x축에 수직인 직선이다.
  ④ 함수가 아니다.

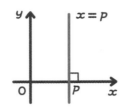

② 방정식 $y=q\,(q\neq0)$의 그래프
  ① y좌표가 항상 q이다.
  ② x축에 평행한 직선이다.
  ③ y축에 수직인 직선이다.
  ④ 함수이다.

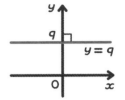

> [참고] $x=0$의 그래프는 y축이고, $y=0$의 그래프는 x축이다.

◎ 주어진 직선의 방정식에 대하여 다음 물음에 답하시오.

1-1 $y=3$

(1) 아래 표를 완성하시오.

x	$\cdots$	-4	-2	0	2	4	$\cdots$
y	$\cdots$						$\cdots$

(2) 위의 표를 이용하여 그래프를 그리시오.

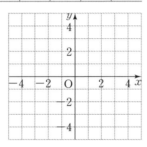

1-2 $x=3$

(1) 아래 표를 완성하시오.

x	$\cdots$						$\cdots$
y	$\cdots$	-4	-2	0	2	4	$\cdots$

(2) 위의 표를 이용하여 그래프를 그리시오.

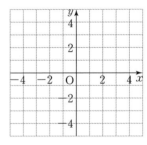

◎ 다음 직선의 방정식의 그래프를 그리시오.

2-1

$2x+8=0$
➡ $2x+8=0$에서
$x=\boxed{}$이므로
$2x+8=0$의
그래프는 점
$(\boxed{},\,0)$을 지
나고 $\boxed{}$축에 평
행한 직선이다.

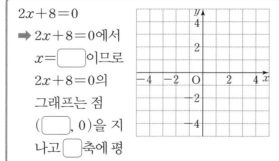

2-2 (1) $x=2$　　(2) $4y+4=0$
(3) 점 $(-2,\,3)$을 지나고 x축에 평행한 직선

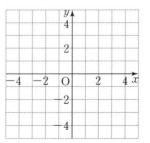

> **핵심 체크**
>
> • 점 $(\bullet,\,0)$을 지나고 y축에 평행한 직선의 방정식 ➡ $x=\bullet$의 꼴
> • 점 $(0,\,\blacktriangle)$를 지나고 x축에 평행한 직선의 방정식 ➡ $y=\blacktriangle$의 꼴

○ 다음 직선의 방정식의 그래프를 그리시오.

3-1 (1) $y = -3$ (2) $3x - 15 = 0$
(3) 점 $(-1, 2)$를 지나고 y축에 수직인 직선

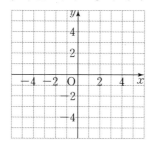

3-2 (1) $\frac{1}{2}y - 1 = -3$ (2) $11 + 3x = 2$
(3) 점 $(5, -3)$을 지나고 x축에 수직인 직선

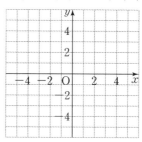

○ 다음 좌표평면 위의 그래프 ㉠~㉣을 나타내는 직선의 방정식을 구하시오.

4-1

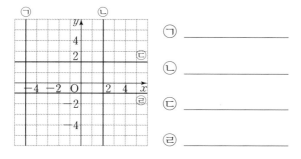

㉠ _____

㉡ _____

㉢ _____

㉣ _____

4-2

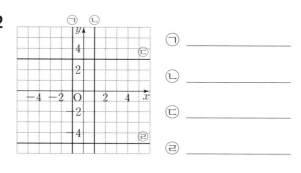

㉠ _____

㉡ _____

㉢ _____

㉣ _____

○ 다음을 만족하는 직선의 방정식을 ㉠~㉣ 중에서 모두 고르시오.

5-1

| ㉠ $y = 3$ | ㉡ $2x - 3 = 0$ |
| ㉢ $3x = 6$ | ㉣ $4y - 1 = 0$ |

(1) x축에 평행한 직선의 방정식

_____

(2) y축에 평행한 직선의 방정식

_____

5-2

| ㉠ $x = -1$ | ㉡ $3x + 4 = 0$ |
| ㉢ $2y = 8$ | ㉣ $3y - 2 = 0$ |

(1) x축에 수직인 직선의 방정식

_____

(2) y축에 수직인 직선의 방정식

_____

핵심 체크

방정식 $x = 0$의 그래프는 y축을 나타내고, 방정식 $y = 0$의 그래프는 x축을 나타낸다.

04 좌표축에 평행한 직선의 방정식

○ 다음 조건을 만족하는 직선의 방정식을 구하시오.

6-1
점 $(0, -3)$을 지나고, x축에 평행한 직선
➡ x축에 평행하므로 $y=q$의 꼴이다.
∴ $y = \boxed{}$

6-2 점 $(2, 0)$을 지나고, y축에 평행한 직선

_____

7-1 점 $(1, -5)$를 지나고, x축에 수직인 직선

_____

7-2 점 $(4, -1)$을 지나고, y축에 수직인 직선

_____

8-1 점 $(3, -5)$를 지나고, x축에 평행한 직선

_____

8-2 점 $(4, 0)$을 지나고, y축에 평행한 직선

_____

9-1 점 $(-1, 2)$를 지나고, x축에 수직인 직선

_____

9-2 점 $(0, 3)$을 지나고, y축에 수직인 직선

_____

10-1
두 점 $(3, -2), (-3, -2)$를 지나는 직선
➡ 직선 위의 두 점의 y좌표가 같으므로 이 직선은 $\boxed{}$축에 평행하다. 즉 $y=p$의 꼴이다.
∴ $y = \boxed{}$

10-2 두 점 $(2, -10), (2, 4)$를 지나는 직선

_____

11-1 두 점 $(0, 3), (3, 3)$을 지나는 직선

_____

11-2 두 점 $(-5, 0), (-5, -5)$를 지나는 직선

_____

핵심 체크

· 직선 위의 두 점의 x좌표가 같으면 그 직선은 y축에 평행하다. ➡ $x=p\,(p \neq 0)$의 꼴
· 직선 위의 두 점의 y좌표가 같으면 그 직선은 x축에 평행하다. ➡ $y=q\,(q \neq 0)$의 꼴

기본연산 집중연습 | 01~04

정답과 해설 | **45**쪽

○ 다음 일차방정식을 일차함수 $y=ax+b$의 꼴로 나타내고, 기울기, x절편, y절편을 각각 구하시오.

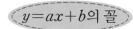 $y=ax+b$의 꼴   기울기 x절편 y절편

1-1 $-2x+y+5=0$

1-2 $x+2y=-3$

1-3 $x+7y-14=0$

1-4 $3x-2y=6$

○ 다음 일차방정식을 일차함수 $y=ax+b$의 꼴로 나타내고, 그 그래프를 그리시오.

2-1 $x+3y+6=0$

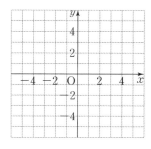

2-2 $2x-3y+6=0$

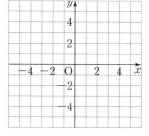

2-3 $3x+y-4=0$

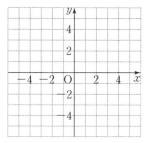

2-4 $-x+4y-4=0$

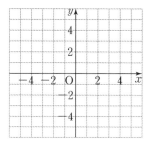

핵심 체크

❶ 일차방정식 $ax+by+c=0\,(a\neq0,\ b\neq0)$의 그래프를 그리기 위해서는 일차함수 $y=-\dfrac{a}{b}x-\dfrac{c}{b}$로 바꾸어 x절편, y절편 또는 기울기, y절편을 이용한다.

STEP 2

○ 주어진 직선의 방정식 중 다음 조건을 만족하는 것을 찾으시오.

3-1

$x=-4$ $3x=4y$
점 $(3, -4)$를 지나고
y축에 수직인 직선
$y=-4$ $y=3$

3-2
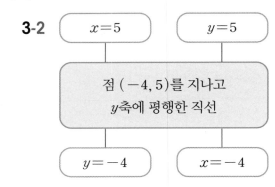
$x=5$ $y=5$
점 $(-4, 5)$를 지나고
y축에 평행한 직선
$y=-4$ $x=-4$

3-3
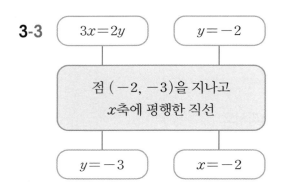
$3x=2y$ $y=-2$
점 $(-2, -3)$을 지나고
x축에 평행한 직선
$y=-3$ $x=-2$

3-4
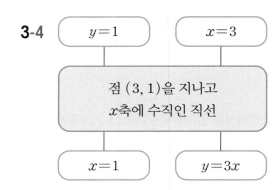
$y=1$ $x=3$
점 $(3, 1)$을 지나고
x축에 수직인 직선
$x=1$ $y=3x$

3-5
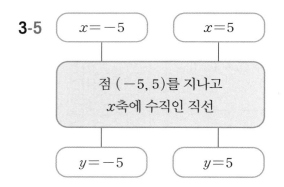
$x=-5$ $x=5$
점 $(-5, 5)$를 지나고
x축에 수직인 직선
$y=-5$ $y=5$

3-6
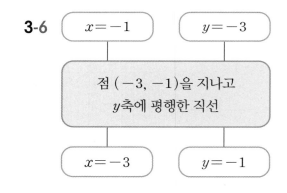
$x=-1$ $y=-3$
점 $(-3, -1)$을 지나고
y축에 평행한 직선
$x=-3$ $y=-1$

핵심 체크

❷ 좌표축에 평행한 직선의 방정식
- y축에 평행한(x축에 수직인) 직선의 방정식 ➡ $x=p\,(p\neq0)$의 꼴
- x축에 평행한(y축에 수직인) 직선의 방정식 ➡ $y=q\,(q\neq0)$의 꼴

05 연립방정식의 해와 그래프 (1)

정답과 해설 | 45쪽

연립방정식 $\begin{cases} ax+by+c=0 \\ a'x+b'y+c'=0 \end{cases}$ 의 해를 $x=p,\ y=q$라 하면 $(p,\ q)$는 두 일차

방정식 $ax+by+c=0$과 $a'x+b'y+c'=0$의 그래프의 교점의 좌표와 같다.

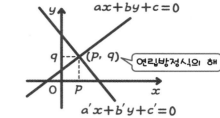

연립방정식의 해
$x=p,\ y=q$ ⟷ 두 직선의 교점의 좌표
$(p,\ q)$

○ 주어진 연립방정식에서 각 일차방정식의 그래프가 다음과 같을 때, 연립방정식의 해를 구하시오.

1-1 $\begin{cases} x+y=6 \\ 7x-3y=2 \end{cases}$

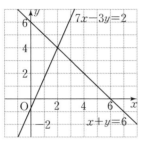

➡ 연립방정식의 해는 두 그래프의 교점의 좌표와 같고, 교점의 좌표는 ($\square$, 4)이므로 연립방정식의 해는 $x=\square$, $y=4$

1-2 $\begin{cases} 4x+y=6 \\ x+y=3 \end{cases}$

_____

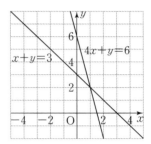

2-1 (1) $\begin{cases} x+3y=7 \\ x-2y=2 \end{cases}$ (2) $\begin{cases} x-2y=2 \\ 2x+y=-1 \end{cases}$

2-2 (1) $\begin{cases} x-y=3 \\ 2x+y=6 \end{cases}$ (2) $\begin{cases} x+2y=0 \\ x-y=3 \end{cases}$

_____

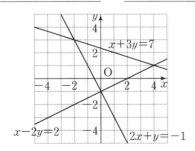

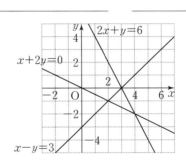

핵심 체크

연립방정식의 해는 두 일차방정식의 그래프의 교점의 좌표와 같다.

3 일차함수와 일차방정식

05 연립방정식의 해와 그래프 (1)

○ 다음 연립방정식에서 두 일차방정식의 그래프를 좌표평면 위에 그리고, 그 그래프를 이용하여 연립방정식의 해를 구하시오.

3-1
$$\begin{cases} x+y-5=0 \\ 2x-y-4=0 \end{cases}$$

➡ 각 일차방정식을 y에 대하여 풀면
$$\begin{cases} y=\boxed{} \\ y=\boxed{} \end{cases}$$

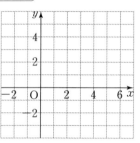

두 그래프의 교점의 좌표는 ($\boxed{}$, $\boxed{}$)이
므로 연립방정식의 해는 $x=\boxed{}$, $y=\boxed{}$

3-2
$$\begin{cases} x+y-4=0 \\ 2x-y=-1 \end{cases}$$

_____

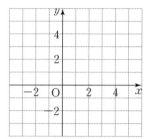

3-3
$$\begin{cases} 2x-y+3=0 \\ x+2y-1=0 \end{cases}$$

_____

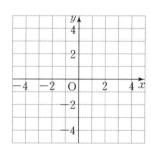

○ 다음 두 일차방정식의 그래프가 한 점에서 만날 때, 교점의 좌표를 구하시오.

4-1 $x+y+3=0,\ 2x-y-6=0$

➡ 연립방정식 $\begin{cases} x+y+3=0 \\ 2x-y-6=0 \end{cases}$ 을 풀면

$x=\boxed{}$, $y=-4$이므로 두 그래프의 교점
의 좌표는 ($\boxed{}$, -4)

4-2 $2x+3y-3=0,\ x-y+1=0$

_____

5-1 $3x-2y=6,\ x-2y-4=0$

_____

5-2 $x+y-1=0,\ x-y-3=0$

_____

핵심 체크

두 일차방정식의 그래프의 교점의 좌표는 두 일차방정식으로 이루어진 연립방정식의 해와 같으므로 각 일차방정식의 그래프를 그리지 않아도 교점의 좌표를 구할 수 있다.

두 일차방정식 $ax+y=5$와 $x+by=-4$의 그래프가 오른쪽 그림과 같을 때, 상수 a, b의 값을 각각 구하시오.

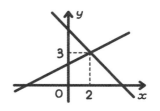

➡ 두 그래프의 교점의 좌표가 $(2, 3)$이므로

$x=2$, $y=3$을 $ax+y=5$에 대입하면 $2a+3=5$, $2a=2$ $\quad\therefore a=1$

$x=2$, $y=3$을 $x+by=-4$에 대입하면 $2+3b=-4$, $3b=-6$ $\quad\therefore b=-2$

○ 주어진 연립방정식에서 두 일차방정식의 그래프가 다음과 같을 때, 상수 a, b의 값을 각각 구하시오.

1-1 $\begin{cases} x+y=3b & \cdots\cdots \text{㉠} \\ 2x-3y=2a & \cdots\cdots \text{㉡} \end{cases}$

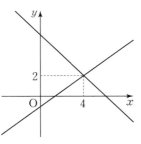

➡ 두 그래프의 교점의 좌표가 $(4, 2)$이므로

$x=4$, $y=2$를 ㉠에 대입하면

$4+\boxed{}=3b$ $\quad\therefore b=\boxed{}$

$x=4$, $y=2$를 ㉡에 대입하면

$2\times\boxed{}-3\times2=2a$ $\quad\therefore a=\boxed{}$

1-2 $\begin{cases} x+ay=5 \\ x-by=2 \end{cases}$

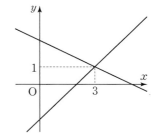

2-1 $\begin{cases} x-ay=-3 \\ x+by=2 \end{cases}$

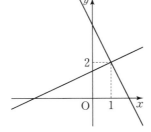

2-2 $\begin{cases} 2x-y=a \\ bx+y=7 \end{cases}$

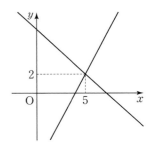

핵심 체크

두 일차방정식 $ax+by+c=0$, $a'x+b'y+c'=0$의 그래프가 오른쪽 그림과 같이 주어질 때,

연립방정식 $\begin{cases} ax+by+c=0 \\ a'x+b'y+c'=0 \end{cases}$ 의 해를 $x=q$, $y=p$로 착각하지 않도록 주의한다. (단, $p\neq q$일 때)

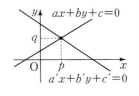

3 일차함수와 일차방정식

06 연립방정식의 해와 그래프 (2)

○ 주어진 연립방정식에서 두 일차방정식의 그래프가 다음과 같을 때, 상수 a, b의 값을 각각 구하시오.

3-1 $\begin{cases} x-ay+6=0 \\ x+by-3=0 \end{cases}$

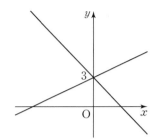

3-2 $\begin{cases} ax-y=2 \\ \dfrac{1}{2}x+y=b \end{cases}$

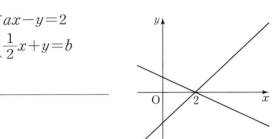

4-1 $\begin{cases} x-y=a \\ 2x+y=b \end{cases}$

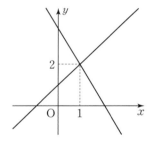

4-2 $\begin{cases} x-ay+1=0 \\ bx+2y-12=0 \end{cases}$

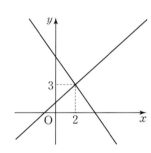

5-1 $\begin{cases} ax-3y=2 \\ x+y=b \end{cases}$

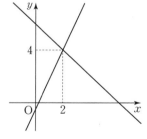

5-2 $\begin{cases} ax+y=5 \\ x-by=1 \end{cases}$

핵심 체크

두 일차방정식의 그래프의 교점이 x축 위에 있으면 교점의 좌표는 (●, 0)의 꼴이고, 두 일차방정식의 그래프의 교점이 y축 위에 있으면 교점의 좌표는 (0, ▲)의 꼴이다.

07 연립방정식의 해의 개수

정답과 해설 | 46쪽

연립방정식 $\begin{cases} ax+by+c=0 \\ a'x+b'y+c'=0 \end{cases}$ 의 해의 개수는 두 일차방정식 $ax+by+c=0$ 과 $a'x+b'y+c'=0$ 의 그래프의 교점의 개수와 같다.

두 직선의 위치 관계	한 점에서 만난다.	평행하다.	일치한다.
두 직선의 교점의 개수	한 개	없다.	무수히 많다.
연립방정식의 해의 개수	한 쌍	해가 없다.	해가 무수히 많다.
기울기와 y절편	기울기가 다르다.	기울기는 같고 y절편이 다르다.	기울기와 y절편이 각각 같다.
	$\dfrac{a}{a'} \neq \dfrac{b}{b'}$	$\dfrac{a}{a'} = \dfrac{b}{b'} \neq \dfrac{c}{c'}$	$\dfrac{a}{a'} = \dfrac{b}{b'} = \dfrac{c}{c'}$

○ 다음 연립방정식에서 두 일차방정식의 그래프를 좌표평면 위에 그리고, 옳은 것에 ○표 하시오.

1-1 $\begin{cases} 2x-y=3 \\ 4x-2y=2 \end{cases}$

➡ 각 일차방정식을 y에 대하여 풀면
$\begin{cases} y=2x-3 \\ y=2x-1 \end{cases}$

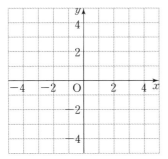

➡ 기울기는 같고, y절편은 다르므로 두 그래프는 서로 평행하다. 즉 두 그래프의 교점이 없으므로 연립방정식의 해가 (무수히 많다, 없다).

1-2 $\begin{cases} 2x+y=1 \\ 4x+2y=2 \end{cases}$

➡ 각 일차방정식을 y에 대하여 풀면
$\begin{cases} y=-2x+1 \\ y=-2x+1 \end{cases}$

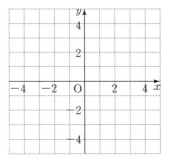

➡ 기울기와 y절편이 각각 같으므로 두 그래프는 일치한다. 즉 두 그래프의 교점이 무수히 많으므로 연립방정식의 해가 (무수히 많다, 없다).

핵심 체크

연립방정식의 해의 개수는 두 일차방정식의 그래프의 교점의 개수와 같다.

3 일차함수와 일차방정식

07 연립방정식의 해의 개수

○ 다음 연립방정식에서 두 일차방정식의 그래프를 좌표평면 위에 그리고, 그 그래프를 이용하여 연립방정식의 해를 구하시오.

2-1 $\begin{cases} 3x+y=2 \\ 6x+2y=-2 \end{cases}$ _____

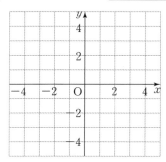

2-2 $\begin{cases} x-y=1 \\ 4x-4y=4 \end{cases}$ _____

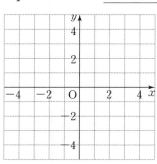

○ 다음 연립방정식에서 두 일차방정식의 그래프의 교점의 개수와 연립방정식의 해의 개수를 각각 구하시오.

3-1
$\begin{cases} 2x+3y=0 \\ 2x+3y-1=0 \end{cases} \Rightarrow \begin{cases} y=\boxed{}x \\ y=-\dfrac{2}{3}x+\boxed{} \end{cases}$

➡ 기울기는 같고, y절편은 다르므로 두 그래프는 서로 평행하다. 즉 두 직선의 교점이 없고 연립방정식의 해도 $\boxed{}$.

3-2 $\begin{cases} 3x+y-4=0 \\ 3x-y+1=0 \end{cases}$ _____

4-1 $\begin{cases} x-y+5=0 \\ 3x-2y-2=0 \end{cases}$ _____

4-2 $\begin{cases} 3x-3y+2=0 \\ 6x-6y+4=0 \end{cases}$ _____

5-1 $\begin{cases} x-2y-3=0 \\ -2x+4y+1=0 \end{cases}$ _____

5-2 $\begin{cases} 2x+y+2=0 \\ 4x+2y+4=0 \end{cases}$ _____

> **핵심 체크**
>
> 두 직선 $y=ax+b$, $y=a'x+b'$의 위치 관계
> ① $a \neq a'$ ➡ 한 점에서 만난다.　　② $a=a'$, $b \neq b'$ ➡ 평행하다.　　③ $a=a'$, $b=b'$ ➡ 일치한다.

기본연산 집중연습 | 05~07

정답과 해설 | **47**쪽

○ 주어진 연립방정식에서 각 일차방정식의 그래프가 다음과 같을 때, 연립방정식의 해를 구하시오.

1-1 $\begin{cases} x+y=3 \\ 2x-y=-6 \end{cases}$

1-2 $\begin{cases} 2x-y=-6 \\ x-2y=0 \end{cases}$

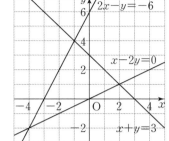

1-3 $\begin{cases} x-y+1=0 \\ x+3y+5=0 \end{cases}$

1-4 $\begin{cases} 3x+y=9 \\ x+3y+5=0 \end{cases}$

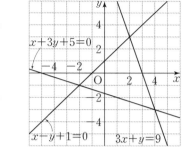

○ 다음 두 일차방정식의 그래프가 한 점에서 만날 때, 교점의 좌표를 구하시오.

2-1 $3x-y=2,\ x-2y=-1$

2-2 $x+2y=5,\ 3x-y=1$

2-3 $3x+2y=-7,\ -x+y=4$

2-4 $6x-y=-5,\ 7x-2y=0$

2-5

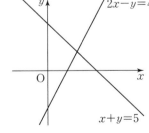

2-6

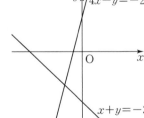

핵심 체크

① 연립방정식의 해와 그래프

연립방정식 $\begin{cases} ax+by+c=0 \\ a'x+b'y+c'=0 \end{cases}$의 해가 $x=m,\ y=n$이다.

➡ 두 직선 $ax+by+c=0$과 $a'x+b'y+c'=0$의 교점의 좌표는 $(m,\ n)$이다.

STEP 2

○ 주어진 연립방정식에서 두 일차방정식의 그래프가 다음과 같을 때, 상수 a, b의 값을 각각 구하시오.

3-1
$$\begin{cases} ax-y=-1 \\ 2x+y=b \end{cases}$$
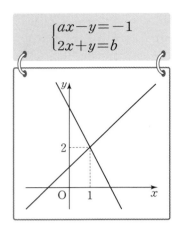

3-2
$$\begin{cases} ax+y=5 \\ x+by=1 \end{cases}$$
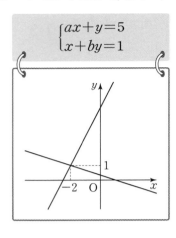

3-3
$$\begin{cases} x+y=3 \\ ax+y=-2 \end{cases}$$
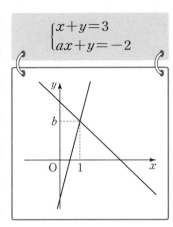

○ 다음 화살에 적혀 있는 두 직선의 교점의 개수와 과녁에 적혀 있는 연립방정식의 해의 개수가 같은 것끼리 바르게 연결하시오.

4-1
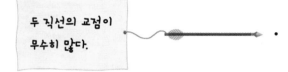
두 직선의 교점이 무수히 많다. •

4-2

두 직선의 교점이 1개이다. •

4-3
두 직선의 교점이 없다. •

A
$$\begin{cases} 4x-2y=3 \\ 6x-3y+9=0 \end{cases}$$

B
$$\begin{cases} 2x-y+6=0 \\ y=2x+6 \end{cases}$$

C
$$\begin{cases} x+4y=2 \\ 4x+y=2 \end{cases}$$

핵심 체크

❷ 연립방정식의 해의 개수와 두 직선의 위치 관계

（ⅰ) 연립방정식의 해가 한 쌍이다.
➡ 두 직선이 한 점에서 만난다.
➡ 두 직선의 기울기가 다르다.

（ⅱ) 연립방정식의 해가 없다.
➡ 두 직선이 평행하다.
➡ 두 직선의 기울기는 같고 y절편이 다르다.

（ⅲ) 연립방정식의 해가 무수히 많다.
➡ 두 직선이 일치한다.
➡ 두 직선의 기울기와 y절편이 각각 같다.

기본연산 테스트

정답과 해설 | **47**쪽

1 다음 일차방정식의 그래프의 기울기, x절편, y절편을 각각 구하시오.

(1) $x-3y-9=0$

(2) $5x-y+4=0$

(3) $-x+4y+8=0$

(4) $4x+2y-5=0$

(5) $6x-2y=10$

2 다음 일차방정식의 그래프를 좌표평면 위에 그리시오.

(1) $2x+y+6=0$

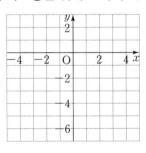

(2) $-3x+4y-12=0$

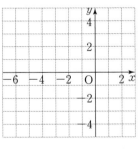

3 다음 중 일차방정식 $3x-y+1=0$의 그래프 위의 점을 모두 고르시오.

㉠ $(0, -1)$	㉡ $\left(-\dfrac{1}{3}, 0\right)$
㉢ $(4, 13)$	㉣ $\left(\dfrac{5}{3}, 7\right)$

4 다음 조건을 만족하는 직선의 방정식을 구하시오.

(1) 점 $(4, 0)$을 지나고, y축에 평행한 직선

(2) 점 $(0, -3)$을 지나고, x축에 평행한 직선

(3) 점 $(1, 3)$을 지나고, y축에 평행한 직선

(4) 점 $(-2, -1)$을 지나고, x축에 평행한 직선

(5) 점 $(-4, 8)$을 지나고, x축에 수직인 직선

(6) 점 $(2, 5)$를 지나고, y축에 수직인 직선

(7) 두 점 $(5, -7)$, $(-5, -7)$을 지나는 직선

(8) 두 점 $(2, 3)$, $(2, -1)$을 지나는 직선

핵심 체크

❶ 일차함수와 일차방정식의 관계

일차방정식 $ax+by+c=0\,(a\neq0, b\neq0)$의 그래프는 일차함수 $y=-\dfrac{a}{b}x-\dfrac{c}{b}$의 그래프와 같다.

❷ 좌표축에 평행한 직선의 방정식

(ⅰ) y축에 평행한(x축에 수직인) 직선의 방정식 ➡ $x=p\,(p\neq0)$의 꼴

(ⅱ) x축에 평행한(y축에 수직인) 직선의 방정식 ➡ $y=q\,(q\neq0)$의 꼴

STEP 3

5 일차방정식 $ax+y+b=0$의 그
래프가 오른쪽 그림과 같을 때, 상
수 a, b의 부호를 각각 구하시오.

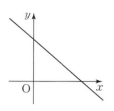

6 아래 그래프를 이용하여 다음 연립방정식의 해를 구하
시오.

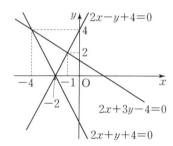

(1) $\begin{cases} 2x-y+4=0 \\ 2x+3y-4=0 \end{cases}$

(2) $\begin{cases} 2x-y+4=0 \\ 2x+y+4=0 \end{cases}$

(3) $\begin{cases} 2x+3y-4=0 \\ 2x+y+4=0 \end{cases}$

7 주어진 연립방정식에서 두 일차방정식의 그래프가 다
음과 같을 때, 상수 a, b의 값을 각각 구하시오.

(1) $\begin{cases} x-2y=a \\ bx+y=-4 \end{cases}$

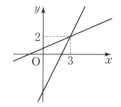

(2) $\begin{cases} 2x+ay=3 \\ bx+y=1 \end{cases}$

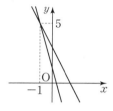

8 아래 ㉠~㉣의 연립방정식 중 해가 다음과 같은 것을
모두 고르시오.

㉠ $\begin{cases} x+6y=1 \\ 2x+12y=3 \end{cases}$ ㉡ $\begin{cases} 3x-y=2 \\ 9x-3y=6 \end{cases}$

㉢ $\begin{cases} 8x-4y=6 \\ 12x+6y=9 \end{cases}$ ㉣ $\begin{cases} 6x-3y=10 \\ 4x-2y=5 \end{cases}$

(1) 해가 한 쌍인 것

(2) 해가 무수히 많은 것

(3) 해가 없는 것

핵심 체크

❸ 연립방정식의 해와 그래프

두 직선 $ax+by+c=0$과 $a'x+b'y+c'=0$의 교점의 좌표
가 (m, n)이다.

➡ 연립방정식 $\begin{cases} ax+by+c=0 \\ a'x+b'y+c'=0 \end{cases}$ 의 해는 $x=m, y=n$이다.

➡ $am+bn+c=0, a'm+b'n+c'=0$

❹ 연립방정식의 해의 개수와 두 직선의 위치 관계

(i) 연립방정식의 해가 없다.

➡ 두 직선이 평행하다.

➡ 두 직선의 기울기는 같고 y절편이 다르다.

(ii) 연립방정식의 해가 무수히 많다.

➡ 두 직선이 일치한다.

➡ 두 직선의 기울기와 y절편이 각각 같다.

메모
MEMO

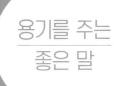

미래를 바꾸는
긍정의 한 마디

저는 미래가 어떻게 전개될지는 모르지만,
누가 그 미래를 결정하는지는 압니다.

오프라 윈프리(Oprah Winfrey)

오프라 윈프리는 불우한 어린 시절을 겪었지만 좌절하지 않고 열심히 노력하여
세계에서 가장 유명한 TV 토크쇼의 진행자가 되었어요.
오프라 윈프리의 성공기를 오프라이즘(Oprahism)이라 부른다고 해요.
오프라이즘이란 '인생의 성공 여부는
온전히 개인에게 달려있다'라는 뜻이랍니다.

인생의 꽃길은 다른 사람이 아닌, 오직 '나'만이 만들 수 있어요.

#난이도별
#천재되는_수학교재

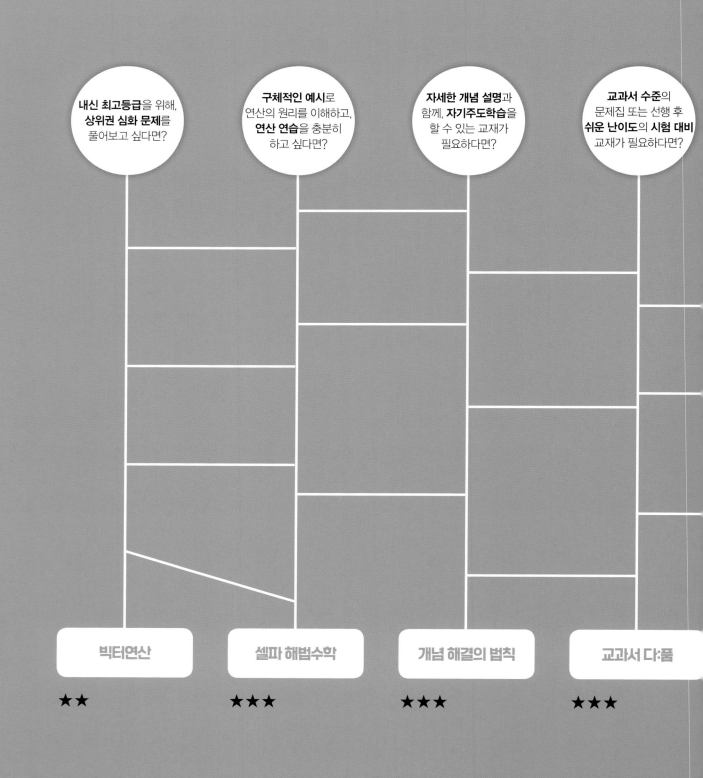

내신 **최고등급**을 위해,
상위권 심화 문제를
풀어보고 싶다면?

구체적인 예시로
연산의 원리를 이해하고,
연산 연습을 충분히
하고 싶다면?

자세한 개념 설명과
함께, **자기주도학습**을
할 수 있는 교재가
필요하다면?

교과서 수준의
문제집 또는 선행 후
쉬운 난이도의 **시험 대비**
교재가 필요하다면?

빅터연산

셀파 해법수학

개념 해결의 법칙

교과서 다 품

★★

★★★

★★★

★★★

중학수학 **2B**

정답과 해설

중학 연산의 빅데이터

빅터 연산

천재교육

중학 연산의 빅데이터

빅터 연산

중학 연산의 **빅데이터**

빅터 연산

정답과 해설

2-B

1

연립방정식

STEP 1

01 방정식의 뜻과 해   p.6

1-1

x의 값	좌변	우변	참/거짓
0	$2 \times 0 - 1 = -1$	5	거짓
1	$2 \times 1 - 1 = 1$	5	거짓
2	$2 \times 2 - 1 = 3$	5	거짓
3	$2 \times 3 - 1 = 5$	5	참

$x = 3$

1-2

x의 값	좌변	우변	참/거짓
2	$2 \times 2 + 1 = 5$	9	거짓
3	$2 \times 3 + 1 = 7$	9	거짓
4	$2 \times 4 + 1 = 9$	9	참
5	$2 \times 5 + 1 = 11$	9	거짓

$x = 4$

2-1 $\bigcirc$, =   **2-2** $\times$
3-1 $\times$ **3-2** $\bigcirc$
4-1 $\bigcirc$ **4-2** $\times$

- -

2-2 $x = 1$을 $2x = 5x - 1$에 대입하면
$2 \times 1 \neq 5 \times 1 - 1$ ➡ 해가 아니다.

3-1 $x = -2$를 $-\dfrac{1}{2}x + 1 = 0$에 대입하면
$-\dfrac{1}{2} \times (-2) + 1 \neq 0$ ➡ 해가 아니다.

3-2 $x = 2$를 $3x - 2 = 4$에 대입하면
$3 \times 2 - 2 = 4$ ➡ 해이다.

4-1 $x = 1$을 $3 - 4x = 5x - 6$에 대입하면
$3 - 4 \times 1 = 5 \times 1 - 6$ ➡ 해이다.

4-2 $x = -1$을 $x + 2 = -x + 2$에 대입하면
$(-1) + 2 \neq -(-1) + 2$ ➡ 해가 아니다.

02 미지수가 1개인 일차방정식   p.7

1-1 $\bigcirc$, 7   **1-2** $\bigcirc$
2-1 $\bigcirc$ **2-2** $\times$
3-1 $\bigcirc$ **3-2** $\bigcirc$
4-1 $\bigcirc$ **4-2** $\times$
5-1 $\times$ **5-2** $\times$

- -

1-2 $6x + 5 = -13$에서 $6x + 18 = 0$
➡ 일차방정식이다.

2-1 $x^2 + 2x = x^2 + 1$에서 $2x - 1 = 0$
➡ 일차방정식이다.

3-1 $7x - 6x = 4$에서 $x - 4 = 0$
➡ 일차방정식이다.

3-2 $3x = 2x$에서 $x = 0$
➡ 일차방정식이다.

4-1 $x^2 + 7x = x^2 - 11$에서 $7x + 11 = 0$
➡ 일차방정식이다.

4-2 $2x - 7 = 2x - 1$에서 $-6 = 0$
➡ 일차방정식이 아니다.

5-2 $2x + 4 = 2(x + 1) + 2$에서
$2x + 4 = 2x + 2 + 2$
$0 = 0$ ➡ 일차방정식이 아니다.

03 미지수가 2개인 일차방정식   p.8

1-1 $\times$, 1, 등식   **1-2** $\bigcirc$
2-1 $\times$ **2-2** $\bigcirc$
3-1 $\bigcirc$ **3-2** $\bigcirc$
4-1 $\times$, $-4y$ **4-2** $\bigcirc$
5-1 $\bigcirc$ **5-2** $\times$

- -

4-2 $x^2 + 2x - y = x^2$에서 $2x - y = 0$
➡ 미지수가 2개인 일차방정식이다.

5-1 $y = -x^2 + x(x + 1)$에서 $y = -x^2 + x^2 + x$
$-x + y = 0$ ➡ 미지수가 2개인 일차방정식이다.

5-2 $y = x^2 - 2x - 1$에서 $-x^2 + 2x + y + 1 = 0$
➡ 미지수가 2개인 일차방정식이 아니다.

04 미지수가 2개인 일차방정식 세우기 p. 9

1-1 $700x, 1200y, 700x+1200y$

1-2 $x+y=9$

2-1 $\bigcirc, y, y$ **2-2** ×

3-1 ×   **3-2** $\bigcirc$

4-1 $\bigcirc$ **4-2** $\bigcirc$

2-2 $\underset{\;\;\;\;\;\;\;\downarrow \, x, y에 \, 대한 \, 일차식}{\underline{2x+2y}}$ ➡ x, y에 대한 일차방정식이 아니다.

3-1 $\underset{\;\;\;\downarrow 2차}{\underline{xy}}=40$ ➡ x, y에 대한 일차방정식이 아니다.

3-2 $x=y+2$이므로 $x-y-2=0$
➡ x, y에 대한 일차방정식이다.

4-1 $x-y=12$이므로 $x-y-12=0$
➡ x, y에 대한 일차방정식이다.

4-2 $4x+2y=38$이므로 $4x+2y-38=0$
➡ x, y에 대한 일차방정식이다.

05 미지수가 2개인 일차방정식의 해 구하기 p. 10 ~ p. 11

1-1

x	1	2	3	4	5	⋯
y	3	2	1	0	-1	⋯

$(2, 2), (3, 1)$

1-2

x	1	2	3	4	⋯
y	5	3	1	-1	⋯

$(1, 5), (2, 3), (3, 1)$

2-1

x	1	2	3	4	5	6	7	8	⋯
y	$\frac{7}{2}$	3	$\frac{5}{2}$	2	$\frac{3}{2}$	1	$\frac{1}{2}$	0	⋯

$(2, 3), (4, 2), (6, 1)$

2-2

x	1	2	3	4	⋯
y	4	$\frac{5}{2}$	1	$-\frac{1}{2}$	⋯

$(1, 4), (3, 1)$

3-1

x	1	2	3	4	5	⋯
y	11	8	5	2	-1	⋯

$(1, 11), (2, 8), (3, 5), (4, 2)$

3-2

x	1	2	3	4	5	⋯
y	$\frac{7}{3}$	$\frac{5}{3}$	1	$\frac{1}{3}$	$-\frac{1}{3}$	⋯

$(3, 1)$

4-1 $\bigcirc, 2, 2, =$ **4-2** ×

5-1 $\bigcirc$ **5-2** ×

6-1 $\bigcirc$ **6-2** ×

7-1 $\bigcirc, 1, 1, =$ **7-2** ×

8-1 $\bigcirc$ **8-2** ×

9-1 $\bigcirc$ **9-2** $\bigcirc$

4-2 $x=1, y=2$를 $5x-y=-3$에 대입하면
$5 \times 1-2 \neq -3$ ➡ 해가 아니다.

5-1 $x=1, y=2$를 $-2x+3y=4$에 대입하면
$-2 \times 1+3 \times 2=4$ ➡ 해이다.

5-2 $x=1, y=2$를 $3x+2y+4=0$에 대입하면
$3 \times 1+2 \times 2+4 \neq 0$ ➡ 해가 아니다.

6-1 $x=1, y=2$를 $2x-y=0$에 대입하면
$2 \times 1-2=0$ ➡ 해이다.

6-2 $x=1, y=2$를 $-2x+4y=5$에 대입하면
$-2 \times 1+4 \times 2 \neq 5$ ➡ 해가 아니다.

7-2 $x=4, y=3$을 $3x+y=9$에 대입하면
$3 \times 4+3 \neq 9$ ➡ 해가 아니다.

8-1 $x=5, y=1$을 $x+5y=10$에 대입하면
$5+5 \times 1=10$ ➡ 해이다.

8-2 $x=1, y=1$을 $x+y-1=0$에 대입하면
$1+1-1 \neq 0$ ➡ 해가 아니다.

9-1 $x=3, y=\frac{7}{3}$을 $2x-3y+1=0$에 대입하면
$2 \times 3-3 \times \frac{7}{3}+1=0$ ➡ 해이다.

9-2 $x=4, y=5$를 $5x+2y=30$에 대입하면
$5 \times 4+2 \times 5=30$ ➡ 해이다.

기본연산 집중연습 | 01~05

p. 12 ~ p. 13

1-1 ○	**1-2** ×
1-3 ×	**1-4** ○
1-5 ×	**1-6** ○

2-1 $(1,6), (2,5), (3,4), (4,3), (5,2), (6,1)$

2-2 $(1,3), (2,1)$ **2-3** $(2,2), (4,1)$

2-4 $(1,12), (2,9), (3,6), (4,3)$

2-5 $(2,2)$ **2-6** $(3,2)$

3-1 C **3-2** B

1-4 $2x+y=x-y+3$에서 $x+2y-3=0$
➡ 미지수가 2개인 일차방정식이다.

1-5 $-x+y=4x+y$에서 $-5x=0$
➡ 미지수가 2개인 일차방정식이 아니다.

1-6 $3x+2y+2=x-5y$에서 $2x+7y+2=0$
➡ 미지수가 2개인 일차방정식이다.

2-1 $x=1, 2, 3, \cdots$을 $x+y=7$에 대입하여 y의 값을 구하면

x	1	2	3	4	5	6	7	$\cdots$
y	6	5	4	3	2	1	0	$\cdots$

따라서 x, y가 자연수일 때, $x+y=7$의 해는
$(1,6), (2,5), (3,4), (4,3), (5,2), (6,1)$

2-2 $x=1, 2, 3, \cdots$을 $2x+y=5$에 대입하여 y의 값을 구하면

x	1	2	3	$\cdots$
y	3	1	-1	$\cdots$

따라서 x, y가 자연수일 때, $2x+y=5$의 해는
$(1,3), (2,1)$

2-3 $x=1, 2, 3, \cdots$을 $x+2y=6$에 대입하여 y의 값을 구하면

x	1	2	3	4	5	6	$\cdots$
y	$\frac{5}{2}$	2	$\frac{3}{2}$	1	$\frac{1}{2}$	0	$\cdots$

따라서 x, y가 자연수일 때, $x+2y=6$의 해는
$(2,2), (4,1)$

2-4 $x=1, 2, 3, \cdots$을 $3x+y=15$에 대입하여 y의 값을 구하면

x	1	2	3	4	5	$\cdots$
y	12	9	6	3	0	$\cdots$

따라서 x, y가 자연수일 때, $3x+y=15$의 해는
$(1,12), (2,9), (3,6), (4,3)$

2-5 $x=1, 2, 3, \cdots$을 $3x+2y=10$에 대입하여 y의 값을 구하면

x	1	2	3	4	$\cdots$
y	$\frac{7}{2}$	2	$\frac{1}{2}$	-1	$\cdots$

따라서 x, y가 자연수일 때, $3x+2y=10$의 해는
$(2,2)$

2-6 $x=1, 2, 3, \cdots$을 $2x+3y=12$에 대입하여 y의 값을 구하면

x	1	2	3	4	5	6	$\cdots$
y	$\frac{10}{3}$	$\frac{8}{3}$	2	$\frac{4}{3}$	$\frac{2}{3}$	0	$\cdots$

따라서 x, y가 자연수일 때, $2x+3y=12$의 해는
$(3,2)$

3-1

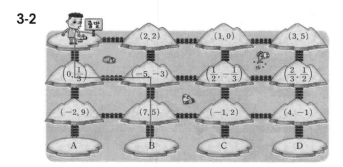

3-2

---

06 미지수가 2개인 연립일차방정식

p. 14 ~ p. 15

1-1 ㉠

x	1	2	3	$\cdots$
y	7	4	1	$\cdots$

㉡

x	1	2	3	$\cdots$
y	5	3	1	$\cdots$

$(3,1)$

1-2

⊙

x	1	2	3	4	5	$\cdots$
y	4	3	2	1	0	$\cdots$

ⓛ

x	1	2	3	4	5	$\cdots$
y	0	1	2	3	4	$\cdots$

$(3, 2)$

2-1

⊙

x	1	2	3	4	5	6	7	$\cdots$
y	11	9	7	5	3	1	-1	$\cdots$

ⓛ

x	1	2	3	4	$\cdots$
y	-1	3	7	11	$\cdots$

$(3, 7)$

2-2

⊙

x	1	2	3	4	5	6	$\cdots$
y	5	4	3	2	1	0	$\cdots$

ⓛ

x	1	2	3	4	5	6	7	8	$\cdots$
y	$\frac{7}{3}$	2	$\frac{5}{3}$	$\frac{4}{3}$	1	$\frac{2}{3}$	$\frac{1}{3}$	0	$\cdots$

$(5, 1)$

3-1 $(3, 2)$ **3-2** $(1, 7)$

4-1 ⓛ, ⓔ   **4-2** ⓛ, ⓒ

5-1 ⊙, ⓒ   **5-2** ⊙, ⓛ

- -

3-1 ⊙의 해는 $(3, 2), (4, 4), (5, 6), (6, 8), \cdots$

ⓛ의 해는 $(1, 5), (3, 2)$

따라서 ⊙, ⓛ을 동시에 만족하는 해는 $(3, 2)$이다.

3-2 ⊙의 해는 $(1, 7), (2, 5), (3, 3), (4, 1)$

ⓛ의 해는 $(1, 7), (2, 3)$

따라서 ⊙, ⓛ을 동시에 만족하는 해는 $(1, 7)$이다.

4-1 각 연립방정식에 $x=5, y=-1$을 대입했을 때 등식이 모두 성립해야 한다.

⊙ $\begin{cases} 2 \times 5 + (-1) = 9 \\ 5 - 2 \times (-1) \neq 4 \end{cases}$

ⓛ $\begin{cases} 5 + (-1) = 4 \\ 5 - (-1) = 6 \end{cases}$

ⓒ $\begin{cases} 5 + 5 \times (-1) = 0 \\ 2 \times 5 - 3 \times (-1) \neq 7 \end{cases}$

ⓔ $\begin{cases} 5 - 4 \times (-1) = 9 \\ 2 \times 5 + 3 \times (-1) = 7 \end{cases}$

따라서 연립방정식의 해가 $x=5, y=-1$인 것은 ⓛ, ⓔ이다.

4-2 각 연립방정식에 $x=3, y=2$를 대입했을 때 등식이 모두 성립해야 한다.

⊙ $\begin{cases} 3 \times 3 - 2 = 7 \\ 2 \times 3 + 3 \times 2 \neq -1 \end{cases}$

ⓛ $\begin{cases} 3 + 2 = 5 \\ 2 \times 3 + 2 = 8 \end{cases}$

ⓒ $\begin{cases} 3 + 3 \times 2 = 9 \\ 2 \times 3 - 4 \times 2 = -2 \end{cases}$

ⓔ $\begin{cases} 3 - 2 \times 2 \neq 6 \\ 5 \times 3 + 4 \times 2 \neq 3 \end{cases}$

따라서 연립방정식의 해가 $x=3, y=2$인 것은 ⓛ, ⓒ이다.

5-1 각 연립방정식에 $x=1, y=2$를 대입했을 때 등식이 모두 성립해야 한다.

⊙ $\begin{cases} 1 + 2 = 3 \\ 1 - 2 = -1 \end{cases}$

ⓛ $\begin{cases} 1 - 2 \times 2 \neq 3 \\ 3 \times 1 + 2 = 5 \end{cases}$

ⓒ $\begin{cases} 2 \times 1 + 3 \times 2 = 8 \\ 3 \times 1 - 2 = 1 \end{cases}$

ⓔ $\begin{cases} 4 \times 1 + 3 \times 2 \neq 11 \\ 2 \times 1 + 3 \times 2 = 8 \end{cases}$

따라서 연립방정식의 해가 $(1, 2)$인 것은 ⊙, ⓒ이다.

5-2 각 연립방정식에 $x=1, y=3$을 대입했을 때 등식이 모두 성립해야 한다.

⊙ $\begin{cases} 1 - 2 \times 3 = -5 \\ 2 \times 1 + 3 = 5 \end{cases}$

ⓛ $\begin{cases} -1 + 3 \times 3 = 8 \\ 1 + 2 \times 3 = 7 \end{cases}$

ⓒ $\begin{cases} 1 + 3 = 4 \\ 3 \times 1 - 3 \times 3 \neq -7 \end{cases}$

ⓔ $\begin{cases} -2 \times 1 + 3 \neq 2 \\ 1 - 3 = -2 \end{cases}$

따라서 연립방정식의 해가 $(1, 3)$인 것은 ⊙, ⓛ이다.

07 미지수가 1개인 일차방정식의 풀이   p. 16

1-1 $11, 8, 4$ **1-2** $x=-7$

2-1 $x=-4$ **2-2** $x=-10$

3-1 $x=4$ **3-2** $x=3$

4-1 $x=4$ **4-2** $x=-3$

5-1 $x=\frac{3}{4}$ **5-2** $x=-1$

- -

1-2 $6 + 2x = -8$에서 $2x = -14$ $\therefore x = -7$

2-1 $13 + 3x = 1$에서 $3x = -12$ $\therefore x = -4$

2-2 $x=20+3x$에서 $-2x=20$ $\therefore x=-10$

3-1 $-2x=-6x+16$에서 $4x=16$ $\therefore x=4$

3-2 $8x+3=3x+18$에서 $5x=15$ $\therefore x=3$

4-1 $4x-6=10x-30$에서 $-6x=-24$ $\therefore x=4$

4-2 $6-10x=27-3x$에서 $-7x=21$ $\therefore x=-3$

5-1 $3x+3=9-5x$에서 $8x=6$ $\therefore x=\dfrac{3}{4}$

5-2 $-3x+4=6x+13$에서 $-9x=9$ $\therefore x=-1$

08 일차방정식의 해를 알 때 미지수의 값 구하기   p. 17

1-1	$2, 15, -8, -4$	**1-2**	1
2-1	5	**2-2**	4
3-1	-1	**3-2**	5
4-1	$\dfrac{13}{2}$	**4-2**	2

1-2 $x=3, y=2$를 $ax+2y=7$에 대입하면
$3a+4=7, 3a=3$ $\therefore a=1$

2-1 $x=2, y=7$을 $ax-y=3$에 대입하면
$2a-7=3, 2a=10$ $\therefore a=5$

2-2 $x=-5, y=-3$을 $-4x+ay=8$에 대입하면
$20-3a=8, -3a=-12$ $\therefore a=4$

3-1 $x=3, y=4$를 $ax+2y=5$에 대입하면
$3a+8=5, 3a=-3$ $\therefore a=-1$

3-2 $x=3, y=6$을 $ax-2y=3$에 대입하면
$3a-12=3, 3a=15$ $\therefore a=5$

4-1 $x=5, y=-2$를 $3x+ay=2$에 대입하면
$15-2a=2, -2a=-13$ $\therefore a=\dfrac{13}{2}$

4-2 $x=4, y=2$를 $ax-3y=2$에 대입하면
$4a-6=2, 4a=8$ $\therefore a=2$

09 연립방정식의 해를 알 때 미지수의 값 구하기   p. 18

1-1	$5, 2, 5, 1, 2, 5, 6, 3$	**1-2**	$a=9, b=-5$
2-1	$a=2, b=5$	**2-2**	$a=3, b=\dfrac{1}{2}$
3-1	$a=-3, b=0$	**3-2**	$a=2, b=-3$

1-2 $x=-3, y=2$를 $5x+ay=3$에 대입하면
$-15+2a=3, 2a=18$ $\therefore a=9$
$x=-3, y=2$를 $bx-4y=7$에 대입하면
$-3b-8=7, -3b=15$ $\therefore b=-5$

2-1 $x=2, y=1$을 $ax+y=5$에 대입하면
$2a+1=5, 2a=4$ $\therefore a=2$
$x=2, y=1$을 $3x+by=11$에 대입하면
$6+b=11$ $\therefore b=5$

2-2 $x=-2, y=3$을 $2x+ay=5$에 대입하면
$-4+3a=5, 3a=9$ $\therefore a=3$
$x=-2, y=3$을 $bx+3y=8$에 대입하면
$-2b+9=8, -2b=-1$ $\therefore b=\dfrac{1}{2}$

3-1 $x=3, y=6$을 $2x+ay=-12$에 대입하면
$6+6a=-12, 6a=-18$ $\therefore a=-3$
$x=3, y=6$을 $2x-y=b$에 대입하면
$6-6=b$ $\therefore b=0$

3-2 $x=-2, y=-3$을 $x-ay=4$에 대입하면
$-2+3a=4, 3a=6$ $\therefore a=2$
$x=-2, y=-3$을 $2x+by=5$에 대입하면
$-4-3b=5, -3b=9$ $\therefore b=-3$

STEP 2

기본연산 집중연습 | 06~09   p. 19

1-1	(1) $(1, 4), (2, 2)$ (2) $(2, 2), (5, 1)$ (3) $(2, 2)$		
1-2	(1) $(1, 7), (2, 3)$ (2) $(2, 3), (5, 1)$ (3) $(2, 3)$		
2-1	3	**2-2**	-3
2-3	2	**2-4**	1
3-1	$a=7, b=2$	**3-2**	$a=-7, b=-13$

1-1 (1) $x=1, 2, 3, \cdots$을 $2x+y=6$에 대입하여 y의 값을 구하면

x	1	2	3	$\cdots$
y	4	2	0	$\cdots$

x, y가 자연수이므로 일차방정식 $2x+y=6$의 해는
$(1, 4), (2, 2)$

(2) $x=1, 2, 3, \cdots$을 $x+3y=8$에 대입하여 y의 값을 구하면

x	1	2	3	4	5	6	7	8	$\cdots$
y	$\frac{7}{3}$	2	$\frac{5}{3}$	$\frac{4}{3}$	1	$\frac{2}{3}$	$\frac{1}{3}$	0	$\cdots$

x, y가 자연수이므로 일차방정식 $x+3y=8$의 해는
$(2, 2), (5, 1)$

1-2 (1) $x=1, 2, 3, \cdots$을 $4x+y=11$에 대입하여 y의 값을 구하면

x	1	2	3	$\cdots$
y	7	3	-1	$\cdots$

x, y가 자연수이므로 일차방정식 $4x+y=11$의 해는
$(1, 7), (2, 3)$

(2) $x=1, 2, 3, \cdots$을 $2x+3y=13$에 대입하여 y의 값을 구하면

x	1	2	3	4	5	6	7	$\cdots$
y	$\frac{11}{3}$	3	$\frac{7}{3}$	$\frac{5}{3}$	1	$\frac{1}{3}$	$-\frac{1}{3}$	$\cdots$

x, y가 자연수이므로 일차방정식 $2x+3y=13$의 해는
$(2, 3), (5, 1)$

2-1 $x=-1, y=8$을 $ax+y=5$에 대입하면
$-a+8=5, -a=-3$ $\therefore a=3$

2-2 $x=2, y=-3$을 $4x-ay=-1$에 대입하면
$8+3a=-1, 3a=-9$ $\therefore a=-3$

2-3 $x=-2, y=a$를 $x-2y=-3a$에 대입하면
$-2-2a=-3a$ $\therefore a=2$

2-4 $x=2a, y=4$를 $3x+ay=10$에 대입하면
$6a+4a=10, 10a=10$ $\therefore a=1$

3-1 $x=3, y=1$을 $x+ay=10$에 대입하면
$3+a=10$ $\therefore a=7$
$x=3, y=1$을 $bx-2y=4$에 대입하면
$3b-2=4, 3b=6$ $\therefore b=2$

3-2 $x=1, y=-3$을 $2x+3y=a$에 대입하면
$2-9=a$ $\therefore a=-7$
$x=1, y=-3$을 $bx-4y=-1$에 대입하면
$b+12=-1$ $\therefore b=-13$

10 연립방정식의 풀이 : 가감법 (1) p. 20 ~ p. 21

1-1 $2, 10, 5, 5, 5, 1$		**1-2** $x=4, y=7$	
2-1 $x=3, y=2$		**2-2** $x=0, y=2$	
3-1 $x=1, y=3$		**3-2** $x=1, y=1$	
4-1 $-, 3, 3, 3, 2$		**4-2** $x=2, y=3$	
5-1 $x=2, y=2$		**5-2** $x=2, y=3$	
6-1 $x=-2, y=-4$		**6-2** $x=-6, y=-14$	
7-1 $x=-2, y=14$		**7-2** $x=\frac{1}{3}, y=-3$	

1-2 ㉠+㉡을 하면 $y=7$
$y=7$을 ㉠에 대입하면
$3x-7=5, 3x=12$ $\therefore x=4$

2-1 ㉠+㉡을 하면 $7x=21$ $\therefore x=3$
$x=3$을 ㉡에 대입하면
$6+3y=12, 3y=6$ $\therefore y=2$

2-2 ㉠+㉡을 하면 $4y=8$ $\therefore y=2$
$y=2$를 ㉠에 대입하면 $-x+2=2$ $\therefore x=0$

3-1 ㉠+㉡을 하면 $3y=9$ $\therefore y=3$
$y=3$을 ㉡에 대입하면
$-x+3=2, -x=-1$ $\therefore x=1$

3-2 ㉠+㉡을 하면 $7x=7$ $\therefore x=1$
$x=1$을 ㉠에 대입하면 $3+y=4$ $\therefore y=1$

4-2 ㉠-㉡을 하면 $2x=4$ $\therefore x=2$
$x=2$를 ㉡에 대입하면
$6+2y=12, 2y=6$ $\therefore y=3$

5-1 ㉠-㉡을 하면 $4x=8$ $\therefore x=2$
$x=2$를 ㉡에 대입하면
$-2+2y=2, 2y=4$ $\therefore y=2$

5-2 ㉠-㉡을 하면 $4y=12$ $\therefore y=3$
$y=3$을 ㉡에 대입하면
$2x+3=7, 2x=4$ $\therefore x=2$

6-1 ㉠-㉡을 하면 $-2x=4$ $\therefore x=-2$
$x=-2$를 ㉠에 대입하면
$-2-2y=6, -2y=8$ $\therefore y=-4$

1. 연립방정식 | **7**

6-2 ㉠－㉡을 하면 $2x=-12$ $\therefore x=-6$
$x=-6$을 ㉡에 대입하면
$-6-y=8, -y=14$ $\therefore y=-14$

7-1 ㉠－㉡을 하면 $3x=-6$ $\therefore x=-2$
$x=-2$를 ㉡에 대입하면
$-2+y=12$ $\therefore y=14$

7-2 ㉠－㉡을 하면 $-6y=18$ $\therefore y=-3$
$y=-3$을 ㉡에 대입하면
$-6x-3=-5, -6x=-2$ $\therefore x=\dfrac{1}{3}$

5-2 ㉠＋㉡×5를 하면 $13x=13$ $\therefore x=1$
$x=1$을 ㉡에 대입하면 $2-y=3$ $\therefore y=-1$

6-1 ㉠×2－㉡을 하면 $5y=20$ $\therefore y=4$
$y=4$를 ㉠에 대입하면 $x+8=11$ $\therefore x=3$

6-2 ㉠－㉡×3을 하면 $-y=-3$ $\therefore y=3$
$y=3$을 ㉡에 대입하면 $x-3=3$ $\therefore x=6$

7-1 ㉠×3＋㉡을 하면 $11x=33$ $\therefore x=3$
$x=3$을 ㉠에 대입하면 $9+y=10$ $\therefore y=1$

7-2 ㉠×3＋㉡을 하면 $14x=-28$ $\therefore x=-2$
$x=-2$를 ㉠에 대입하면
$-8-y=-5, -y=3$ $\therefore y=-3$

11 연립방정식의 풀이 : 가감법 (2) p. 22 ~ p. 23

1-1	$-5, 15, -3, -3, 6, -1$	**1-2**	$x=3, y=-2$
2-1	$x=2, y=-1$	**2-2**	$x=0, y=-2$
3-1	$x=1, y=-3$	**3-2**	$x=-1, y=-2$
4-1	$5, 10, 2, 2, 2, -4$	**4-2**	$x=2, y=0$
5-1	$x=-5, y=-6$	**5-2**	$x=1, y=-1$
6-1	$x=3, y=4$	**6-2**	$x=6, y=3$
7-1	$x=3, y=1$	**7-2**	$x=-2, y=-3$

1-2 ㉠×2－㉡을 하면 $5y=-10$ $\therefore y=-2$
$y=-2$를 ㉠에 대입하면 $x-2=1$ $\therefore x=3$

2-1 ㉠×2－㉡을 하면 $-7y=7$ $\therefore y=-1$
$y=-1$을 ㉠에 대입하면 $x+3=5$ $\therefore x=2$

2-2 ㉠－㉡×3을 하면 $-14y=28$ $\therefore y=-2$
$y=-2$를 ㉡에 대입하면 $x-8=-8$ $\therefore x=0$

3-1 ㉠＋㉡×2를 하면 $7x=7$ $\therefore x=1$
$x=1$을 ㉠에 대입하면
$1+2y=-5, 2y=-6$ $\therefore y=-3$

3-2 ㉠＋㉡×2를 하면 $15x=-15$ $\therefore x=-1$
$x=-1$을 ㉠에 대입하면
$-1-4y=7, -4y=8$ $\therefore y=-2$

4-2 ㉠×2＋㉡을 하면 $5x=10$ $\therefore x=2$
$x=2$를 ㉠에 대입하면 $2+y=2$ $\therefore y=0$

5-1 ㉠＋㉡×2를 하면 $-3y=18$ $\therefore y=-6$
$y=-6$을 ㉡에 대입하면
$-3x-12=3, -3x=15$ $\therefore x=-5$

12 연립방정식의 풀이 : 가감법 (3) p. 24 ~ p. 25

1-1	$25, 50, 2, 2, 6, 1$	**1-2**	$x=-1, y=2$
2-1	$x=10, y=13$	**2-2**	$x=2, y=0$
3-1	$x=-2, y=-1$	**3-2**	$x=6, y=7$
4-1	$x=3, y=1$	**4-2**	$x=2, y=-1$
5-1	$x=2, y=1$	**5-2**	$x=1, y=-1$
6-1	$x=-1, y=2$	**6-2**	$x=1, y=3$
7-1	$x=1, y=-2$	**7-2**	$x=3, y=2$

1-2 ㉠×3－㉡×2를 하면 $-x=1$ $\therefore x=-1$
$x=-1$을 ㉠에 대입하면
$-3+4y=5, 4y=8$ $\therefore y=2$

2-1 ㉠×2－㉡×3을 하면 $-x=-10$ $\therefore x=10$
$x=10$을 ㉡에 대입하면
$30-2y=4, -2y=-26$ $\therefore y=13$

2-2 ㉠×2＋㉡×3을 하면 $19x=38$ $\therefore x=2$
$x=2$를 ㉡에 대입하면
$6+2y=6, 2y=0$ $\therefore y=0$

3-1 ㉠×3－㉡×2를 하면 $11x=-22$ $\therefore x=-2$
$x=-2$를 ㉡에 대입하면
$-10-3y=-7, -3y=3$ $\therefore y=-1$

3-2 ㉠×5－㉡×2를 하면 $-x=-6$ $\therefore x=6$
$x=6$을 ㉠에 대입하면
$18-2y=4, -2y=-14$ $\therefore y=7$

4-1 ㉠$\times 2-$㉡$\times 5$를 하면 $19y=19$ $\therefore y=1$
$y=1$을 ㉡에 대입하면
$2x-5=1, 2x=6$ $\therefore x=3$

4-2 ㉠$\times 3-$㉡$\times 2$를 하면 $7y=-7$ $\therefore y=-1$
$y=-1$을 ㉠에 대입하면
$2x-5=-1, 2x=4$ $\therefore x=2$

5-1 ㉠$\times 3+$㉡$\times 4$를 하면 $43y=43$ $\therefore y=1$
$y=1$을 ㉡에 대입하면
$-3x+7=1, -3x=-6$ $\therefore x=2$

5-2 ㉠$\times 3-$㉡$\times 2$를 하면 $-13y=13$ $\therefore y=-1$
$y=-1$을 ㉡에 대입하면
$3x-2=1, 3x=3$ $\therefore x=1$

6-1 ㉠$\times 3+$㉡$\times 4$를 하면 $17x=-17$ $\therefore x=-1$
$x=-1$을 ㉠에 대입하면
$-3+4y=5, 4y=8$ $\therefore y=2$

6-2 ㉠$\times 3-$㉡$\times 2$를 하면 $x=1$
$x=1$을 ㉠에 대입하면
$3+2y=9, 2y=6$ $\therefore y=3$

7-1 ㉠$\times 4+$㉡$\times 3$을 하면 $-x=-1$ $\therefore x=1$
$x=1$을 ㉠에 대입하면
$-4-3y=2, -3y=6$ $\therefore y=-2$

7-2 ㉠$\times 4-$㉡$\times 3$을 하면 $7y=14$ $\therefore y=2$
$y=2$를 ㉠에 대입하면
$3x-4=5, 3x=9$ $\therefore x=3$

13 연립방정식의 풀이 : 대입법 (1)   p. 26 ~ p. 27

1-1	$x+2, 28, 14, 14, 14, 16$	**1-2**	$x=3, y=-4$
2-1	$x=2, y=3$	**2-2**	$x=-5, y=-2$
3-1	$x=4, y=3$	**3-2**	$x=-3, y=-2$
4-1	$-2, 2, 2, 2, 1$	**4-2**	$x=4, y=2$
5-1	$x=2, y=3$	**5-2**	$x=14, y=8$
6-1	$x=3, y=0$	**6-2**	$x=6, y=15$
7-1	$x=3, y=1$	**7-2**	$x=1, y=2$

1-2 ㉠을 ㉡에 대입하면
$2x+(2x-10)=2, 4x=12$ $\therefore x=3$
$x=3$을 ㉠에 대입하면 $y=6-10=-4$

2-1 ㉠을 ㉡에 대입하면
$2x+(2x-1)=7, 4x=8$ $\therefore x=2$
$x=2$를 ㉠에 대입하면 $y=4-1=3$

2-2 ㉠을 ㉡에 대입하면
$(2y-1)-y=-3$ $\therefore y=-2$
$y=-2$를 ㉠에 대입하면 $x=-4-1=-5$

3-1 ㉠을 ㉡에 대입하면
$(3y-1)+5y=23, 8y=24$ $\therefore y=3$
$y=3$을 ㉠에 대입하면 $2x=9-1=8$ $\therefore x=4$

3-2 ㉡을 ㉠에 대입하면
$(2y-5)-y=-7$ $\therefore y=-2$
$y=-2$를 ㉡에 대입하면
$3x=-4-5=-9$ $\therefore x=-3$

4-2 ㉠을 ㉡에 대입하면
$3(3y-2)-2y=8, 7y=14$ $\therefore y=2$
$y=2$를 ㉠에 대입하면 $x=6-2=4$

5-1 ㉡을 ㉠에 대입하면
$x+2(2x-1)=8, 5x=10$ $\therefore x=2$
$x=2$를 ㉡에 대입하면 $y=4-1=3$

5-2 ㉡을 ㉠에 대입하면
$-(y+6)+2y=2$ $\therefore y=8$
$y=8$을 ㉡에 대입하면 $x=8+6=14$

6-1 ㉠을 ㉡에 대입하면
$4x+3(-x+3)=12$ $\therefore x=3$
$x=3$을 ㉠에 대입하면 $y=-3+3=0$

6-2 ㉠을 ㉡에 대입하면
$4x-(2x+3)=9, 2x=12$ $\therefore x=6$
$x=6$을 ㉠에 대입하면 $y=12+3=15$

7-1 ㉠을 ㉡에 대입하면
$3x-2(-x+4)=7, 5x=15$ $\therefore x=3$
$x=3$을 ㉠에 대입하면 $y=-3+4=1$

7-2 ㉠을 ㉡에 대입하면
$2(2y-3)+y=4, 5y=10$ $\therefore y=2$
$y=2$를 ㉡에 대입하면 $x=4-3=1$

14 연립방정식의 풀이 : 대입법 (2)
p. 28 ~ p. 29

1-1 $2-5x, 2-5x, -3, -2, -2, 12$

1-2 $x=3, y=2$

2-1 $x=1, y=-1$ **2-2** $x=2, y=-1$

3-1 $x=1, y=-2$ **3-2** $x=4, y=-10$

4-1 $x=\dfrac{7}{2}, y=-6$ **4-2** $x=2, y=-1$

5-1 $x=5, y=1$ **5-2** $x=1, y=3$

6-1 $x=2, y=1$ **6-2** $x=-2, y=3$

7-1 $2x-11, 4, 2, 2, -7$ **7-2** $x=-1, y=1$

1-2 ㉠을 y에 대하여 풀면 $y=14-4x$ ······ ㉢

㉢을 ㉡에 대입하면

$3x-2(14-4x)=5, 11x=33$ $\therefore\ x=3$

$x=3$을 ㉢에 대입하면 $y=14-12=2$

2-1 ㉠을 y에 대하여 풀면 $y=3x-4$ ······ ㉢

㉢을 ㉡에 대입하면

$2x-3(3x-4)=5, -7x=-7$ $\therefore\ x=1$

$x=1$을 ㉢에 대입하면 $y=3-4=-1$

2-2 ㉠을 y에 대하여 풀면 $y=2x-5$ ······ ㉢

㉢을 ㉡에 대입하면

$3x+4(2x-5)=2, 11x=22$ $\therefore\ x=2$

$x=2$를 ㉢에 대입하면 $y=4-5=-1$

3-1 ㉠을 x에 대하여 풀면 $x=3y+7$ ······ ㉢

㉢을 ㉡에 대입하면

$5(3y+7)+2y=1, 17y=-34$ $\therefore\ y=-2$

$y=-2$를 ㉢에 대입하면 $x=-6+7=1$

3-2 ㉠을 y에 대하여 풀면 $y=6-4x$ ······ ㉢

㉢을 ㉡에 대입하면

$7x+2(6-4x)=8, -x=-4$ $\therefore\ x=4$

$x=4$를 ㉢에 대입하면 $y=6-16=-10$

4-1 ㉡을 y에 대하여 풀면 $y=1-2x$ ······ ㉢

㉢을 ㉠에 대입하면

$4x+3(1-2x)=-4, -2x=-7$ $\therefore\ x=\dfrac{7}{2}$

$x=\dfrac{7}{2}$을 ㉢에 대입하면 $y=1-7=-6$

4-2 ㉠을 x에 대하여 풀면 $x=4y+6$ ······ ㉢

㉢을 ㉡에 대입하면

$5(4y+6)+6y=4, 26y=-26$ $\therefore\ y=-1$

$y=-1$을 ㉢에 대입하면 $x=-4+6=2$

5-1 ㉠을 x에 대하여 풀면 $x=2y+3$ ······ ㉢

㉢을 ㉡에 대입하면

$3(2y+3)-4y=11, 2y=2$ $\therefore\ y=1$

$y=1$을 ㉢에 대입하면 $x=2+3=5$

5-2 ㉠을 y에 대하여 풀면 $y=6-3x$ ······ ㉢

㉢을 ㉡에 대입하면

$5x-3(6-3x)=-4, 14x=14$ $\therefore\ x=1$

$x=1$을 ㉢에 대입하면 $y=6-3=3$

6-1 ㉠을 x에 대하여 풀면 $x=5-3y$ ······ ㉢

㉢을 ㉡에 대입하면

$2(5-3y)-5y=-1, -11y=-11$ $\therefore\ y=1$

$y=1$을 ㉢에 대입하면 $x=5-3=2$

6-2 ㉡을 y에 대하여 풀면 $y=1-x$ ······ ㉢

㉢을 ㉠에 대입하면 $2x+(1-x)=-1$ $\therefore\ x=-2$

$x=-2$를 ㉢에 대입하면 $y=1-(-2)=3$

7-2 ㉠을 ㉡에 대입하면

$-y=-5y+4, 4y=4$ $\therefore\ y=1$

$y=1$을 ㉠에 대입하면 $x=-1$

STEP 2

기본연산 집중연습 | 10~14
p. 30 ~ p. 33

1-1 $x=2, y=3$ **1-2** $x=2, y=-2$

1-3 $x=-6, y=-9$ **1-4** $x=-1, y=1$

1-5 $x=-13, y=-11$ **1-6** $x=3, y=-2$

2-1 $x=2, y=4$ **2-2** $x=-1, y=-1$

2-3 $x=1, y=1$ **2-4** $x=5, y=-3$

3-1 $x=-3, y=-8$ **3-2** $x=1, y=-3$

3-3 $x=1, y=3$ **3-4** $x=1, y=-4$

3-5 $x=-4, y=4$ **3-6** $x=4, y=5$

3-7 $x=1, y=3$ **3-8** $x=2, y=1$

3-9 $x=-2, y=1$ **3-10** $x=-1, y=0$

4-1 $x=1, y=2$

4-2 $\begin{cases} 2x+y=4 \\ x-3y=-5 \end{cases}, x=1, y=2$

4-3 $\begin{cases} 7x-4y=11 \\ 5x+3y=2 \end{cases}, x=1, y=-1$

4-4 $\begin{cases} 2x+3y=-5 \\ 3x-5y=21 \end{cases}, x=2, y=-3$

5-1 $6x-2y=6, x=3, y=3$

5-2 $2x-x-2=5, x=3, y=1$

5-3 ㉠-㉡을 하면, $x=2, y=-3$

1-1 ㉠－㉡을 하면 $x=2$

$x=2$를 ㉡에 대입하면 $2+y=5$　　∴ $y=3$

1-2 ㉠＋㉡을 하면 $5x=10$　　∴ $x=2$

$x=2$를 ㉡에 대입하면

$2-3y=8$, $-3y=6$　　∴ $y=-2$

1-3 ㉠×2－㉡을 하면 $-5x=30$　　∴ $x=-6$

$x=-6$을 ㉠에 대입하면

$-6-2y=12$, $-2y=18$　　∴ $y=-9$

1-4 ㉠×3＋㉡×2를 하면 $13x=-13$　　∴ $x=-1$

$x=-1$을 ㉠에 대입하면

$-3+2y=-1$, $2y=2$　　∴ $y=1$

1-5 ㉠×2－㉡×3을 하면 $y=-11$

$y=-11$을 ㉡에 대입하면

$2x+33=7$, $2x=-26$　　∴ $x=-13$

1-6 ㉠×5－㉡×7을 하면 $26y=-52$　　∴ $y=-2$

$y=-2$를 ㉡에 대입하면

$5x+16=31$, $5x=15$　　∴ $x=3$

2-1 ㉠을 ㉡에 대입하면 $2x+(3x-2)=8$

$5x=10$　　∴ $x=2$

$x=2$를 ㉠에 대입하면 $y=6-2=4$

2-2 ㉡을 ㉠에 대입하면 $5(3y+2)-4y=-1$

$11y=-11$　　∴ $y=-1$

$y=-1$을 ㉡에 대입하면 $x=-3+2=-1$

2-3 ㉠을 x에 대하여 풀면 $x=3y-2$　　……㉢

㉢을 ㉡에 대입하면

$5(3y-2)+2y=7$, $17y=17$　　∴ $y=1$

$y=1$을 ㉢에 대입하면 $x=3-2=1$

2-4 ㉡을 y에 대하여 풀면 $y=4x-23$　　……㉢

㉢을 ㉠에 대입하면

$3x+2(4x-23)=9$, $11x=55$　　∴ $x=5$

$x=5$를 ㉢에 대입하면 $y=20-23=-3$

3-1 ㉠＋㉡을 하면 $-2x=6$　　∴ $x=-3$

$x=-3$을 ㉡에 대입하면

$-3-y=5$, $-y=8$　　∴ $y=-8$

3-2 ㉠을 ㉡에 대입하면

$2x+(-5x+2)=-1$, $-3x=-3$　　∴ $x=1$

$x=1$을 ㉠에 대입하면 $y=-5+2=-3$

3-3 ㉠×3＋㉡을 하면 $14x=14$　　∴ $x=1$

$x=1$을 ㉠에 대입하면

$3+y=6$　　∴ $y=3$

3-4 ㉠×3－㉡×2를 하면 $-x=-1$　　∴ $x=1$

$x=1$을 ㉠에 대입하면

$3+2y=-5$, $2y=-8$　　∴ $y=-4$

3-5 ㉠을 x에 대하여 풀면 $x=-y$　　……㉢

㉢을 ㉡에 대입하면

$-3y+4=-2y$, $-y=-4$　　∴ $y=4$

$y=4$를 ㉢에 대입하면 $x=-4$

3-6 ㉠＋㉡을 하면 $8y=40$　　∴ $y=5$

$y=5$를 ㉠에 대입하면

$2x+15=23$, $2x=8$　　∴ $x=4$

3-7 ㉠×3＋㉡×2를 하면 $31y=93$　　∴ $y=3$

$y=3$을 ㉡에 대입하면

$-3x+15=12$, $-3x=-3$　　∴ $x=1$

3-8 ㉠×2－㉡을 하면 $11y=11$　　∴ $y=1$

$y=1$을 ㉠에 대입하면

$x+3=5$　　∴ $x=2$

3-9 ㉠×2＋㉡을 하면 $-5y=-5$　　∴ $y=1$

$y=1$을 ㉠에 대입하면 $x-3=-5$　　∴ $x=-2$

3-10 ㉡에서 $2x-3y=-2$　　……㉢

㉠＋㉢을 하면 $3x=-3$　　∴ $x=-1$

$x=-1$을 ㉠에 대입하면

$-1+3y=-1$, $3y=0$　　∴ $y=0$

4-1 $\begin{cases} 3x-y=1 & ……㉠ \\ 2x+y=4 & ……㉡ \end{cases}$

㉠＋㉡을 하면 $5x=5$　　∴ $x=1$

$x=1$을 ㉡에 대입하면 $2+y=4$　　∴ $y=2$

4-2 $\begin{cases} 2x+y=4 & ……㉠ \\ x-3y=-5 & ……㉡ \end{cases}$

㉠－㉡×2를 하면 $7y=14$　　∴ $y=2$

$y=2$를 ㉡에 대입하면 $x-6=-5$　　∴ $x=1$

4-3 $\begin{cases} 7x-4y=11 & \cdots\cdots\ \text{㉠} \\ 5x+3y=2 & \cdots\cdots\ \text{㉡} \end{cases}$

㉠$\times 3+$㉡$\times 4$를 하면 $41x=41$　∴ $x=1$

$x=1$을 ㉡에 대입하면

$5+3y=2,\ 3y=-3$　∴ $y=-1$

4-4 $\begin{cases} 2x+3y=-5 & \cdots\cdots\ \text{㉠} \\ 3x-5y=21 & \cdots\cdots\ \text{㉡} \end{cases}$

㉠$\times 3-$㉡$\times 2$를 하면 $19y=-57$　∴ $y=-3$

$y=-3$을 ㉠에 대입하면

$2x-9=-5,\ 2x=4$　∴ $x=2$

5-1 $6x-2y=12$　$\cdots\cdots\ \text{㉢}$

㉡$-$㉢을 하면 $-5x=-15$　∴ $x=3$

$x=3$을 ㉡에 대입하면

$3-2y=-3,\ -2y=-6$　∴ $y=3$

　　∴ $x=3,\ y=3$

5-2 $2x-(x-2)=5$

$2x-x+2=5$　∴ $x=3$

$x=3$을 ㉡에 대입하면 $y=3-2=1$

　　∴ $x=3,\ y=1$

5-3 ㉠$+$㉡을 하면 $5x=10$　∴ $x=2$

$x=2$를 ㉡에 대입하면

$6+3y=-3,\ 3y=-9$　∴ $y=-3$

　　∴ $x=2,\ y=-3$

---

15 괄호가 있는 연립방정식의 풀이　p. 34 ~ p. 35

1-1 $2, 2, \dfrac{7}{2}, -4$　　**1-2** $x=4, y=-2$

2-1 $x=3, y=-1$　　**2-2** $x=3, y=5$

3-1 $x=5, y=-2$　　**3-2** $x=1, y=1$

4-1 $3, 3, 2, 0$　　**4-2** $x=-1, y=-1$

5-1 $x=-1, y=1$　　**5-2** $x=3, y=4$

6-1 $x=-2, y=-5$　　**6-2** $x=2, y=-1$

7-1 $x=-3, y=2$　　**7-2** $x=4, y=-2$

1-2 ㉡을 간단히 하면 $4x+3y=10$　$\cdots\cdots\ \text{㉢}$

㉠$\times 2-$㉢을 하면 $-y=2$　∴ $y=-2$

$y=-2$를 ㉠에 대입하면

$2x-2=6,\ 2x=8$　∴ $x=4$

2-1 ㉡을 간단히 하면 $2x+3y=3$　$\cdots\cdots\ \text{㉢}$

㉠$\times 2-$㉢을 하면 $13y=-13$　∴ $y=-1$

$y=-1$을 ㉠에 대입하면 $x-8=-5$　∴ $x=3$

2-2 ㉠을 간단히 하면 $3x-y=4$　$\cdots\cdots\ \text{㉢}$

㉡을 간단히 하면 $x-y=-2$　$\cdots\cdots\ \text{㉣}$

㉢$-$㉣을 하면 $2x=6$　∴ $x=3$

$x=3$을 ㉣에 대입하면

$3-y=-2,\ -y=-5$　∴ $y=5$

3-1 ㉡을 간단히 하면 $3x+4y=7$　$\cdots\cdots\ \text{㉢}$

㉠$\times 2+$㉢을 하면 $5x=25$　∴ $x=5$

$x=5$를 ㉠에 대입하면

$5-2y=9,\ -2y=4$　∴ $y=-2$

3-2 ㉡을 간단히 하면 $3x-y=2$　$\cdots\cdots\ \text{㉢}$

㉠$-$㉢을 하면 $5y=5$　∴ $y=1$

$y=1$을 ㉠에 대입하면

$3x+4=7,\ 3x=3$　∴ $x=1$

4-2 ㉠을 간단히 하면 $5x-2y=-3$　$\cdots\cdots\ \text{㉢}$

㉡을 간단히 하면 $2x+3y=-5$　$\cdots\cdots\ \text{㉣}$

㉢$\times 3+$㉣$\times 2$를 하면 $19x=-19$　∴ $x=-1$

$x=-1$을 ㉣에 대입하면

$-2+3y=-5,\ 3y=-3$　∴ $y=-1$

5-1 ㉠을 간단히 하면 $3x+2y=-1$　$\cdots\cdots\ \text{㉢}$

㉡을 간단히 하면 $2x+5y=3$　$\cdots\cdots\ \text{㉣}$

㉢$\times 2-$㉣$\times 3$을 하면 $-11y=-11$　∴ $y=1$

$y=1$을 ㉢에 대입하면

$3x+2=-1,\ 3x=-3$　∴ $x=-1$

5-2 ㉠을 간단히 하면 $3x-y=5$　$\cdots\cdots\ \text{㉢}$

㉡을 간단히 하면 $3x-2y=1$　$\cdots\cdots\ \text{㉣}$

㉢$-$㉣을 하면 $y=4$

$y=4$를 ㉢에 대입하면

$3x-4=5,\ 3x=9$　∴ $x=3$

6-1 ㉠을 간단히 하면 $x-2y=8$　$\cdots\cdots\ \text{㉢}$

㉡을 간단히 하면 $4x-y=-3$　$\cdots\cdots\ \text{㉣}$

㉢$-$㉣$\times 2$를 하면 $-7x=14$　∴ $x=-2$

$x=-2$를 ㉢에 대입하면

$-2-2y=8,\ -2y=10$　∴ $y=-5$

6-2 ㉠을 간단히 하면 $x-2y=4$ $\quad\cdots\cdots$ ㉢
㉡을 간단히 하면 $5x-2y=12$ $\quad\cdots\cdots$ ㉣
㉢$-$㉣을 하면 $-4x=-8$ $\quad\therefore\ x=2$
$x=2$를 ㉢에 대입하면
$2-2y=4,\ -2y=2$ $\quad\therefore\ y=-1$

7-1 ㉠을 간단히 하면 $x-2y=-7$ $\quad\cdots\cdots$ ㉢
㉡을 간단히 하면 $2x+y=-4$ $\quad\cdots\cdots$ ㉣
㉢$+$㉣$\times2$를 하면 $5x=-15$ $\quad\therefore\ x=-3$
$x=-3$을 ㉣에 대입하면 $-6+y=-4$ $\quad\therefore\ y=2$

7-2 ㉠을 간단히 하면 $x-4y=12$ $\quad\cdots\cdots$ ㉢
㉡을 간단히 하면 $2x+3y=2$ $\quad\cdots\cdots$ ㉣
㉢$\times2-$㉣을 하면 $-11y=22$ $\quad\therefore\ y=-2$
$y=-2$를 ㉢에 대입하면 $x+8=12$ $\quad\therefore\ x=4$

16 계수가 소수인 연립방정식의 풀이   p. 36 ~ p. 37

1-1 $4, 2, -1, 6$ **1-2** $x=1, y=2$
2-1 $x=2, y=1$ **2-2** $x=4, y=3$
3-1 $x=2, y=-3$ **3-2** $x=-1, y=-2$
4-1 $x=-8, y=-2$ **4-2** $x=1, y=\dfrac{1}{2}$
5-1 $x=5, y=-4$ **5-2** $x=-2, y=-3$
6-1 $x=4, y=18$ **6-2** $x=6, y=1$
7-1 $x=3, y=4$ **7-2** $x=9, y=2$

1-2 ㉠$\times10$을 하면 $2x+3y=8$ $\quad\cdots\cdots$ ㉢
㉡$\times10$을 하면 $7x-2y=3$ $\quad\cdots\cdots$ ㉣
㉢$\times2+$㉣$\times3$을 하면 $25x=25$ $\quad\therefore\ x=1$
$x=1$을 ㉢에 대입하면
$2+3y=8,\ 3y=6$ $\quad\therefore\ y=2$

2-1 ㉠$\times10$을 하면 $x-5y=-3$ $\quad\cdots\cdots$ ㉢
㉡$\times10$을 하면 $2x+3y=7$ $\quad\cdots\cdots$ ㉣
㉢$\times2-$㉣을 하면 $-13y=-13$ $\quad\therefore\ y=1$
$y=1$을 ㉢에 대입하면 $x-5=-3$ $\quad\therefore\ x=2$

2-2 ㉠$\times10$을 하면 $4x+3y=25$ $\quad\cdots\cdots$ ㉢
㉡$\times10$을 하면 $7x-4y=16$ $\quad\cdots\cdots$ ㉣
㉢$\times4+$㉣$\times3$을 하면 $37x=148$ $\quad\therefore\ x=4$
$x=4$를 ㉢에 대입하면
$16+3y=25,\ 3y=9$ $\quad\therefore\ y=3$

3-1 ㉡$\times10$을 하면 $2x-3y=13$ $\quad\cdots\cdots$ ㉢
㉠$+$㉢을 하면 $3x=6$ $\quad\therefore\ x=2$
$x=2$를 ㉠에 대입하면
$2+3y=-7,\ 3y=-9$ $\quad\therefore\ y=-3$

3-2 ㉠$\times10$을 하면 $2x-5y=8$ $\quad\cdots\cdots$ ㉢
㉡$\times100$을 하면 $8x+y=-10$ $\quad\cdots\cdots$ ㉣
㉢$\times4-$㉣을 하면 $-21y=42$ $\quad\therefore\ y=-2$
$y=-2$를 ㉢에 대입하면
$2x+10=8,\ 2x=-2$ $\quad\therefore\ x=-1$

4-1 ㉠$\times10$을 하면 $2x-3y=-10$ $\quad\cdots\cdots$ ㉢
㉡$\times10$을 하면 $4x-50y=68$,
즉 $2x-25y=34$ $\quad\cdots\cdots$ ㉣
㉢$-$㉣을 하면 $22y=-44$ $\quad\therefore\ y=-2$
$y=-2$를 ㉢에 대입하면
$2x+6=-10,\ 2x=-16$ $\quad\therefore\ x=-8$

4-2 ㉠$\times10$을 하면 $x+2y=2$ $\quad\cdots\cdots$ ㉢
㉡$\times100$을 하면 $4x+6y=7$ $\quad\cdots\cdots$ ㉣
㉢$\times3-$㉣을 하면 $-x=-1$ $\quad\therefore\ x=1$
$x=1$을 ㉢에 대입하면
$1+2y=2,\ 2y=1$ $\quad\therefore\ y=\dfrac{1}{2}$

5-1 ㉠$\times10$을 하면 $2x-5y=30$ $\quad\cdots\cdots$ ㉢
㉡$\times10$을 하면 $2x-y=14$ $\quad\cdots\cdots$ ㉣
㉢$-$㉣을 하면 $-4y=16$ $\quad\therefore\ y=-4$
$y=-4$를 ㉣에 대입하면
$2x+4=14,\ 2x=10$ $\quad\therefore\ x=5$

5-2 ㉠$\times10$을 하면 $14x+13y=-67$ $\quad\cdots\cdots$ ㉢
㉡$\times100$을 하면 $14x-35y=77$ $\quad\cdots\cdots$ ㉣
㉢$-$㉣을 하면 $48y=-144$ $\quad\therefore\ y=-3$
$y=-3$을 ㉣에 대입하면
$14x+105=77,\ 14x=-28$ $\quad\therefore\ x=-2$

6-1 ㉠$\times10$을 하면 $2x=y-10$, 즉 $2x-y=-10$ $\quad\cdots\cdots$ ㉢
㉡$\times10$을 하면 $40x-5y=70$, 즉 $8x-y=14$ $\quad\cdots\cdots$ ㉣
㉢$-$㉣를 하면 $-6x=-24$ $\quad\therefore\ x=4$
$x=4$를 ㉢에 대입하면
$8-y=-10,\ -y=-18$ $\quad\therefore\ y=18$

6-2 ㉠$\times10$을 하면 $5x-10y=20$, 즉 $x-2y=4$ $\quad\cdots\cdots$ ㉢
㉡$\times100$을 하면 $x-4y=2$ $\quad\cdots\cdots$ ㉣
㉢$-$㉣을 하면 $2y=2$ $\quad\therefore\ y=1$
$y=1$을 ㉢에 대입하면 $x-2=4$ $\quad\therefore\ x=6$

7-1 ㉠×10을 하면 $4x+3y=24$ $\quad\cdots\cdots$ ㉢

㉡×100을 하면 $60x-15y=120$ $\quad\cdots\cdots$ ㉣

㉢×5+㉣을 하면 $80x=240$ $\quad\therefore x=3$

$x=3$을 ㉢에 대입하면

$12+3y=24,\ 3y=12$ $\quad\therefore y=4$

7-2 ㉡×10을 하면 $2x-3y=12$ $\quad\cdots\cdots$ ㉢

㉠×2-㉢을 하면 $-y=-2$ $\quad\therefore y=2$

$y=2$를 ㉠에 대입하면 $x-4=5$ $\quad\therefore x=9$

---

17 계수가 분수인 연립방정식의 풀이 $\quad$ p. 38 ~ p. 39

1-1 $3, 6, 20, -20, 10, 12$ $\qquad$ **1-2** $x=3, y=-2$

2-1 $x=-4, y=0$ $\qquad$ **2-2** $x=9, y=-4$

3-1 $x=5, y=4$ $\qquad$ **3-2** $x=-1, y=-2$

4-1 $x=5, y=6$ $\qquad$ **4-2** $x=\dfrac{9}{2}, y=-2$

5-1 $x=-4, y=4$ $\qquad$ **5-2** $x=2, y=1$

6-1 $30, 16, 2, -3$ $\qquad$ **6-2** $x=-2, y=6$

7-1 $x=\dfrac{5}{2}, y=1$ $\qquad$ **7-2** $x=2, y=6$

1-2 ㉡×4를 하면 $2x-y=8$ $\quad\cdots\cdots$ ㉢

㉠+㉢×2를 하면 $7x=21$ $\quad\therefore x=3$

$x=3$을 ㉢에 대입하면

$6-y=8,\ -y=2$ $\quad\therefore y=-2$

2-1 ㉠×20을 하면 $5x-4y=-20$ $\quad\cdots\cdots$ ㉢

㉡×6을 하면 $3x-2y=-12$ $\quad\cdots\cdots$ ㉣

㉢-㉣×2를 하면 $-x=4$ $\quad\therefore x=-4$

$x=-4$를 ㉣에 대입하면

$-12-2y=-12,\ -2y=0$ $\quad\therefore y=0$

2-2 ㉠×12를 하면 $4x-3y=48$ $\quad\cdots\cdots$ ㉢

㉡+㉢을 하면 $6x=54$ $\quad\therefore x=9$

$x=9$를 ㉡에 대입하면

$18+3y=6,\ 3y=-12$ $\quad\therefore y=-4$

3-1 ㉠×20을 하면 $4x+5y=40$ $\quad\cdots\cdots$ ㉢

㉡을 ㉢에 대입하면

$4x+5(-x+9)=40,\ -x=-5$ $\quad\therefore x=5$

$x=5$를 ㉡에 대입하면 $y=-5+9=4$

3-2 ㉠×4를 하면 $6x+y=-8$ $\quad\cdots\cdots$ ㉢

㉡×6을 하면 $4x-5y=6$ $\quad\cdots\cdots$ ㉣

㉢×5+㉣을 하면 $34x=-34$ $\quad\therefore x=-1$

$x=-1$을 ㉢에 대입하면 $-6+y=-8$ $\quad\therefore y=-2$

4-1 ㉠×6을 하면 $3x-2y=3$ $\quad\cdots\cdots$ ㉢

㉡×20을 하면 $4x-5y=-10$ $\quad\cdots\cdots$ ㉣

㉢×4-㉣×3을 하면 $7y=42$ $\quad\therefore y=6$

$y=6$을 ㉢에 대입하면

$3x-12=3,\ 3x=15$ $\quad\therefore x=5$

4-2 ㉠×20을 하면 $4x+5y=8$ $\quad\cdots\cdots$ ㉢

㉡×6을 하면 $4x+y=16$ $\quad\cdots\cdots$ ㉣

㉢-㉣을 하면 $4y=-8$ $\quad\therefore y=-2$

$y=-2$를 ㉣에 대입하면

$4x-2=16,\ 4x=18$ $\quad\therefore x=\dfrac{9}{2}$

5-1 ㉠×10을 하면 $3x+8y=20$ $\quad\cdots\cdots$ ㉢

㉡×12를 하면 $3x-y=-16$ $\quad\cdots\cdots$ ㉣

㉢-㉣을 하면 $9y=36$ $\quad\therefore y=4$

$y=4$를 ㉣에 대입하면

$3x-4=-16,\ 3x=-12$ $\quad\therefore x=-4$

5-2 ㉠×6을 하면 $3x-2y=4$ $\quad\cdots\cdots$ ㉢

㉡×10을 하면 $2x+y=5$ $\quad\cdots\cdots$ ㉣

㉢+㉣×2를 하면 $7x=14$ $\quad\therefore x=2$

$x=2$를 ㉣에 대입하면 $4+y=5$ $\quad\therefore y=1$

6-2 ㉠×6을 하면 $3x-2y=-18$ $\quad\cdots\cdots$ ㉢

㉡×6을 하면 $2x-3(y-4)=-10$

$2x-3y=-22$ $\quad\cdots\cdots$ ㉣

㉢×2-㉣×3을 하면 $5y=30$ $\quad\therefore y=6$

$y=6$을 ㉢에 대입하면

$3x-12=-18,\ 3x=-6$ $\quad\therefore x=-2$

7-1 ㉠×4를 하면 $2x-y=4$ $\quad\cdots\cdots$ ㉢

㉡×6을 하면 $2(x-y)=3$

$2x-2y=3$ $\quad\cdots\cdots$ ㉣

㉢-㉣을 하면 $y=1$

$y=1$을 ㉢에 대입하면

$2x-1=4,\ 2x=5$ $\quad\therefore x=\dfrac{5}{2}$

7-2 ⓛ×4를 하면 $x+y-2y=-4$

$x-y=-4$ ⋯⋯ ㉢

㉠$-$㉢을 하면 $4x=8$ ∴ $x=2$

$x=2$를 ㉢에 대입하면

$2-y=-4, -y=-6$ ∴ $y=6$

18 복잡한 연립방정식의 풀이 p. 40 ~ p. 41

1-1 $30, 3, 30, 12, 6$ **1-2** $x=6, y=4$

2-1 $x=6, y=1$ **2-2** $x=3, y=-1$

3-1 $x=-2, y=1$ **3-2** $x=3, y=2$

4-1 $x=-8, y=3$ **4-2** $x=-1, y=3$

5-1 $x=-\dfrac{3}{2}, y=-5$ **5-2** $x=2, y=1$

6-1 $x=8, y=6$ **6-2** $x=7, y=3$

7-1 $x=8, y=-5$ **7-2** $x=5, y=4$

1-2 ㉠을 간단히 하면 $3x-2y=10$ ⋯⋯ ㉢

ⓛ×6을 하면 $2x-3(x-y)=6$

$-x+3y=6$ ⋯⋯ ㉣

㉢$+$㉣×3을 하면 $7y=28$ ∴ $y=4$

$y=4$를 ㉣에 대입하면

$-x+12=6, -x=-6$ ∴ $x=6$

2-1 ㉠×2를 하면 $x-2y=4$ ⋯⋯ ㉢

ⓛ×10을 하면 $x-4y=2$ ⋯⋯ ㉣

㉢$-$㉣을 하면 $2y=2$ ∴ $y=1$

$y=1$을 ㉢에 대입하면 $x-2=4$ ∴ $x=6$

2-2 ㉠×10을 하면 $3x-y=10$ ⋯⋯ ㉢

ⓛ×12를 하면 $3x+4y=5$ ⋯⋯ ㉣

㉢$-$㉣을 하면 $-5y=5$ ∴ $y=-1$

$y=-1$을 ㉢에 대입하면

$3x+1=10, 3x=9$ ∴ $x=3$

3-1 ㉠×12를 하면 $3x-2y=-8$ ⋯⋯ ㉢

ⓛ×10을 하면 $5x+3y=-7$ ⋯⋯ ㉣

㉢×3$+$㉣×2를 하면 $19x=-38$ ∴ $x=-2$

$x=-2$를 ㉢에 대입하면

$-6-2y=-8, -2y=-2$ ∴ $y=1$

3-2 ㉠×10을 하면 $5x-3y=9$ ⋯⋯ ㉢

ⓛ×9를 하면 $x+3y=9$ ⋯⋯ ㉣

㉢$+$㉣을 하면 $6x=18$ ∴ $x=3$

$x=3$을 ㉣에 대입하면

$3+3y=9, 3y=6$ ∴ $y=2$

4-1 ㉠×10을 하면 $3x+10y=6$ ⋯⋯ ㉢

ⓛ×6을 하면 $-3x+4y=36$ ⋯⋯ ㉣

㉢$+$㉣을 하면 $14y=42$ ∴ $y=3$

$y=3$을 ㉢에 대입하면

$3x+30=6, 3x=-24$ ∴ $x=-8$

4-2 ㉠×10을 하면 $4x-3y=-13$ ⋯⋯ ㉢

ⓛ을 간단히 하면 $-3x+y=6$ ⋯⋯ ㉣

㉢$+$㉣×3을 하면 $-5x=5$ ∴ $x=-1$

$x=-1$을 ㉣에 대입하면 $3+y=6$ ∴ $y=3$

5-1 ㉠×6을 하면 $6x-4y=11$ ⋯⋯ ㉢

ⓛ×10을 하면 $6x-2y=1$ ⋯⋯ ㉣

㉢$-$㉣을 하면 $-2y=10$ ∴ $y=-5$

$y=-5$를 ㉣에 대입하면

$6x+10=1, 6x=-9$ ∴ $x=-\dfrac{3}{2}$

5-2 ㉠×10을 하면 $7x-2y=12$ ⋯⋯ ㉢

ⓛ×35를 하면 $5x-7y=3$ ⋯⋯ ㉣

㉢×7$-$㉣×2를 하면 $39x=78$ ∴ $x=2$

$x=2$를 ㉣에 대입하면

$10-7y=3, -7y=-7$ ∴ $y=1$

6-1 ㉠×6을 하면 $3x-2y=12$ ⋯⋯ ㉢

ⓛ×100을 하면 $x+2y=20$ ⋯⋯ ㉣

㉢$+$㉣을 하면 $4x=32$ ∴ $x=8$

$x=8$을 ㉣에 대입하면

$8+2y=20, 2y=12$ ∴ $y=6$

6-2 ㉠×10을 하면 $4x-6y=10$ ⋯⋯ ㉢

ⓛ×10을 하면 $5x-6y=17$ ⋯⋯ ㉣

㉢$-$㉣을 하면 $-x=-7$ ∴ $x=7$

$x=7$을 ㉢에 대입하면

$28-6y=10, -6y=-18$ ∴ $y=3$

7-1 ㉠×6을 하면 $3(3x+2y)=2(2x-y)$

$5x+8y=0$ ⋯⋯ ㉢

ⓛ×10을 하면 $x+4y=-12$ ⋯⋯ ㉣

㉢$-$㉣×2를 하면 $3x=24$ ∴ $x=8$

$x=8$을 ㉢에 대입하면

$40+8y=0, 8y=-40$ ∴ $y=-5$

7-2 ㉠×10을 하면 $3x-2y=7$ ⋯⋯ ㉢

ⓛ×4를 하면 $2x-y=6$ ⋯⋯ ㉣

㉢$-$㉣×2를 하면 $-x=-5$ ∴ $x=5$

$x=5$를 ㉣에 대입하면

$10-y=6, -y=-4$ ∴ $y=4$

19 $A=B=C$ 꼴의 방정식의 풀이

p. 42 ~ p. 43

1-1 3, 2, 3

1-2 $x=1, y=-2$

2-1 $x=-1, y=2$

2-2 $x=5, y=6$

3-1 $x=2, y=-2$

3-2 $x=12, y=36$

4-1 $x=5, y=2$

4-2 $x=2, y=1$

5-1 $x=1, y=-2$

5-2 $x=1, y=1$

6-1 $x=-2, y=-5$

6-2 $x=-1, y=-7$

7-1 $x=7, y=-5$

7-2 $x=3, y=2$

1-2 주어진 방정식은 다음 연립방정식과 같다.

$$\begin{cases} 3x-y=5 & \cdots\cdots \text{㉠} \\ x-2y=5 & \cdots\cdots \text{㉡} \end{cases}$$

㉠×2−㉡을 하면 $5x=5$ ∴ $x=1$

$x=1$을 ㉠에 대입하면

$3-y=5, -y=2$ ∴ $y=-2$

2-1 주어진 방정식은 다음 연립방정식과 같다.

$$\begin{cases} x+2y=3 & \cdots\cdots \text{㉠} \\ 5x+4y=3 & \cdots\cdots \text{㉡} \end{cases}$$

㉠×2−㉡을 하면 $-3x=3$ ∴ $x=-1$

$x=-1$을 ㉠에 대입하면

$-1+2y=3, 2y=4$ ∴ $y=2$

2-2 주어진 방정식은 다음 연립방정식과 같다.

$$\begin{cases} 5x-2y=13 & \cdots\cdots \text{㉠} \\ 7x-3y-4=13 & \cdots\cdots \text{㉡} \end{cases}$$

㉡을 간단히 하면 $7x-3y=17$ $\cdots\cdots$ ㉢

㉠×3−㉡×2를 하면 $x=5$

$x=5$를 ㉠에 대입하면

$25-2y=13, -2y=-12$ ∴ $y=6$

3-1 주어진 방정식은 다음 연립방정식과 같다.

$$\begin{cases} 3x+y=4 & \cdots\cdots \text{㉠} \\ x-y=4 & \cdots\cdots \text{㉡} \end{cases}$$

㉠+㉡을 하면 $4x=8$ ∴ $x=2$

$x=2$를 ㉡에 대입하면

$2-y=4, -y=2$ ∴ $y=-2$

3-2 주어진 방정식은 다음 연립방정식과 같다.

$$\begin{cases} -4x+y=-12 & \cdots\cdots \text{㉠} \\ -7x+2y=-12 & \cdots\cdots \text{㉡} \end{cases}$$

㉠×2−㉡을 하면 $-x=-12$ ∴ $x=12$

$x=12$를 ㉠에 대입하면 $-48+y=-12$ ∴ $y=36$

4-1 주어진 방정식은 다음 연립방정식과 같다.

$$\begin{cases} 3x-2y-4=3+2y & \cdots\cdots \text{㉠} \\ 3+2y=5x-4y-10 & \cdots\cdots \text{㉡} \end{cases}$$

㉠을 간단히 하면 $3x-4y=7$ $\cdots\cdots$ ㉢

㉡을 간단히 하면 $-5x+6y=-13$ $\cdots\cdots$ ㉣

㉢×3+㉣×2를 하면 $-x=-5$ ∴ $x=5$

$x=5$를 ㉢에 대입하면

$15-4y=7, -4y=-8$ ∴ $y=2$

4-2 주어진 방정식은 다음 연립방정식과 같다.

$$\begin{cases} 3x+2y=5x-2y & \cdots\cdots \text{㉠} \\ 5x-2y=x+y+5 & \cdots\cdots \text{㉡} \end{cases}$$

㉠을 간단히 하면 $-2x+4y=0$ $\cdots\cdots$ ㉢

㉡을 간단히 하면 $4x-3y=5$ $\cdots\cdots$ ㉣

㉢×2+㉣을 하면 $5y=5$ ∴ $y=1$

$y=1$을 ㉢에 대입하면

$-2x+4=0, -2x=-4$ ∴ $x=2$

5-1 주어진 방정식은 다음 연립방정식과 같다.

$$\begin{cases} 3x-y-1=6+y & \cdots\cdots \text{㉠} \\ 6+y=4x-4y-8 & \cdots\cdots \text{㉡} \end{cases}$$

㉠을 간단히 하면 $3x-2y=7$ $\cdots\cdots$ ㉢

㉡을 간단히 하면 $-4x+5y=-14$ $\cdots\cdots$ ㉣

㉢×4+㉣×3을 하면 $7y=-14$ ∴ $y=-2$

$y=-2$를 ㉢에 대입하면

$3x+4=7, 3x=3$ ∴ $x=1$

5-2 주어진 방정식은 다음 연립방정식과 같다.

$$\begin{cases} 2x+y-3=x-y & \cdots\cdots \text{㉠} \\ 3x-5y+2=x-y & \cdots\cdots \text{㉡} \end{cases}$$

㉠을 간단히 하면 $x+2y=3$ $\cdots\cdots$ ㉢

㉡을 간단히 하면 $2x-4y=-2$ $\cdots\cdots$ ㉣

㉢×2+㉣을 하면 $4x=4$ ∴ $x=1$

$x=1$을 ㉢에 대입하면

$1+2y=3, 2y=2$ ∴ $y=1$

6-1 주어진 방정식은 다음 연립방정식과 같다.

$$\begin{cases} \dfrac{5x-3y}{5}=1 & \cdots\cdots \text{㉠} \\ \dfrac{-7x+2y}{4}=1 & \cdots\cdots \text{㉡} \end{cases}$$

㉠×5를 하면 $5x-3y=5$ $\cdots\cdots$ ㉢

㉡×4를 하면 $-7x+2y=4$ $\cdots\cdots$ ㉣

㉢×2+㉣×3을 하면 $-11x=22$ ∴ $x=-2$

$x=-2$를 ㉢에 대입하면

$-10-3y=5, -3y=15$ ∴ $y=-5$

6-2 주어진 방정식은 다음 연립방정식과 같다.

$$\begin{cases} \dfrac{x-y}{3}=2 & \cdots\cdots \text{㉠} \\ \dfrac{3x-y}{2}=2 & \cdots\cdots \text{㉡} \end{cases}$$

$\bigcirc\times3$을 하면 $x-y=6$ ...... ㉢

$\bigcirc\times2$를 하면 $3x-y=4$ ...... ㉣

㉢$-$㉣을 하면 $-2x=2$ $\quad\therefore x=-1$

$x=-1$을 ㉢에 대입하면

$-1-y=6,\ -y=7$ $\quad\therefore y=-7$

7-1 주어진 방정식은 다음 연립방정식과 같다.

$\begin{cases} \dfrac{2x+y}{3}=3 & \cdots\cdots \ ㉠ \\ \dfrac{x-y}{4}=3 & \cdots\cdots \ ㉡ \end{cases}$

㉠$\times3$을 하면 $2x+y=9$ ...... ㉢

㉡$\times4$를 하면 $x-y=12$ ...... ㉣

㉢$+$㉣을 하면 $3x=21$ $\quad\therefore x=7$

$x=7$을 ㉣에 대입하면

$7-y=12,\ -y=5$ $\quad\therefore y=-5$

7-2 주어진 방정식은 다음 연립방정식과 같다.

$\begin{cases} \dfrac{x+1}{4}=\dfrac{7-2y}{3} & \cdots\cdots \ ㉠ \\ \dfrac{7-2y}{3}=\dfrac{3x-2y}{5} & \cdots\cdots \ ㉡ \end{cases}$

㉠$\times12$를 하면 $3(x+1)=4(7-2y)$

$3x+8y=25$ ...... ㉢

㉡$\times15$를 하면 $5(7-2y)=3(3x-2y)$

$9x+4y=35$ ...... ㉣

㉢$-$㉣$\times2$를 하면 $-15x=-45$ $\quad\therefore x=3$

$x=3$을 ㉢에 대입하면

$9+8y=25,\ 8y=16$ $\quad\therefore y=2$

STEP 2

기본연산 집중연습 | 15~19

p. 44 ~ p. 45

1-1 $x=3,\ y=-1$ **1-2** $x=-8,\ y=18$

1-3 $x=-2,\ y=-2$ **1-4** $x=6,\ y=1$

1-5 $x=1,\ y=2$ **1-6** $x=-3,\ y=4$

1-7 $x=2,\ y=1$ **1-8** $x=6,\ y=4$

2-1 $x=3,\ y=-\dfrac{3}{2}$ **2-2** $x=12,\ y=8$

2-3 $x=7,\ y=5$ **2-4** $x=-3,\ y=-11$

3-1 $x=6,\ y=3$ **3-2** $x=1,\ y=1$

3-3 $x=-\dfrac{1}{2},\ y=\dfrac{1}{2}$ **3-4** $x=5,\ y=7$

1-1 ㉡을 간단히 하면 $2x+3y=3$ ...... ㉢

㉠$\times2-$㉢을 하면 $13y=-13$ $\quad\therefore y=-1$

$y=-1$을 ㉢에 대입하면

$2x-3=3,\ 2x=6$ $\quad\therefore x=3$

1-2 ㉠$\times6$을 하면 $3x+2y=12$ ...... ㉢

㉡$\times10$을 하면 $5x+2y=-4$ ...... ㉣

㉢$-$㉣을 하면 $-2x=16$ $\quad\therefore x=-8$

$x=-8$을 ㉢에 대입하면

$-24+2y=12,\ 2y=36$ $\quad\therefore y=18$

1-3 ㉠$\times10$을 하면 $x-3y=4$ ...... ㉢

㉡$\times10$을 하면 $2x+5y=-14$ ...... ㉣

㉢$\times2-$㉣을 하면 $-11y=22$ $\quad\therefore y=-2$

$y=-2$를 ㉢에 대입하면 $x+6=4$ $\quad\therefore x=-2$

1-4 ㉠$\times2$를 하면 $x-2y=4$ ...... ㉢

㉡$\times10$을 하면 $x-4y=2$ ...... ㉣

㉢$-$㉣을 하면 $2y=2$ $\quad\therefore y=1$

$y=1$을 ㉢에 대입하면 $x-2=4$ $\quad\therefore x=6$

1-5 ㉠을 간단히 하면 $4x-y=2$ ...... ㉢

㉡을 간단히 하면 $3x-2y=-1$ ...... ㉣

㉢$\times2-$㉣을 하면 $5x=5$ $\quad\therefore x=1$

$x=1$을 ㉢에 대입하면

$4-y=2,\ -y=-2$ $\quad\therefore y=2$

1-6 ㉠$\times10$을 하면 $5x+3y=-3$ ...... ㉢

㉡$\times6$을 하면 $2x+3y=6$ ...... ㉣

㉢$-$㉣을 하면 $3x=-9$ $\quad\therefore x=-3$

$x=-3$을 ㉣에 대입하면

$-6+3y=6,\ 3y=12$ $\quad\therefore y=4$

1-7 ㉠$\times10$을 하면 $5x-y=9$ ...... ㉢

㉡을 간단히 하면 $3x+y=7$ ...... ㉣

㉢$+$㉣을 하면 $8x=16$ $\quad\therefore x=2$

$x=2$를 ㉣에 대입하면 $6+y=7$ $\quad\therefore y=1$

1-8 ㉠을 간단히 하면 $3x-2y=10$ ...... ㉢

㉡$\times6$을 하면 $2x-3(x-y)=6$

$-x+3y=6$ ...... ㉣

㉢$+$㉣$\times3$을 하면 $7y=28$ $\quad\therefore y=4$

$y=4$를 ㉣에 대입하면

$-x+12=6,\ -x=-6$ $\quad\therefore x=6$

2-1 ㉠$\times10$을 하면 $5x+2y=12$ ...... ㉢

㉡$\times4$를 하면 $3x-2y=12$ ...... ㉣

㉢$+$㉣을 하면 $8x=24$ $\quad\therefore x=3$

$x=3$을 ㉣에 대입하면

$9-2y=12,\ -2y=3$ $\quad\therefore y=-\dfrac{3}{2}$

2-2 ㉠×10을 하면 $4x-3y=24$ $\qquad\cdots\cdots$ ㉢

㉡×12를 하면 $4x+3y=72$ $\qquad\cdots\cdots$ ㉣

㉢+㉣을 하면 $8x=96$ $\quad\therefore x=12$

$x=12$를 ㉢에 대입하면

$48-3y=24,\ -3y=-24$ $\quad\therefore y=8$

2-3 ㉠×10을 하면 $5x-3y=20$ $\qquad\cdots\cdots$ ㉢

㉡×12를 하면 $4(2x-y)=3(x+5)$

$5x-4y=15$ $\qquad\cdots\cdots$ ㉣

㉢-㉣을 하면 $y=5$

$y=5$를 ㉢에 대입하면

$5x-15=20,\ 5x=35$ $\quad\therefore x=7$

2-4 ㉠×4를 하면 $2(x-1)-(y+2)=1$

$2x-y=5$ $\qquad\cdots\cdots$ ㉢

㉡×10을 하면 $x-3y=30$ $\qquad\cdots\cdots$ ㉣

㉢-㉣×2를 하면 $5y=-55$ $\quad\therefore y=-11$

$y=-11$을 ㉢에 대입하면

$2x+11=5,\ 2x=-6$ $\quad\therefore x=-3$

3-1 주어진 방정식은 다음 연립방정식과 같다.

$$\begin{cases} 7x-5y=27 & \cdots\cdots\ ㉠ \\ 4x+y=27 & \cdots\cdots\ ㉡ \end{cases}$$

㉠+㉡×5를 하면 $27x=162$ $\quad\therefore x=6$

$x=6$을 ㉡에 대입하면 $24+y=27$ $\quad\therefore y=3$

3-2 주어진 방정식은 다음 연립방정식과 같다.

$$\begin{cases} \dfrac{5x-y}{4}=1 & \cdots\cdots\ ㉠ \\ \dfrac{2x+y}{3}=1 & \cdots\cdots\ ㉡ \end{cases}$$

㉠×4를 하면 $5x-y=4$ $\qquad\cdots\cdots$ ㉢

㉡×3을 하면 $2x+y=3$ $\qquad\cdots\cdots$ ㉣

㉢+㉣을 하면 $7x=7$ $\quad\therefore x=1$

$x=1$을 ㉣에 대입하면 $2+y=3$ $\quad\therefore y=1$

3-3 주어진 방정식은 다음 연립방정식과 같다.

$$\begin{cases} 2x+y=5x+2y+1 & \cdots\cdots\ ㉠ \\ 2x+y=4x-y+2 & \cdots\cdots\ ㉡ \end{cases}$$

㉠을 간단히 하면 $3x+y=-1$ $\qquad\cdots\cdots$ ㉢

㉡을 간단히 하면 $2x-2y=-2$ $\qquad\cdots\cdots$ ㉣

㉢×2+㉣을 하면 $8x=-4$ $\quad\therefore x=-\dfrac{1}{2}$

$x=-\dfrac{1}{2}$을 ㉣에 대입하면

$-1-2y=-2,\ -2y=-1$ $\quad\therefore y=\dfrac{1}{2}$

3-4 주어진 방정식은 다음 연립방정식과 같다.

$$\begin{cases} \dfrac{x+1}{3}=\dfrac{x-y+10}{4} & \cdots\cdots\ ㉠ \\ \dfrac{x+1}{3}=\dfrac{x+y-2}{5} & \cdots\cdots\ ㉡ \end{cases}$$

㉠×12를 하면 $4(x+1)=3(x-y+10)$

$x+3y=26$ $\qquad\cdots\cdots$ ㉢

㉡×15를 하면 $5(x+1)=3(x+y-2)$

$2x-3y=-11$ $\qquad\cdots\cdots$ ㉣

㉢+㉣을 하면 $3x=15$ $\quad\therefore x=5$

$x=5$를 ㉢에 대입하면

$10-3y=-11,\ -3y=-21$ $\quad\therefore y=7$

---

20 연립방정식의 활용 (1) p. 46 ~ p. 47

1-1 ② $26, 6$ ③ $x=21, y=5$ ④ $5, 21$

1-2 (1) $\begin{cases} x-y=23 \\ 2y-x=16 \end{cases}$ (2) $39, 62$

1-3 (1) $\begin{cases} x+y=185 \\ x-y=71 \end{cases}$ (2) $57, 128$

2-1 ② $10x+y,\ 10y+x,\ 7,\ 10y+x$ ③ $x=4, y=3$ ④ 43

2-2 (1) $\begin{cases} x+y=10 \\ 10y+x=(10x+y)+36 \end{cases}$ (2) 37

2-3 (1) $\begin{cases} 2y=x+1 \\ 10y+x=(10x+y)-18 \end{cases}$ (2) 53

1-2 (2) $\begin{cases} x-y=23 \\ 2y-x=16 \end{cases}$ ➡ $\begin{cases} x-y=23 \\ -x+2y=16 \end{cases}$

$\therefore x=62, y=39$

따라서 두 자연수는 $39, 62$이다.

1-3 (2) $\begin{cases} x+y=185 \\ x-y=71 \end{cases}$ $\therefore x=128, y=57$

따라서 두 자연수는 $57, 128$이다.

2-1 ③ $\begin{cases} x+y=7 \\ 10y+x=10x+y-9 \end{cases}$ ➡ $\begin{cases} x+y=7 \\ x-y=1 \end{cases}$

$\therefore x=4, y=3$

2-2 (2) $\begin{cases} x+y=10 \\ 10y+x=(10x+y)+36 \end{cases}$ ➡ $\begin{cases} x+y=10 \\ -x+y=4 \end{cases}$

$\therefore x=3, y=7$

따라서 처음 수는 37이다.

2-3 (2) $\begin{cases} 2y=x+1 \\ 10y+x=(10x+y)-18 \end{cases}$ ➡ $\begin{cases} x-2y=-1 \\ x-y=2 \end{cases}$

$\therefore x=5,\ y=3$

따라서 처음 자연수는 53이다.

21 연립방정식의 활용 (2)
p. 48 ~ p. 49

1-1 ② $4,\ \dfrac{y}{4},\ 7,\ \dfrac{y}{4},\ 2$ ③ $x=1,\ y=6$

④ 올라간 거리 : 1 km, 내려온 거리 : 6 km

1-2 (1)

	올라갈 때	내려올 때
거리	x km	y km
속력	시속 2 km	시속 3 km
시간	$\dfrac{x}{2}$시간	$\dfrac{y}{3}$시간

$\begin{cases} x+y=10 \\ \dfrac{x}{2}+\dfrac{y}{3}=4 \end{cases}$

(2) $x=4,\ y=6$

(3) 올라간 거리 : 4 km, 내려온 거리 : 6 km

2-1 ② $3,\ \dfrac{y}{6},\ x,\ y,\ \dfrac{y}{6},\ \dfrac{1}{2}$ ③ $x=1,\ y=1$

④ 걸어간 거리 : 1 km, 뛰어간 거리 : 1 km

2-2 (1)

	뛰어갈 때	걸어갈 때
거리	x km	y km
속력	시속 6 km	시속 4 km
시간	$\dfrac{x}{6}$시간	$\dfrac{y}{4}$시간

$\begin{cases} x+y=5 \\ \dfrac{x}{6}+\dfrac{y}{4}=1 \end{cases}$

(2) $x=3,\ y=2$

(3) 뛰어간 거리 : 3 km, 걸어간 거리 : 2 km

2-3 뛰어간 거리 : 3 km, 걸어간 거리 : 4 km

1-1 ③ $\begin{cases} x+y=7 \\ \dfrac{x}{2}+\dfrac{y}{4}=2 \end{cases}$ ➡ $\begin{cases} x+y=7 \\ 2x+y=8 \end{cases}$

$\therefore x=1,\ y=6$

1-2 (2) $\begin{cases} x+y=10 \\ \dfrac{x}{2}+\dfrac{y}{3}=4 \end{cases}$ ➡ $\begin{cases} x+y=10 \\ 3x+2y=24 \end{cases}$

$\therefore x=4,\ y=6$

2-1 ③ $\begin{cases} x+y=2 \\ \dfrac{x}{3}+\dfrac{y}{6}=\dfrac{1}{2} \end{cases}$ ➡ $\begin{cases} x+y=2 \\ 2x+y=3 \end{cases}$

$\therefore x=1,\ y=1$

2-2 (2) $\begin{cases} x+y=5 \\ \dfrac{x}{6}+\dfrac{y}{4}=1 \end{cases}$ ➡ $\begin{cases} x+y=5 \\ 2x+3y=12 \end{cases}$

$\therefore x=3,\ y=2$

2-3 뛰어간 거리를 x km, 걸어간 거리를 y km로 놓으면

$\begin{cases} x+y=7 \\ \dfrac{x}{3}+\dfrac{y}{2}=3 \end{cases}$ ➡ $\begin{cases} x+y=7 \\ 2x+3y=18 \end{cases}$

$\therefore x=3,\ y=4$

따라서 준호가 뛰어간 거리는 3 km, 걸어간 거리는 4 km 이다.

STEP 2

기본연산 집중연습 | 20~21
p. 50 ~ p. 51

1-1 $-3,\ 11$ **1-2** $20,\ 26$

1-3 36 **1-4** 47

2-1 (1) $x+7,\ y+7,\ \begin{cases} x+y=42 \\ x+7=3(y+7) \end{cases}$

(2) 어머니 : 35세, 아들 : 7세

2-2 (1) $x+10,\ y+10,\ \begin{cases} x-y=34 \\ x+10=3(y+10)+6 \end{cases}$

(2) 아버지 : 38세, 딸 : 4세

3-1 (1) $800x,\ 600y,\ \begin{cases} x+y=14 \\ 800x+600y=10000 \end{cases}$

(2) 과자 : 8개, 빵 : 6개

3-2 (1) $250x,\ 500y,\ \begin{cases} x+y=11 \\ 250x+500y=5000 \end{cases}$

(2) 연필 : 2개, 지우개 : 9개

4-1 올라간 거리 : 12 km, 내려온 거리 : 8 km

4-2 올라간 거리 : 6 km, 내려온 거리 : 10 km

4-3 걸어간 거리 : 6 km, 뛰어간 거리 : 6 km

4-4 집에서 서점까지의 거리 : 3 km,
서점에서 도서관까지의 거리 : 2 km

1-1 큰 수를 x, 작은 수를 y로 놓으면

$\begin{cases} x+y=8 \\ 2x=y+25 \end{cases}$ ➡ $\begin{cases} x+y=8 \\ 2x-y=25 \end{cases}$

$\therefore x=11,\ y=-3$

따라서 두 정수는 $-3,\ 11$이다.

1-2 큰 수를 x, 작은 수를 y로 놓으면

$\begin{cases} x+y=46 \\ x-y=6 \end{cases}$

$\therefore x=26,\ y=20$

따라서 두 자연수는 20, 26이다.

1-3 처음 수의 십의 자리의 숫자를 x, 일의 자리의 숫자를 y로 놓으면

$\begin{cases} x+y=9 \\ 10y+x+7=2(10x+y)-2 \end{cases}$ ➡ $\begin{cases} x+y=9 \\ 19x-8y=9 \end{cases}$

$\therefore x=3,\ y=6$

따라서 처음 수는 36이다.

1-4 처음 수의 십의 자리의 숫자를 x, 일의 자리의 숫자를 y로 놓으면

$\begin{cases} 2x=y+1 \\ 10y+x=(10x+y)+27 \end{cases}$ ➡ $\begin{cases} 2x-y=1 \\ x-y=-3 \end{cases}$

$\therefore x=4,\ y=7$

따라서 처음 자연수는 47이다.

2-1 (2) $\begin{cases} x+y=42 \\ x+7=3(y+7) \end{cases}$ ➡ $\begin{cases} x+y=42 \\ x-3y=14 \end{cases}$

$\therefore x=35,\ y=7$

따라서 현재 어머니는 35세, 아들은 7세이다.

2-2 (2) $\begin{cases} x-y=34 \\ x+10=3(y+10)+6 \end{cases}$ ➡ $\begin{cases} x-y=34 \\ x-3y=26 \end{cases}$

$\therefore x=38,\ y=4$

따라서 현재 아버지는 38세, 딸은 4세이다.

3-1 (2) $\begin{cases} x+y=14 \\ 800x+600y=10000 \end{cases}$ ➡ $\begin{cases} x+y=14 \\ 4x+3y=50 \end{cases}$

$\therefore x=8,\ y=6$

따라서 과자는 8개, 빵은 6개를 샀다.

3-2 (2) $\begin{cases} x+y=11 \\ 250x+500y=5000 \end{cases}$ ➡ $\begin{cases} x+y=11 \\ x+2y=20 \end{cases}$

$\therefore x=2,\ y=9$

따라서 연필은 2개, 지우개는 9개를 샀다.

4-1 올라간 거리를 x km, 내려온 거리를 y km로 놓으면

$\begin{cases} x+y=20 \\ \dfrac{x}{3}+\dfrac{y}{4}=6 \end{cases}$ ➡ $\begin{cases} x+y=20 \\ 4x+3y=72 \end{cases}$

$\therefore x=12,\ y=8$

따라서 민태가 올라간 거리는 12 km, 내려온 거리는 8 km 이다.

4-2 올라간 거리를 x km, 내려온 거리를 y km로 놓으면

$\begin{cases} y=x+4 \\ \dfrac{x}{3}+\dfrac{y}{5}=4 \end{cases}$ ➡ $\begin{cases} y=x+4 \\ 5x+3y=60 \end{cases}$

$\therefore x=6,\ y=10$

따라서 연서가 올라간 거리는 6 km, 내려온 거리는 10 km 이다.

4-3 걸어간 거리를 x km, 뛰어간 거리를 y km로 놓으면

$\begin{cases} x+y=12 \\ \dfrac{x}{4}+\dfrac{y}{6}=\dfrac{5}{2} \end{cases}$ ➡ $\begin{cases} x+y=12 \\ 3x+2y=30 \end{cases}$

$\therefore x=6,\ y=6$

따라서 주원이가 걸어간 거리는 6 km, 뛰어간 거리는 6 km 이다.

4-4 집에서 서점까지의 거리를 x km, 서점에서 도서관까지의 거리를 y km로 놓으면

$\begin{cases} x+y=5 \\ \dfrac{x}{3}+\dfrac{y}{4}=\dfrac{3}{2} \end{cases}$ ➡ $\begin{cases} x+y=5 \\ 4x+3y=18 \end{cases}$

$\therefore x=3,\ y=2$

따라서 집에서 서점까지의 거리는 3 km, 서점에서 도서관까지의 거리는 2 km이다.

STEP 3

기본연산 테스트

p. 52 ~ p. 53

1

x	1	2	3	4	5	6	⋯
y	10	8	6	4	2	0	⋯

$(1,10),\ (2,8),\ (3,6),\ (4,4),\ (5,2)$

2 (1) -2 (2) 1

3 (1) $a=5,\ b=9$ (2) $a=13,\ b=-3$

4 (1) $x=1,\ y=2$ (2) $x=4,\ y=1$ (3) $x=4,\ y=2$
(4) $x=3,\ y=-2$ (5) $x=1,\ y=-1$

5 (1) $x=\dfrac{14}{5},\ y=1$ (2) $x=10,\ y=3$ (3) $x=1,\ y=-2$

6 (1) $x=3,\ y=-2$ (2) $x=3,\ y=2$

7 19　　　　　　　　　　　**8** 27

9 3 km　　　　　　　　　　**10** $\dfrac{3}{2}$ km

----

2 (1) $x=4,\ y=2$를 $ax+3y=-2$에 대입하면

$4a+6=-2,\ 4a=-8$　　$\therefore a=-2$

(2) $x=4,\ y=2$를 $2x-ay=6$에 대입하면

$8-2a=6,\ -2a=-2$　　$\therefore a=1$

3 (1) $x=1,\ y=-3$을 $2x-y=a$에 대입하면

$2+3=a$　　$\therefore a=5$

$x=1,\ y=-3$을 $bx+2y=3$에 대입하면

$b-6=3$　　$\therefore b=9$

(2) $x=1, y=-3$을 $ax+2y=7$에 대입하면

$a-6=7$ $\quad\therefore a=13$

$x=1, y=-3$을 $3x-by=-6$에 대입하면

$3+3b=-6, 3b=-9$ $\quad\therefore b=-3$

4 (1) ㉠을 ㉡에 대입하면

$2x-3(5-3x)=-4, 11x=11$ $\quad\therefore x=1$

$x=1$을 ㉠에 대입하면 $y=5-3=2$

(2) ㉠-㉡을 하면 $-4y=-4$ $\quad\therefore y=1$

$y=1$을 ㉠에 대입하면 $x-1=3$ $\quad\therefore x=4$

(3) ㉠+㉡×2를 하면 $5x=20$ $\quad\therefore x=4$

$x=4$를 ㉡에 대입하면

$4+2y=8, 2y=4$ $\quad\therefore y=2$

(4) ㉠×5-㉡×2를 하면 $31y=-62$ $\quad\therefore y=-2$

$y=-2$를 ㉠에 대입하면

$2x-10=-4, 2x=6$ $\quad\therefore x=3$

(5) ㉡을 ㉠에 대입하면

$3y=2\times\dfrac{y+3}{2}-5, 2y=-2$ $\quad\therefore y=-1$

$y=-1$을 ㉡에 대입하면 $x=\dfrac{-1+3}{2}=1$

5 (1) ㉠×10을 하면 $5x-3y=11$ $\quad\cdots\cdots$ ㉢

㉡×10을 하면 $5x+20y=34$ $\quad\cdots\cdots$ ㉣

㉢-㉣을 하면 $-23y=-23$ $\quad\therefore y=1$

$y=1$을 ㉢에 대입하면

$5x-3=11, 5x=14$ $\quad\therefore x=\dfrac{14}{5}$

(2) ㉠을 간단히 하면 $-x+2y=-4$ $\quad\cdots\cdots$ ㉢

㉡×12를 하면 $3x-4y=18$ $\quad\cdots\cdots$ ㉣

㉢×2+㉣을 하면 $x=10$

$x=10$을 ㉢에 대입하면

$-10+2y=-4, 2y=6$ $\quad\therefore y=3$

(3) ㉠을 간단히 하면 $3x-5y=13$ $\quad\cdots\cdots$ ㉢

㉡×10을 하면 $2x+6y=-10$ $\quad\cdots\cdots$ ㉣

㉢×2-㉣×3을 하면 $-28y=56$ $\quad\therefore y=-2$

$y=-2$를 ㉣에 대입하면

$2x-12=-10, 2x=2$ $\quad\therefore x=1$

6 (1) 주어진 방정식은 다음 연립방정식과 같다.

$\begin{cases} x-4y-5=6 \\ 4x+4y+2=6 \end{cases}$ ➡ $\begin{cases} x-4y=11 & \cdots\cdots ㉠ \\ 4x+4y=4 & \cdots\cdots ㉡ \end{cases}$

㉠+㉡을 하면 $5x=15$ $\quad\therefore x=3$

$x=3$을 ㉠에 대입하면

$3-4y=11, -4y=8$ $\quad\therefore y=-2$

(2) 주어진 방정식은 다음 연립방정식과 같다.

$\begin{cases} x-3y+1=2x+y-10 \\ 2x+y-10=-3x+4y-1 \end{cases}$

➡ $\begin{cases} x+4y=11 & \cdots\cdots ㉠ \\ 5x-3y=9 & \cdots\cdots ㉡ \end{cases}$

㉠×5-㉡을 하면 $23y=46$ $\quad\therefore y=2$

$y=2$를 ㉠에 대입하면 $x+8=11$ $\quad\therefore x=3$

7 큰 수를 x, 작은 수를 y로 놓으면

$\begin{cases} x+y=72 \\ x-y=34 \end{cases}$ $\quad\therefore x=53, y=19$

따라서 두 자연수 중 작은 수는 19이다.

8 처음 수의 십의 자리의 숫자를 x, 일의 자리의 숫자를 y로 놓으면

$\begin{cases} x+y=9 \\ 10y+x=3(10x+y)-9 \end{cases}$ ➡ $\begin{cases} x+y=9 \\ 29x-7y=9 \end{cases}$

$\therefore x=2, y=7$

따라서 처음 자연수는 27이다.

9 올라간 거리를 x km, 내려온 거리를 y km로 놓으면

$\begin{cases} x+y=5 \\ \dfrac{x}{2}+\dfrac{y}{3}=\dfrac{13}{6} \end{cases}$ ➡ $\begin{cases} x+y=5 \\ 3x+2y=13 \end{cases}$

$\therefore x=3, y=2$

따라서 영수가 올라간 거리는 3 km이다.

10 걸어간 거리를 x km, 뛰어간 거리를 y km로 놓으면

$\begin{cases} x+y=3 \\ \dfrac{x}{3}+\dfrac{y}{6}=\dfrac{3}{4} \end{cases}$ ➡ $\begin{cases} x+y=3 \\ 4x+2y=9 \end{cases}$

$\therefore x=\dfrac{3}{2}, y=\dfrac{3}{2}$

따라서 우현이가 걸어간 거리는 $\dfrac{3}{2}$ km이다.

2

일차함수와 그래프

01 함수의 뜻
p. 56 ~ p. 57

1-1 (1)

x	1	2	3	4	⋯
y	1	1, 2	1, 3	1, 2, 4	⋯

(2) y, 함수가 아니다

1-2 (1)

x	1	2	3	4	⋯
y	1, 2, ⋯	2, 4, ⋯	3, 6, ⋯	4, 8, ⋯	⋯

(2) 하나로 정해지지 않는다. 즉 함수가 아니다.

2-1 (1)

x	1	2	3	4	5	⋯
y	없다.	1	1	1, 3	1, 3	⋯

(2) 하나로 정해지지 않는다. 즉 함수가 아니다.

2-2 (1)

x	1	2	3	4	5	⋯
y	1	2	3	0	1	⋯

(2) 하나로 정해진다. 즉 함수이다.

3-1 ◯,

x(개)	1	2	3	4	⋯
y(원)	700	1400	2100	2800	⋯

x, 함수이다

3-2 ◯,

x (cm)	1	2	3	4	⋯
y (cm²)	1	4	9	16	⋯

4-1 ✕,

x	1	2	3	4	5	⋯
y	없다.	없다.	2	2, 3	2, 3	⋯

4-2 ◯,

x	1	2	3	4	⋯
y	2	1	0	−1	⋯

5-1 ◯,

x(시간)	1	2	3	4	⋯
y (km)	4	8	12	16	⋯

5-2 ◯,

x	1	2	3	4	⋯
y	0	0	1	1	⋯

6-1 ◯,

x	1	2	3	4	⋯
y	1	2	2	3	⋯

6-2 ✕,

x	1	2	3	4	⋯
y	2, 3, ⋯	3, 4, ⋯	4, 5, ⋯	5, 6, ⋯	⋯

02 함수의 관계식
p. 58 ~ p. 59

1-1 (1)

x(시간)	1	2	3	4	⋯
y (km)	2	4	6	8	⋯

(2) 함수이다.　　　(3) 속력, 2

1-2 (1)

x (cm)	1	2	3	4	⋯
y (cm)	3	6	9	12	⋯

(2) 함수이다.　　　(3) $y = 3x$

2-1 (1)

x (L)	1	2	5	10
y(분)	10	5	2	1

(2) 함수이다.　　　(3) $y = \dfrac{10}{x}$

2-2 (1)

x (cm)	1	2	3	4	⋯
y (cm)	24	12	8	6	⋯

(2) 함수이다.　　　(3) $y = \dfrac{24}{x}$

3-1 (1)

x (cm)	1	2	3	4	⋯
y (cm)	29	28	27	26	⋯

(2) 함수이다.　　　(3) $y = 30 - x$

3-2 (1)

x(쪽)	1	2	3	4	⋯
y(쪽)	249	248	247	246	⋯

(2) 함수이다.　　　(3) $y = 250 - x$

4-1 (1)

x(원)	1	2	3	4	⋯
y(원)	10	20	30	40	⋯

(2) 함수이다.　　　(3) $y = 10x$

4-2 (1)

x(분)	1	2	3	4	⋯
y (L)	85	70	55	40	⋯

(2) 함수이다.　　　(3) $y = 100 - 15x$

5-1 (1)

시속 x km	1	2	4	5	⋯
y(시간)	20	10	5	4	⋯

(2) 함수이다.　　　(3) $y = \dfrac{20}{x}$

5-2 (1)

x (cm)	1	2	3	4	⋯
y (cm)	2π	4π	6π	8π	⋯

(2) 함수이다.　　　(3) $y = 2\pi x$

기본연산 집중연습 | 01~02
p. 60 ~ p. 61

1-1 O　　　　　　**1-2** R

1-3 A　　　　　　**1-4** N

1-5 G　　　　　　**1-6** E

2-1 (1)

x(년)	1	2	3	4	⋯
y(세)	16	17	18	19	⋯

(2) $y = x + 15$

2-2 (1)

시속 x km	1	2	4	8
y(시간)	8	4	2	1

(2) $y = \dfrac{8}{x}$

2-3 (1)

x (cm)	1	2	3	4	6	12
y (cm)	12	6	4	3	2	1

(2) $y=\dfrac{12}{x}$

2-4 (1)

x (cm)	1	2	3	4	$\cdots$
y (cm)	5	10	15	20	$\cdots$

(2) $y=5x$

3-1 $y=20-x$ **3-2** $y=80x$

3-3 $y=800x$ **3-4** $y=5x+1$

3-5 $y=\dfrac{3000}{x}$ **3-6** $y=5-x$

ORANGE

STEP 1

03 함숫값   p. 62 ~ p. 63

1-1 (1) $1, -3$ (2) $-3, -3, 9$ (3) $\dfrac{2}{3}, -3, -2$

1-2 (1) 1 (2) -2 (3) $\dfrac{1}{3}$

2-1 (1) -3 (2) -6 (3) -5

2-2 (1) 6 (2) 3 (3) 0

3-1 (1) 2 (2) -2 **3-2** (1) -1 (2) -2

4-1 (1) -5 (2) -3 **4-2** (1) 15 (2) 13

5-1 -10 **5-2** 1

6-1 -7 **6-2** 0

7-1 7 **7-2** -5

1-2 (1) $f(2)=\dfrac{1}{2}\times 2=1$

(2) $f(-4)=\dfrac{1}{2}\times(-4)=-2$

(3) $f\left(\dfrac{2}{3}\right)=\dfrac{1}{2}\times\dfrac{2}{3}=\dfrac{1}{3}$

2-1 (1) $f(-1)=3\times(-1)=-3$

(2) $f(-4)=3\times(-4)=-12$이므로

$\dfrac{1}{2}f(-4)=\dfrac{1}{2}\times(-12)=-6$

(3) $f(-2)+f\left(\dfrac{1}{3}\right)=3\times(-2)+3\times\dfrac{1}{3}$

$=-6+1=-5$

2-2 (1) $f(-8)=-\dfrac{3}{4}\times(-8)=6$

(2) $f(-2)=-\dfrac{3}{4}\times(-2)=\dfrac{3}{2}$이므로

$2f(-2)=2\times\dfrac{3}{2}=3$

(3) $f(-4)+f(4)=-\dfrac{3}{4}\times(-4)+\left(-\dfrac{3}{4}\right)\times 4$

$=3+(-3)=0$

3-1 (1) $f(6)=\dfrac{12}{6}=2$

(2) $f(-2)+f(3)=\dfrac{12}{-2}+\dfrac{12}{3}=-6+4=-2$

3-2 (1) $f(4)=-\dfrac{4}{4}=-1$

(2) $f(-2)+2f(2)=-\dfrac{4}{-2}+2\times\left(-\dfrac{4}{2}\right)$

$=2+(-4)=-2$

4-1 (1) $f(-1)=2\times(-1)-3=-5$

(2) $f(1)+f(2)-f(3)$

$=(2\times 1-3)+(2\times 2-3)-(2\times 3-3)$

$=(2-3)+(4-3)-(6-3)$

$=-1+1-3=-3$

4-2 (1) $f(-5)=10-(-5)=15$

(2) $2f(9)+f(-1)=2\times(10-9)+\{10-(-1)\}$

$=2+11=13$

5-1 $f(-2)=5\times(-2)=-10$

5-2 $f(-2)=-\dfrac{2}{-2}=1$

6-1 $f(-2)=-2-5=-7$

6-2 $f(-2)=-2-(-2)=0$

7-1 $f(-2)=3-2\times(-2)=7$

7-2 $f(-2)=2\times(-2)-1=-5$

---

04 함숫값이 주어질 때 미지수의 값 구하기 (1)   p. 64 ~ p. 65

1-1 -4 **1-2** -1

2-1 $\dfrac{1}{10}$ **2-2** 5

3-1 2 **3-2** 4

4-1 -1 **4-2** -2

5-1 8 **5-2** 6

6-1 $2, 1$ **6-2** -1

7-1 2 **7-2** $-\dfrac{3}{4}$

8-1 -5 **8-2** $-\dfrac{1}{2}$

9-1 -7 **9-2** -18

10-1 -3 **10-2** -2

11-1 3 **11-2** 3

1-2 $f(a)=5a=-5$ $\quad \therefore a=-1$

2-1 $f(a)=5a=\dfrac{1}{2}$ $\quad \therefore a=\dfrac{1}{10}$

2-2 $f(a)=5a=25$ $\quad \therefore a=5$

3-2 $f(a)=\dfrac{4}{a}=1$ $\quad \therefore a=4$

4-1 $f(a)=\dfrac{4}{a}=-4$ $\quad \therefore a=-1$

4-2 $f(a)=\dfrac{4}{a}=-2$ $\quad \therefore a=-2$

5-1 $f(a)=\dfrac{4}{a}=\dfrac{1}{2}$ $\quad \therefore a=8$

5-2 $f(a)=\dfrac{4}{a}=\dfrac{2}{3}$ $\quad \therefore a=6$

6-2 $f(a)=2a+1=-1$
$2a=-2$ $\quad \therefore a=-1$

7-1 $f(a)=2a+1=5$
$2a=4$ $\quad \therefore a=2$

7-2 $f(a)=2a+1=-\dfrac{1}{2}$
$2a=-\dfrac{3}{2}$ $\quad \therefore a=-\dfrac{3}{4}$

8-1 $f(a)=2a+1=-9$
$2a=-10$ $\quad \therefore a=-5$

8-2 $f(a)=2a+1=0$
$2a=-1$ $\quad \therefore a=-\dfrac{1}{2}$

9-1 $f(a)=-2a=14$ $\quad \therefore a=-7$

9-2 $f(a)=\dfrac{1}{3}a=-6$ $\quad \therefore a=-18$

10-1 $f(a)=-\dfrac{6}{a}=2$ $\quad \therefore a=-3$

10-2 $f(a)=\dfrac{10}{a}=-5$ $\quad \therefore a=-2$

11-1 $f(a)=2a-1=5$
$2a=6$ $\quad \therefore a=3$

11-2 $f(a)=a-5=-2$ $\quad \therefore a=3$

05 함숫값이 주어질 때 미지수의 값 구하기 (2) p.66 ~ p.67

1-1 $\dfrac{1}{3}$		**1-2** -2	
2-1 -3		**2-2** $-\dfrac{1}{2}$	
3-1 -6		**3-2** 5	
4-1 -3		**4-2** -8	
5-1 $\dfrac{3}{2}, 6$		**5-2** 3	
6-1 -8		**6-2** -2	
7-1 18		**7-2** 4	
8-1 -10		**8-2** -5	
9-1 1		**9-2** 1	
10-1 9		**10-2** 2	

1-2 $f(-4)=-4a=8$ $\quad \therefore a=-2$

2-1 $f\left(-\dfrac{1}{3}\right)=-\dfrac{1}{3}a=1$ $\quad \therefore a=-3$

2-2 $f(-2)=-2a=1$ $\quad \therefore a=-\dfrac{1}{2}$

3-1 $f(2)=\dfrac{a}{2}=-3$ $\quad \therefore a=-6$

3-2 $f(5)=\dfrac{a}{5}=1$ $\quad \therefore a=5$

4-1 $f(-1)=\dfrac{a}{-1}=3$ $\quad \therefore a=-3$

4-2 $f(4)=\dfrac{a}{4}=-2$ $\quad \therefore a=-8$

5-2 $f\left(\dfrac{1}{2}\right)=a\div\dfrac{1}{2}=a\times 2=6$ $\quad \therefore a=3$

6-1 $f\left(-\dfrac{1}{2}\right)=-\dfrac{1}{2}a=4$ $\quad \therefore a=-8$

6-2 $f(-3)=-3a=6$ $\quad \therefore a=-2$

7-1 $f(-2)=\dfrac{a}{-2}=-9$ $\quad \therefore a=18$

7-2 $f(-1)=-\dfrac{a}{-1}=4$ $\quad \therefore a=4$

8-1 $f(-4)=-8+a=-18$ $\quad \therefore a=-10$

8-2 $f(2)=-2+a=-7$ $\quad \therefore a=-5$

9-1 $f(3)=3a-1=2,\ 3a=3$ $\therefore a=1$

9-2 $f(2)=-2a+3=1$
$-2a=-2$ $\therefore a=1$

10-1 $f\left(\dfrac{3}{2}\right)=a\div\dfrac{3}{2}=a\times\dfrac{2}{3}=6$ $\therefore a=9$

10-2 $f\left(-\dfrac{1}{2}\right)=a\div\left(-\dfrac{1}{2}\right)=a\times(-2)=-4$ $\therefore a=2$

STEP 2

기본연산 집중연습 | 03~05
p. 68 ~ p. 69

1-1	10	**1-2**	-6
1-3	-1	**1-4**	1
1-5	5	**1-6**	-7
2-1	2	**2-2**	-2
2-3	-2	**2-4**	3
2-5	$\dfrac{1}{3}$	**2-6**	8
3-1	$-\dfrac{1}{8}$	**3-2**	5
3-3	-12	**3-4**	-6
3-5	3	**3-6**	2
4-1	5	**4-2**	-3
4-3	$\dfrac{1}{2}$	**4-4**	-6
4-5	6	**4-6**	-4

PURPLE

1-1 $f(2)=5\times2=10$

1-2 $f(3)=-2\times3=-6$

1-3 $f(3)=-\dfrac{9}{3}=-3$이므로
$\dfrac{1}{3}f(3)=\dfrac{1}{3}\times(-3)=-1$

1-4 $f(-2)=-\dfrac{1}{4}\times(-2)=\dfrac{1}{2}$이므로
$2f(-2)=2\times\dfrac{1}{2}=1$

1-5 $f(2)-f(-3)=\dfrac{6}{2}-\dfrac{6}{-3}=3+2=5$

1-6 $f(-1)+f(-2)=\{3\times(-1)+1\}+\{3\times(-2)+1\}$
$=-2+(-5)=-7$

2-1 $f(a)=a+5=7$ $\therefore a=2$

2-2 $f(a)=-4a=8$ $\therefore a=-2$

2-3 $f(a)=-\dfrac{6}{a}=3$ $\therefore a=-2$

2-4 $f(a)=\dfrac{12}{a}=4$ $\therefore a=3$

2-5 $f(a)=-3a+1=0$
$-3a=-1$ $\therefore a=\dfrac{1}{3}$

2-6 $f(a)=\dfrac{8}{a}=1$ $\therefore a=8$

3-1 $f(4)=4a=-\dfrac{1}{2}$ $\therefore a=-\dfrac{1}{8}$

3-2 $f(2)=2a-2=8$
$2a=10$ $\therefore a=5$

3-3 $f(-3)=\dfrac{a}{-3}=4$ $\therefore a=-12$

3-4 $f\left(-\dfrac{1}{3}\right)=-\dfrac{1}{3}a=2$ $\therefore a=-6$

3-5 $f\left(-\dfrac{3}{4}\right)=-a\div\left(-\dfrac{3}{4}\right)=-a\times\left(-\dfrac{4}{3}\right)=\dfrac{4}{3}a=4$
$\therefore a=3$

3-6 $f\left(\dfrac{1}{3}\right)=a\div\dfrac{1}{3}=a\times3=6$ $\therefore a=2$

4-1 $f(2)=2+3=5$

4-2 $f(2)=-2\times2+1=-3$

4-3 $f(2)=\dfrac{1}{4}\times2=\dfrac{1}{2}$

4-4 $f(2)=-3\times2=-6$

4-5 $f(2)=\dfrac{12}{2}=6$

4-6 $f(2)=-\dfrac{8}{2}=-4$

2. 일차함수와 그래프 | **25**

06 일차함수의 뜻
p. 70 ~ p. 71

1-1 ◯, 일차식, 일차함수 **1-2** ◯
2-1 × **2-2** ×
3-1 × **3-2** ◯
4-1 × **4-2** ×
5-1 × **5-2** ◯
6-1 $2x$, ◯ **6-2** $y=60x$, ◯
7-1 $y=x+15$, ◯ **7-2** $y=\pi x^2$, ×
8-1 $y=\dfrac{100}{x}$, × **8-2** $y=24-x$, ◯
9-1 $y=x^2+2x$, × **9-2** $y=500x+5000$, ◯
10-1 $y=4x$, ◯ **10-2** $y=12x$, ◯

2-1 $y=\dfrac{4}{x}$ ➡ 일차함수가 아니다.
└ 분모에 x가 있다.

2-2 $y=x^2-3x+2$ ➡ 일차함수가 아니다.
└ 이차식

3-1 $y=5$ ➡ 일차함수가 아니다.
└ x의 계수가 0이다.

4-1 $x+3=0$ ➡ 일차함수가 아니다.
└ 일차방정식

4-2 $2x-1<0$ ➡ 일차함수가 아니다.
└ 일차부등식

5-1 $y=x(x-5)=x^2-5x$ ➡ 일차함수가 아니다.
└ 이차식

7-2 $y=\pi x^2$ ➡ 일차함수가 아니다.
└ 이차식

8-1 $y=\dfrac{100}{x}$ ➡ 일차함수가 아니다.
└ 분모에 x가 있다.

9-1 $y=x(x+2)=x^2+2x$ ➡ 일차함수가 아니다.
└ 이차식

07 일차함수 $y=ax\,(a\neq0)$의 그래프
p. 72

1-1 0, 3 ① 0 ② 3 **1-2** (1) -3 (2) 4

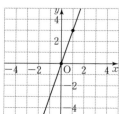 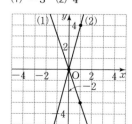

2-1 (1) 0, 1 (2) 0, -2 **2-2** (1) 0, -1 (2) 0, 3

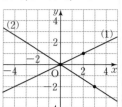 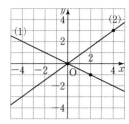

08 두 점을 이용하여 일차함수의 그래프 그리기
p. 73

1-1 $-1, 1$ ① $0, -1, -1$ **1-2** (1) 4, 1 (2) 1, 0
② $1, 1, 1$

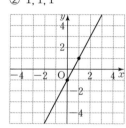 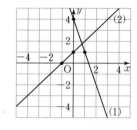

2-1 (1) $-2, 1$ (2) $-2, -3$ **2-2** (1) 0, 3 (2) 3, -3

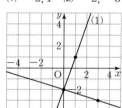 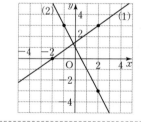

1-2 (1) $x=0$일 때, $y=-3\times0+4=4$
$x=1$일 때, $y=-3\times1+4=1$
(2) $x=0$일 때, $y=0+1=1$
$x=-1$일 때, $y=-1+1=0$

2-1 (1) $x=0$일 때, $y=3\times0-2=-2$
$x=1$일 때, $y=3\times1-2=1$
(2) $x=0$일 때, $y=-\dfrac{1}{3}\times0-2=-2$
$x=3$일 때, $y=-\dfrac{1}{3}\times3-2=-3$

2-2 (1) $x=-2$일 때, $y=\dfrac{3}{4}\times(-2)+\dfrac{3}{2}=0$
$x=2$일 때, $y=\dfrac{3}{4}\times2+\dfrac{3}{2}=3$
(2) $x=-1$일 때, $y=-2\times(-1)+1=3$
$x=2$일 때, $y=-2\times2+1=-3$

09 일차함수의 그래프의 평행이동
p. 74 ~ p. 76

1-1 (1) 2 (2) y, -4 **1-2** (1) y (2) y, 3

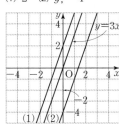 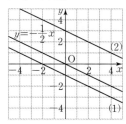

2-1 (1) ㉠ 4, ㉡ 2, ㉢ -1, ㉣ -3

(2) ㉠ $y=2x+4$, ㉡ $y=2x+2$, ㉢ $y=2x-1$, ㉣ $y=2x-3$

2-2 (1) ㉠ 3, ㉡ 2, ㉢ -1, ㉣ -2

(2) ㉠ $y=-\dfrac{2}{3}x+3$, ㉡ $y=-\dfrac{2}{3}x+2$,

㉢ $y=-\dfrac{2}{3}x-1$, ㉣ $y=-\dfrac{2}{3}x-2$

3-1 4, $y=2x+3$ **3-2** -3, $y=-3x-2$

4-1 $y=\dfrac{2}{3}x+2$ **4-2** $y=3x-2$

5-1 $y=-4x+1$ **5-2** $y=5x-3$

6-1 $y=2x-5$ **6-2** $y=-2x-3$

7-1 $y=-x+1$ **7-2** $y=3x$

10 일차함수의 그래프 위의 점
p. 77 ~ p. 78

1-1 $5, 7, 1, 5, 2, 7, 5, 7$ **1-2** $-1, 2$

2-1 $9, -\dfrac{3}{2}$ **2-2** $-3, -4$

3-1 $-5, 4, 7$ **3-2** 2

4-1 -1 **4-2** 4

5-1 (1) $y=4x-2$ (2) ㉡   **5-2** (1) $y=-\dfrac{1}{3}x+4$ (2) ㉢

6-1 (1) $y=-3x+4$ (2) 3   **6-2** (1) $y=-2x+9$ (2) 4

7-1 (1) $y=2x-7$ (2) -1 **7-2** (1) $y=-x+3$ (2) 5

1-2 $x=-2$일 때, $y=2\times(-2)+3=-1$

$x=-\dfrac{1}{2}$일 때, $y=2\times\left(-\dfrac{1}{2}\right)+3=2$

2-1 $x=3$일 때, $y=2\times3+3=9$

$y=0$일 때, $0=2x+3$ $\therefore x=-\dfrac{3}{2}$

2-2 $x=-3$일 때, $y=2\times(-3)+3=-3$

$y=-5$일 때, $-5=2x+3$ $\therefore x=-4$

3-2 $x=1, y=-3$을 $y=ax-5$에 대입하면

$-3=a-5$ $\therefore a=2$

4-1 $x=a, y=-2$를 $y=3x+1$에 대입하면

$-2=3a+1$ $\therefore a=-1$

4-2 $x=-1, y=a$를 $y=-2x+2$에 대입하면

$a=-2\times(-1)+2$ $\therefore a=4$

5-1 (2) ㉠ $x=-1, y=-6$을 $y=4x-2$에 대입하면

$-6=4\times(-1)-2$

㉡ $x=2, y=9$를 $y=4x-2$에 대입하면

$9\neq4\times2-2$

㉢ $x=0, y=-2$를 $y=4x-2$에 대입하면

$-2=4\times0-2$

㉣ $x=-\dfrac{1}{2}, y=-4$를 $y=4x-2$에 대입하면

$-4=4\times\left(-\dfrac{1}{2}\right)-2$

따라서 $y=4x-2$의 그래프 위의 점이 아닌 것은 ㉡
이다.

5-2 (2) ㉠ $x=-3, y=5$를 $y=-\dfrac{1}{3}x+4$에 대입하면

$5=-\dfrac{1}{3}\times(-3)+4$

㉡ $x=0, y=4$를 $y=-\dfrac{1}{3}x+4$에 대입하면

$4=-\dfrac{1}{3}\times0+4$

㉢ $x=1, y=\dfrac{7}{3}$을 $y=-\dfrac{1}{3}x+4$에 대입하면

$\dfrac{7}{3}\neq-\dfrac{1}{3}\times1+4$

㉣ $x=6, y=2$를 $y=-\dfrac{1}{3}x+4$에 대입하면

$2=-\dfrac{1}{3}\times6+4$

따라서 $y=-\dfrac{1}{3}x+4$의 그래프 위의 점이 아닌 것은
㉢이다.

6-1 (2) $x=a, y=-5$를 $y=-3x+4$에 대입하면

$-5=-3a+4$ $\therefore a=3$

6-2 (2) $x=a, y=1$을 $y=-2x+9$에 대입하면

$1=-2a+9$ $\therefore a=4$

7-1 (2) $x=3, y=a$를 $y=2x-7$에 대입하면

$a=2\times3-7$ $\therefore a=-1$

7-2 (2) $x=-2, y=a$를 $y=-x+3$에 대입하면

$a=-(-2)+3$ $\therefore a=5$

기본연산 집중연습 | 06~10

p. 79 ~ p. 81

1 $y=2x,\ y=3(x+2),\ x+y=1,\ \dfrac{2}{3}x-\dfrac{1}{3}y=0,$

$y=-(x+1)-x$

2-1 $y=x^2,\ \times$　　　　　　**2-2** $y=3x,\ \bigcirc$

2-3 $y=-x+15,\ \bigcirc$　　　**2-4** $y=1000x+500,\ \bigcirc$

3-1 $3,\ -3$　　　　　　　　　**3-2** $3,\ -2$

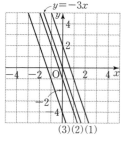

4-1 (1) y, 평행

　　(2) $-3x$

　　(3) $-4,\ 4$

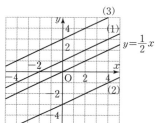

4-2 (1) y, 평행

　　(2) $\dfrac{1}{2}x$

　　(3) $3,\ 3$

5-1 $y=3x+2$　　　　　　**5-2** $y=-2x+4$

5-3 $y=\dfrac{1}{4}x-1$　　　　　**5-4** $y=-\dfrac{3}{2}x+5$

5-5 $y=-x-2$　　　　　　**5-6** $y=\dfrac{2}{3}x-3$

6-1 ㉡　　　　　　　　　**6-2** ㉢

6-3 ㉢　　　　　　　　　**6-4** ㉣

DREAM

1 $xy=6$에서 $y=\dfrac{6}{x}$ ➡ 일차함수가 아니다.

　$y=3(x+2)$에서 $y=3x+6$ ➡ 일차함수

　$x+y=1$에서 $y=-x+1$ ➡ 일차함수

　$\dfrac{2}{3}x-\dfrac{1}{3}y=0$에서 $y=2x$ ➡ 일차함수

　$y=-(x+1)-x$에서 $y=-2x-1$ ➡ 일차함수

2-3 $2(x+y)=30$에서 $y=-x+15$ ➡ 일차함수

5-5 $y=-x+2-4=-x-2$

5-6 $y=\dfrac{2}{3}x-1-2=\dfrac{2}{3}x-3$

6-1 ㉠ $x=-4,\ y=11$을 $y=3x+1$에 대입하면

　　$11\neq3\times(-4)+1$

　㉡ $x=2,\ y=7$을 $y=3x+1$에 대입하면

　　$7=3\times2+1$

　㉢ $x=-\dfrac{1}{3},\ y=\dfrac{2}{3}$를 $y=3x+1$에 대입하면

　　$\dfrac{2}{3}\neq3\times\left(-\dfrac{1}{3}\right)+1$

　㉣ $x=0,\ y=3$을 $y=3x+1$에 대입하면

　　$3\neq3\times0+1$

　따라서 $y=3x+1$의 그래프 위의 점인 것은 ㉡이다.

6-2 ㉠ $x=-2,\ y=5$를 $y=-4x+3$에 대입하면

　　$5\neq-4\times(-2)+3$

　㉡ $x=-1,\ y=1$을 $y=-4x+3$에 대입하면

　　$1\neq-4\times(-1)+3$

　㉢ $x=3,\ y=-9$를 $y=-4x+3$에 대입하면

　　$-9=-4\times3+3$

　㉣ $x=2,\ y=3$을 $y=-4x+3$에 대입하면

　　$3\neq-4\times2+3$

　따라서 $y=-4x+3$의 그래프 위의 점인 것은 ㉢이다.

6-3 일차함수 $y=x+1$의 그래프를 y축의 방향으로 -2만큼 평행이동한 그래프를 나타내는 일차함수의 식은

　$y=x+1-2=x-1$

　㉠ $x=1,\ y=3$을 $y=x-1$에 대입하면

　　$3\neq1-1$

　㉡ $x=-2,\ y=-4$를 $y=x-1$에 대입하면

　　$-4\neq-2-1$

　㉢ $x=-1,\ y=-2$를 $y=x-1$에 대입하면

　　$-2=-1-1$

　㉣ $x=0,\ y=-2$를 $y=x-1$에 대입하면

　　$-2\neq0-1$

　따라서 $y=x-1$의 그래프 위의 점인 것은 ㉢이다.

6-4 일차함수 $y=-\dfrac{3}{2}x-2$의 그래프를 y축의 방향으로 3만큼 평행이동한 그래프를 나타내는 일차함수의 식은

　$y=-\dfrac{3}{2}x-2+3=-\dfrac{3}{2}x+1$

　㉠ $x=0,\ y=-2$를 $y=-\dfrac{3}{2}x+1$에 대입하면

　　$-2\neq-\dfrac{3}{2}\times0+1$

$\bigcirc$ $x=2, y=2$를 $y=-\dfrac{3}{2}x+1$에 대입하면

$$2\neq-\dfrac{3}{2}\times2+1$$

$\bigcirc$ $x=-4, y=11$을 $y=-\dfrac{3}{2}x+1$에 대입하면

$$11\neq-\dfrac{3}{2}\times(-4)+1$$

$\bigcirc$ $x=0, y=1$을 $y=-\dfrac{3}{2}x+1$에 대입하면

$$1=-\dfrac{3}{2}\times0+1$$

따라서 $y=-\dfrac{3}{2}x+1$의 그래프 위의 점인 것은 $\bigcirc$이다.

STEP 1

11 일차함수의 그래프에서 x절편, y절편　　p. 82

1-1

그래프	(1)	(2)
x축과의 교점의 좌표	$(2,0)$	$(3,0)$
x절편	2	3
y축과의 교점의 좌표	$(0,-1)$	$(0,4)$
y절편	-1	4

1-2

그래프	(1)	(2)
x축과의 교점의 좌표	$(-3,0)$	$(-2,0)$
x절편	-3	-2
y축과의 교점의 좌표	$(0,-3)$	$(0,4)$
y절편	-3	4

2-1

그래프	(1)	(2)	(3)	(4)
x절편	1	4	-3	-2
y절편	-1	3	-2	3

2-2

그래프	(1)	(2)	(3)	(4)
x절편	3	2	-2	-1
y절편	-4	2	-3	3

12 일차함수의 식에서 x절편, y절편 구하기　　p. 83 ~ p. 84

1-1 $y, 0, \dfrac{3}{2}, x, 0, -3, \dfrac{3}{2}, -3$

1-2 x절편 : 2, y절편 : -2

2-1 x절편 : $-\dfrac{1}{4}$, y절편 : -1　**2-2** x절편 : -2, y절편 : 3

3-1 x절편 : 6, y절편 : -4　　**3-2** x절편 : 2, y절편 : 6

4-1 x절편 : $\dfrac{5}{2}$, y절편 : 5　　**4-2** x절편 : $-\dfrac{8}{5}$, y절편 : 8

5-1 $-3, -3, 3$　　　　　　　**5-2** ① $(-2,0)$　② $(0,-1)$

6-1 ① $\left(-\dfrac{1}{2},0\right)$　② $(0,1)$　**6-2** ① $(2,0)$　② $(0,-6)$

7-1 ① $(2,0)$　② $(0,4)$　　**7-2** ① $(-6,0)$　② $(0,3)$

8-1 (1) ○　(2) ○　(3) ○　(4) ×　(5) ×

8-2 (1) ×　(2) ○　(3) ○　(4) ○　(5) ○

1-2 $y=0$을 $y=x-2$에 대입하면

$$0=x-2 \qquad \therefore x=2, \text{즉 } (x절편)=2$$

2-1 $y=0$을 $y=-4x-1$에 대입하면

$$0=-4x-1,\ 4x=-1$$

$$\therefore x=-\dfrac{1}{4}, \text{즉 } (x절편)=-\dfrac{1}{4}$$

2-2 $y=0$을 $y=\dfrac{3}{2}x+3$에 대입하면

$$0=\dfrac{3}{2}x+3,\ \dfrac{3}{2}x=-3$$

$$\therefore x=-2, \text{즉 } (x절편)=-2$$

3-1 $y=0$을 $y=\dfrac{2}{3}x-4$에 대입하면

$$0=\dfrac{2}{3}x-4,\ \dfrac{2}{3}x=4$$

$$\therefore x=6, \text{즉 } (x절편)=6$$

3-2 $y=0$을 $y=-3x+6$에 대입하면

$$0=-3x+6,\ 3x=6$$

$$\therefore x=2, \text{즉 } (x절편)=2$$

4-1 $y=0$을 $y=-2x+5$에 대입하면

$$0=-2x+5,\ 2x=5$$

$$\therefore x=\dfrac{5}{2}, \text{즉 } (x절편)=\dfrac{5}{2}$$

4-2 $y=0$을 $y=5x+8$에 대입하면

$$0=5x+8,\ 5x=-8$$

$$\therefore x=-\dfrac{8}{5}, \text{즉 } (x절편)=-\dfrac{8}{5}$$

5-2 ① $y=0$을 $y=-\dfrac{1}{2}x-1$에 대입하면

$$0=-\dfrac{1}{2}x-1,\ \dfrac{1}{2}x=-1 \qquad \therefore x=-2$$

$$\therefore x축과의 교점의 좌표는 (-2,0)$$

6-1 ① $y=0$을 $y=2x+1$에 대입하면

$$0=2x+1,\ 2x=-1 \qquad \therefore x=-\dfrac{1}{2}$$

$$\therefore x축과의 교점의 좌표는 \left(-\dfrac{1}{2},0\right)$$

6-2 ① $y=0$을 $y=3x-6$에 대입하면
$0=3x-6$, $3x=6$ ∴ $x=2$
∴ x축과의 교점의 좌표는 $(2,0)$

7-1 ① $y=0$을 $y=-2x+4$에 대입하면
$0=-2x+4$, $2x=4$ ∴ $x=2$
∴ x축과의 교점의 좌표는 $(2,0)$

7-2 ① $y=0$을 $y=\dfrac{1}{2}x+3$에 대입하면
$0=\dfrac{1}{2}x+3$, $\dfrac{1}{2}x=-3$ ∴ $x=-6$
∴ x축과의 교점의 좌표는 $(-6,0)$

8-1 (1), (4) $y=0$을 $y=-x+1$에 대입하면
$0=-x+1$ ∴ $x=1$, 즉 $(x$절편$)=1$
따라서 x축과의 교점의 좌표는 $(1,0)$이다.
(5) y축과의 교점의 좌표는 $(0,1)$이다.

8-2 (1) $y=0$을 $y=x+2$에 대입하면
$0=x+2$
∴ $x=-2$, 즉 $(x$절편$)=-2$
(5) $y=0$을 $y=2x+4$에 대입하면
$0=2x+4$, $2x=-4$
∴ $x=-2$, 즉 $(x$절편$)=-2$
따라서 $y=2x+4$의 그래프와 x절편이 같다.

13 x절편, y절편을 이용하여 그래프 그리기
p. 85

1-1 ① $3, 0, 3$
② $-3, -3, 0$

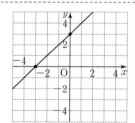

1-2

2-1   **2-2**

1-2 (1) $y=0$을 $y=\dfrac{1}{3}x-1$에 대입하면
$0=\dfrac{1}{3}x-1$, $\dfrac{1}{3}x=1$
∴ $x=3$, 즉 $(x$절편$)=3$
(2) $y=0$을 $y=-\dfrac{1}{3}x-1$에 대입하면
$0=-\dfrac{1}{3}x-1$, $\dfrac{1}{3}x=-1$
∴ $x=-3$, 즉 $(x$절편$)=-3$

2-1 (1) $y=0$을 $y=x+1$에 대입하면
$0=x+1$ ∴ $x=-1$, 즉 $(x$절편$)=-1$
(2) $y=0$을 $y=-x+2$에 대입하면
$0=-x+2$ ∴ $x=2$, 즉 $(x$절편$)=2$

2-2 (1) $y=0$을 $y=2x+4$에 대입하면
$0=2x+4$, $2x=-4$
∴ $x=-2$, 즉 $(x$절편$)=-2$
(2) $y=0$을 $y=2x-4$에 대입하면
$0=2x-4$, $2x=4$
∴ $x=2$, 즉 $(x$절편$)=2$

14 일차함수의 그래프의 기울기 (1)
p. 86 ~ p. 87

1-1

x	$\cdots$	-1	0	1	2	$\cdots$
y	$\cdots$	-3	-2	-1	0	$\cdots$

$-1, 1, 1, 1, 1$

1-2

x	$\cdots$	-1	0	1	2	$\cdots$
y	$\cdots$	-5	-3	-1	1	$\cdots$

$-1, 4, 4, 2$

2-1

x	$\cdots$	-1	0	1	2	$\cdots$
y	$\cdots$	-2	-3	-4	-5	$\cdots$

$-3, -1, -1, -1$

2-2

x	$\cdots$	-1	0	1	2	$\cdots$
y	$\cdots$	$\dfrac{3}{2}$	1	$\dfrac{1}{2}$	0	$\cdots$

$0, -1, -1, -\dfrac{1}{2}$

3-1 $3, 3, 3, 3, 1$ **3-2** $\dfrac{2}{3}$

3-3 2 **4-1** $-2, y, -2, -\dfrac{1}{2}$

4-2 -2 **4-3** $-\dfrac{1}{3}$

3-3 $(기울기)=\dfrac{(y의\ 값의\ 증가량)}{(x의\ 값의\ 증가량)}=\dfrac{4}{2}=2$

4-2 $(기울기)=\dfrac{(y의\ 값의\ 증가량)}{(x의\ 값의\ 증가량)}=\dfrac{-4}{2}=-2$

15 일차함수의 그래프의 기울기 (2)　　　　p. 88 ~ p. 89

1-1	$x, 3, 6$	**1-2**	3
2-1	20	**2-2**	-4
3-1	4	**3-2**	-6

4-1 (1) $1, \dfrac{1}{3}$, ㉢　(2) -2, ㉺　(3) ㉠　(4) ㉣　(5) ㉥, ㉣

4-2 (1) ㉢　(2) ㉠　(3) ㉣　(4) ㉤　(5) ㉢, ㉺

1-2 $(기울기)=\dfrac{(y의\ 값의\ 증가량)}{6}=\dfrac{1}{2}$

$\therefore\ (y의\ 값의\ 증가량)=3$

2-1 $(기울기)=\dfrac{(y의\ 값의\ 증가량)}{4}=5$

$\therefore\ (y의\ 값의\ 증가량)=20$

2-2 $(기울기)=\dfrac{(y의\ 값의\ 증가량)}{3-1}=-2$

$\therefore\ (y의\ 값의\ 증가량)=-4$

3-1 $(기울기)=\dfrac{(y의\ 값의\ 증가량)}{8-2}=\dfrac{2}{3}$

$\therefore\ (y의\ 값의\ 증가량)=4$

3-2 $(기울기)=\dfrac{(y의\ 값의\ 증가량)}{2-(-2)}=-\dfrac{3}{2}$

$\therefore\ (y의\ 값의\ 증가량)=-6$

4-1 (3) $(기울기)=\dfrac{-2}{6}=-\dfrac{1}{3}$

즉 기울기가 $-\dfrac{1}{3}$ 인 일차함수는 ㉠이다.

(4) $(기울기)=\dfrac{4}{2}=2$

즉 기울기가 2인 일차함수는 ㉢이다.

4-2 (1) $(기울기)=\dfrac{-4}{2}=-2$

즉 기울기가 -2인 일차함수는 ㉢이다.

(2) $(기울기)=\dfrac{2}{1}=2$

즉 기울기가 2인 일차함수는 ㉠이다.

(3) $(기울기)=\dfrac{-2}{4}=-\dfrac{1}{2}$

즉 기울기가 $-\dfrac{1}{2}$ 인 일차함수는 ㉣이다.

(4) $(기울기)=\dfrac{8}{2}=4$

즉 기울기가 4인 일차함수는 ㉺이다.

---

16 두 점을 지나는 일차함수의 그래프의 기울기　　p. 90 ~ p. 91

1-1	$6, 2, -1, \dfrac{4}{3}$	**1-2**	$\dfrac{1}{3}$
2-1	1	**2-2**	$\dfrac{1}{2}$
3-1	$\dfrac{1}{4}$	**3-2**	3
4-1	$-\dfrac{2}{3}$	**4-2**	2
5-1	$4, 4$	**5-2**	18
6-1	3	**6-2**	0
7-1	-2	**7-2**	4
8-1	9	**8-2**	6
9-1	3	**9-2**	-1

1-2 $(기울기)=\dfrac{5-4}{6-3}=\dfrac{1}{3}$

2-1 $(기울기)=\dfrac{3-(-1)}{3-(-1)}=\dfrac{4}{4}=1$

2-2 $(기울기)=\dfrac{5-2}{3-(-3)}=\dfrac{3}{6}=\dfrac{1}{2}$

3-1 $(기울기)=\dfrac{-4-(-5)}{5-1}=\dfrac{1}{4}$

3-2 $(기울기)=\dfrac{7-4}{2-1}=3$

4-1 $(기울기)=\dfrac{-1-1}{3-0}=-\dfrac{2}{3}$

4-2 $(기울기)=\dfrac{5-(-1)}{-1-(-4)}=\dfrac{6}{3}=2$

5-2 $(기울기)=\dfrac{k-2}{-1-3}=-4$에서

$\dfrac{k-2}{-4}=-4,\ k-2=16 \quad \therefore\ k=18$

6-1 $(기울기)=\dfrac{8-1}{-4-k}=-1$에서

$\dfrac{7}{-4-k}=-1,\ 4+k=7 \quad \therefore\ k=3$

6-2 $(기울기)=\dfrac{3-k}{1-(-5)}=\dfrac{1}{2}$에서

$\dfrac{3-k}{6}=\dfrac{1}{2},\ 3-k=3 \quad \therefore\ k=0$

7-1 $(기울기)=\dfrac{k-(-7)}{3-(-2)}=1$에서

$\dfrac{k+7}{5}=1,\ k+7=5 \quad \therefore\ k=-2$

7-2 $(기울기)=\dfrac{-2-k}{2-(-2)}=-\dfrac{3}{2}$에서

$\dfrac{-2-k}{4}=-\dfrac{3}{2},\ 2+k=6$ $\therefore k=4$

8-1 $(기울기)=\dfrac{-1-k}{4-(-1)}=-2$에서

$\dfrac{-1-k}{5}=-2,\ 1+k=10$ $\therefore k=9$

8-2 $(기울기)=\dfrac{2-(-4)}{9-k}=2$에서

$\dfrac{6}{9-k}=2,\ 9-k=3$ $\therefore k=6$

9-1 $(기울기)=\dfrac{2-k}{1-(-2)}=-\dfrac{1}{3}$에서

$\dfrac{2-k}{3}=-\dfrac{1}{3},\ 2-k=-1$ $\therefore k=3$

9-2 $(기울기)=\dfrac{-4-2}{-3-k}=3$에서

$\dfrac{-6}{-3-k}=3,\ 3+k=2$ $\therefore k=-1$

17 기울기와 y절편을 이용하여 그래프 그리기   p. 92

1-1 ① $-2,\ 0,\ -2$

② $\dfrac{2}{3},\ -2,\ 2$

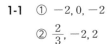

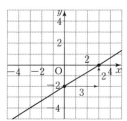

1-2 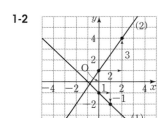   **1-3**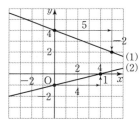

STEP 2

기본연산 집중연습 | 11~17   p. 93 ~ p. 95

1-1 ① -6 ② 4 ③ $\dfrac{2}{3}$ **1-2** ① 10 ② 8 ③ $-\dfrac{4}{5}$

1-3 ① 2 ② -3 ③ $\dfrac{3}{2}$ **1-4** ① 3 ② 1 ③ $-\dfrac{1}{3}$

1-5 ① -2 ② -2 ③ -1 **1-6** ① 4 ② -5 ③ $\dfrac{5}{4}$

1-7 ① -3 ② 3 ③ 1 **1-8** ① -2 ② -5 ③ $-\dfrac{5}{2}$

2-1 ① $\dfrac{4}{3}$ ② 4 ③ -3 **2-2** ① 5 ② -3 ③ $\dfrac{3}{5}$

2-3 ① -1 ② 3 ③ 3 **2-4** ① -2 ② -1 ③ $-\dfrac{1}{2}$

2-5 ① 3 ② -4 ③ $\dfrac{4}{3}$ **2-6** ① 4 ② 6 ③ $-\dfrac{3}{2}$

3-1 -2 **3-2** $\dfrac{3}{2}$

3-3 $\dfrac{2}{3}$ **3-4** $-\dfrac{3}{5}$

4-1 ㉢, $\dfrac{3}{2},\ 3$ **4-2** ㉣, $-2,\ 3$

4-3 ㉠, $-6,\ -3$ **4-4** ㉡, $3,\ 2$

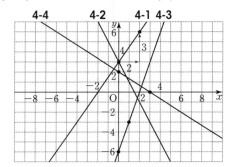

1-1 주어진 그래프는 두 점 $(-6,\ 0),\ (0,\ 4)$를 지나므로

$(기울기)=\dfrac{4-0}{0-(-6)}=\dfrac{4}{6}=\dfrac{2}{3}$

1-2 주어진 그래프는 두 점 $(10,\ 0),\ (0,\ 8)$을 지나므로

$(기울기)=\dfrac{8-0}{0-10}=\dfrac{8}{-10}=-\dfrac{4}{5}$

1-3 주어진 그래프는 두 점 $(2,\ 0),\ (0,\ -3)$을 지나므로

$(기울기)=\dfrac{-3-0}{0-2}=\dfrac{-3}{-2}=\dfrac{3}{2}$

1-4 주어진 그래프는 두 점 $(3,\ 0),\ (0,\ 1)$을 지나므로

$(기울기)=\dfrac{1-0}{0-3}=-\dfrac{1}{3}$

1-5 주어진 그래프는 두 점 $(-2,\ 0),\ (0,\ -2)$를 지나므로

$(기울기)=\dfrac{-2-0}{0-(-2)}=\dfrac{-2}{2}=-1$

1-6 주어진 그래프는 두 점 $(4,\ 0),\ (0,\ -5)$를 지나므로

$(기울기)=\dfrac{-5-0}{0-4}=\dfrac{-5}{-4}=\dfrac{5}{4}$

1-7 주어진 그래프는 두 점 $(-3,\ 0),\ (0,\ 3)$을 지나므로

$(기울기)=\dfrac{3-0}{0-(-3)}=\dfrac{3}{3}=1$

1-8 주어진 그래프는 두 점 $(-2, 0)$, $(0, -5)$를 지나므로

$$(기울기) = \frac{-5-0}{0-(-2)} = -\frac{5}{2}$$

2-1 ① $y=0$을 $y=-3x+4$에 대입하면

$$0=-3x+4, \ 3x=4$$

$$\therefore x=\frac{4}{3}, \ 즉 \ (x절편)=\frac{4}{3}$$

2-2 ① $y=0$을 $y=\frac{3}{5}x-3$에 대입하면

$$0=\frac{3}{5}x-3, \ \frac{3}{5}x=3$$

$$\therefore x=5, \ 즉 \ (x절편)=5$$

2-3 ① $y=0$을 $y=3x+3$에 대입하면

$$0=3x+3, \ 3x=-3$$

$$\therefore x=-1, \ 즉 \ (x절편)=-1$$

2-4 ① $y=0$을 $y=-\frac{1}{2}x-1$에 대입하면

$$0=-\frac{1}{2}x-1, \ \frac{1}{2}x=-1$$

$$\therefore x=-2, \ 즉 \ (x절편)=-2$$

2-5 ① $y=0$을 $y=\frac{4}{3}x-4$에 대입하면

$$0=\frac{4}{3}x-4, \ \frac{4}{3}x=4$$

$$\therefore x=3, \ 즉 \ (x절편)=3$$

2-6 ① $y=0$을 $y=-\frac{3}{2}x+6$에 대입하면

$$0=-\frac{3}{2}x+6, \ \frac{3}{2}x=6$$

$$\therefore x=4, \ 즉 \ (x절편)=4$$

3-1 $(기울기)=\dfrac{-1-3}{3-1}=\dfrac{-4}{2}=-2$

3-2 $(기울기)=\dfrac{4-(-2)}{3-(-1)}=\dfrac{6}{4}=\dfrac{3}{2}$

3-3 $(기울기)=\dfrac{-4-(-2)}{0-3}=\dfrac{-2}{-3}=\dfrac{2}{3}$

3-4 $(기울기)=\dfrac{2-(-1)}{-2-3}=\dfrac{3}{-5}=-\dfrac{3}{5}$

STEP 1

18 일차함수 $y=ax(a\neq0)$의 그래프의 성질 p. 96 ~ p. 97

1-1 (1) ㉠, ㉤ (2) ㉢ (3) ㉢, ㉣ (4) ㉣

1-2 (1) ㉢, ㉣ (2) ㉠ (3) ㉠, ㉤ (4) ㉤
2-1 (1) × (2) × (3) ○ (4) ○ (5) ×
2-2 (1) ○ (2) ○ (3) × (4) ○ (5) ×
3-1 (1) × (2) × (3) ○ (4) × (5) ○
3-2 (1) × (2) ○ (3) × (4) ○ (5) ×

2-1 (1) 점 $(2, -3)$을 지난다.
　　(2) 원점을 지나는 직선이다.
　　(5) x의 값이 증가하면 y의 값은 감소한다.

2-2 (3) 제1, 3사분면을 지난다.
　　(5) x의 값이 증가하면 y의 값도 증가한다.

3-1 (1) 점 $(-1, 5)$를 지난다.
　　(2) 오른쪽 아래로 향하는 직선이다.
　　(4) x의 값이 증가하면 y의 값은 감소한다.

3-2 (1) 원점을 지나는 직선이다.
　　(3) 점 $(3, 9)$를 지난다.
　　(5) $|3|<|-4|$이므로 $y=-4x$의 그래프는 $y=3x$의
　　　그래프보다 y축에 더 가깝다.

19 일차함수 $y=ax+b(a\neq0)$의 그래프의 성질 p. 98 ~ p. 99

1-1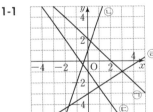
　　(1) ㉤, ㉣
　　(2) ㉠, ㉢
　　(3) ㉤, ㉣

1-2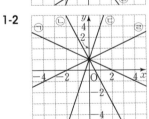
　　(1) ㉠, ㉤
　　(2) ㉢, ㉣
　　(3) ㉠, ㉤

2-1 (1) ○ (2) × (3) ○ (4) × (5) ○ (6) ○
2-2 (1) × (2) ○ (3) ○ (4) × (5) ○ (6) ×
3-1 (1) × (2) × (3) ○ (4) × (5) ○ (6) ○
3-2 (1) ○ (2) × (3) × (4) ○ (5) ○ (6) ○

2-1 (2) y절편은 -2이므로 y축과의 교점의 좌표는 $(0, -2)$
　　　이다.
　　(4) $y=3x-2$의 그래프는 오른쪽 그림
　　　과 같다. 따라서 제2사분면을 지나
　　　지 않는다.

2-2 (1) $y=0$을 $y=-2x-5$에 대입하면

$$0=-2x-5, 2x=-5 \qquad \therefore x=-\frac{5}{2}$$

따라서 x축과의 교점의 좌표는 $\left(-\frac{5}{2}, 0\right)$이다.

(4) 점 $(1, -7)$을 지난다.

(5) $y=-2x-5$의 그래프는 오른쪽 그림과 같다. 따라서 제2, 3, 4사분면을 지난다.

(6) x의 값이 4만큼 증가할 때, y의 값은 8만큼 감소한다.

3-1 (1) $y=0$을 $y=\frac{2}{3}x+4$에 대입하면

$$0=\frac{2}{3}x+4, \frac{2}{3}x=-4$$

$\therefore x=-6$, 즉 $(x$절편$)=-6$

(2) y절편이 4이므로 그래프는 y축과 x축보다 위쪽에서 만난다.

(4) $y=\frac{2}{3}x+4$의 그래프는 오른쪽 그림과 같다. 따라서 제1, 2, 3사분면을 지난다.

3-2 (2) y절편이 -3이므로 그래프는 y축과 x축보다 아래쪽에서 만난다.

(3) 점 $(2, -4)$를 지난다.

(4) $y=-\frac{1}{2}x-3$의 그래프는 오른쪽 그림과 같다. 따라서 제1사분면을 지나지 않는다.

20 일차함수 $y=ax+b(a\neq 0)$의 그래프의 모양   p. 100 ~ p. 101

1-1 $>, <$ **1-2** $>, >$
2-1 $<, >$ **2-2** $<, <$
3-1 〔연구〕 $>, >$ **3-2** $>, <$
4-1 $<, <$ **4-2** $<, >$
5-1 〔연구〕 $<, >$ **5-2** $<, <$
6-1 $>, <$ **6-2** $>, >$

3-2 (기울기)>0이므로 $a>0$

(y절편)>0이므로 $-b>0$ $\therefore b<0$

4-1 (기울기)<0이므로 $a<0$

(y절편)>0이므로 $-b>0$ $\therefore b<0$

4-2 (기울기)<0이므로 $a<0$

(y절편)<0이므로 $-b<0$ $\therefore b>0$

5-2 (기울기)>0이므로 $-a>0$ $\therefore a<0$

(y절편)>0이므로 $-b>0$ $\therefore b<0$

6-1 (기울기)<0이므로 $-a<0$ $\therefore a>0$

(y절편)>0이므로 $-b>0$ $\therefore b<0$

6-2 (기울기)<0이므로 $-a<0$ $\therefore a>0$

(y절편)<0이므로 $-b<0$ $\therefore b>0$

21 일차함수의 그래프의 평행과 일치   p. 102 ~ p. 103

1-1 (1) ⓒ과 ⓒ (2) ㉠과 ㅂ (3) ㉣
1-2 (1) ㉠과 ㉣ (2) ⓒ과 ⓒ (3) ㅁ
2-1 5   **2-2** $-\frac{5}{2}$
3-1 4   **3-2** -1
4-1 3   **4-2** $-\frac{1}{3}$
5-1 3   **5-2** 6
6-1 2   **6-2** $a=-2, b=-5$
7-1 $a=-4, b=-1$ **7-2** $a=-3, b=2$

1-1 (3) 주어진 그래프의 기울기는 $\frac{-5}{1}=-5$이고 y절편이 -5이므로 기울기가 -5이고 y절편이 -5가 아닌 그래프를 고르면 ㉣이다.

1-2 (3) 주어진 그래프의 기울기는 $\frac{-2}{1}=-2$이고 y절편이 2이므로 기울기가 -2이고 y절편이 2가 아닌 그래프를 고르면 ㅁ이다.

3-1 $y=3ax-2, y=12x+2$에서

     같다.

$3a=12$이므로 $a=4$

3-2 $y=2ax+5, y=-2x-5$에서

     같다.

$2a=-2$이므로 $a=-1$

5-1 두 점 $(-2, -8), (5, 13)$을 지나는 직선의 기울기는

$$\frac{13-(-8)}{5-(-2)}=\frac{21}{7}=3$$

이 직선이 $y=ax+5$의 그래프와 평행하므로 $a=3$

5-2 두 점 $(-3, 4), (0, a)$를 지나는 직선의 기울기는

$$\frac{a-4}{0-(-3)}=\frac{a-4}{3}$$

이 직선이 $y=\frac{2}{3}x+5$의 그래프와 평행하므로

$$\frac{a-4}{3}=\frac{2}{3} \qquad \therefore a=6$$

STEP 2

기본연산 집중연습 | 18~21

p. 104 ~ p. 105

1-1 ㉢, ㉣		**1-2** ㉠, ㉤	
1-3 ㉠, ㉤		**1-4** ㉢, ㉣	
2-1 ㉠, ㉢, ㉤, ㉥		**2-2** ㉡, ㉣, ㉦, ㉧	
2-3 ㉠, ㉢, ㉤, ㉥		**2-4** ㉡, ㉣, ㉦, ㉧	
2-5 ㉠, ㉣, ㉦, ㉥		**2-6** ㉡, ㉢, ㉤, ㉧	
3-1 $a<0, b>0$		**3-2** $a>0, b>0$	
3-3 $a>0, b<0$		**3-4** $a<0, b<0$	
4-1 C		**4-2** D	
4-3 A		**4-4** B	

3-1 (기울기)>0이므로 $-a>0$ $\quad \therefore a<0$
(y절편)>0이므로 $b>0$

3-2 (기울기)<0이므로 $-a<0$ $\quad \therefore a>0$
(y절편)>0이므로 $b>0$

3-3 (기울기)<0이므로 $-a<0$ $\quad \therefore a>0$
(y절편)<0이므로 $b<0$

3-4 (기울기)>0이므로 $-a>0$ $\quad \therefore a<0$
(y절편)<0이므로 $b<0$

STEP 1

22 일차함수의 식 구하기 (1)
: 기울기와 y절편이 주어질 때   p. 106 ~ p. 107

1-1 $2, y=4x+2$		**1-2** $y=-x-3$	
2-1 $y=\dfrac{3}{2}x+4$		**2-2** $y=\dfrac{2}{3}x-1$	
3-1 $y=3x-1$		**3-2** $y=-2x+3$	
4-1 $y=4x+1$		**4-2** $y=\dfrac{1}{2}x-2$	
5-1 연구 $2, y=2x-2$		**5-2** $y=4x+8$	
6-1 $y=-\dfrac{5}{3}x+2$		**6-2** $y=-3x-\dfrac{2}{3}$	
7-1 연구 $3, y=3x+5$		**7-2** $y=2x-1$	
8-1 $y=-2x+3$		**8-2** $y=\dfrac{1}{3}x-2$	
9-1 연구 $1, -1, 1, y=x-3$			
9-2 $y=-2x+6$			

5-2 (기울기)$=\dfrac{(y\text{의 값의 증가량})}{(x\text{의 값의 증가량})}=\dfrac{4}{1}=4$
따라서 구하는 일차함수의 식은 $y=4x+8$

6-1 (기울기)$=\dfrac{(y\text{의 값의 증가량})}{(x\text{의 값의 증가량})}=\dfrac{-5}{3}=-\dfrac{5}{3}$
따라서 구하는 일차함수의 식은 $y=-\dfrac{5}{3}x+2$

6-2 (기울기)$=\dfrac{(y\text{의 값의 증가량})}{(x\text{의 값의 증가량})}=\dfrac{-9}{3}=-3$
따라서 구하는 일차함수의 식은 $y=-3x-\dfrac{2}{3}$

9-2 주어진 일차함수의 그래프는 두 점 $(0, 2)$, $(1, 0)$을 지나
므로 기울기는 $\dfrac{0-2}{1-0}=-2$
따라서 구하는 일차함수의 식은 $y=-2x+6$

23 일차함수의 식 구하기 (2)
: 기울기와 한 점의 좌표가 주어질 때   p. 108 ~ p. 109

1-1 $2, y=-2x+2$		**1-2** $y=-\dfrac{2}{5}x+1$	
2-1 $y=\dfrac{1}{2}x-4$		**2-2** $y=2x-4$	
3-1 $y=\dfrac{1}{3}x-1$		**3-2** $y=-x+1$	
4-1 $y=-3x+4$		**4-2** $y=-\dfrac{1}{4}x+3$	
5-1 $y=-\dfrac{3}{5}x-5$		**5-2** $y=-2x-1$	
6-1 $y=-\dfrac{1}{3}x+5$		**6-2** $y=2x+3$	
7-1 $y=3x-3$		**7-2** $y=-3x+6$	
8-1 $y=\dfrac{1}{3}x+5$		**8-2** $y=-2x+5$	
9-1 $y=-\dfrac{2}{3}x+8$		**9-2** $y=\dfrac{3}{4}x+5$	

1-2 $y=-\dfrac{2}{5}x+b$로 놓고 $x=5, y=-1$을 대입하면
$-1=-\dfrac{2}{5}\times 5+b$ $\quad \therefore b=1$
따라서 구하는 일차함수의 식은 $y=-\dfrac{2}{5}x+1$

2-1 $y=\dfrac{1}{2}x+b$로 놓고 $x=4, y=-2$를 대입하면
$-2=\dfrac{1}{2}\times 4+b$ $\quad \therefore b=-4$
따라서 구하는 일차함수의 식은 $y=\dfrac{1}{2}x-4$

2-2 $y=2x+b$로 놓고 $x=3, y=2$를 대입하면
$2=2\times 3+b$ $\quad \therefore b=-4$
따라서 구하는 일차함수의 식은 $y=2x-4$

3-1 $y=\dfrac{1}{3}x+b$로 놓고 $x=3, y=0$을 대입하면
$0=\dfrac{1}{3}\times 3+b$ $\quad \therefore b=-1$
따라서 구하는 일차함수의 식은 $y=\dfrac{1}{3}x-1$

3-2 $y=-x+b$로 놓고 $x=1$, $y=0$을 대입하면

$0=-1+b$ $\therefore b=1$

따라서 구하는 일차함수의 식은 $y=-x+1$

4-1 $y=-3x+b$로 놓고 $x=2$, $y=-2$를 대입하면

$-2=-3\times2+b$ $\therefore b=4$

따라서 구하는 일차함수의 식은 $y=-3x+4$

4-2 $y=-\dfrac{1}{4}x+b$로 놓고 $x=12$, $y=0$을 대입하면

$0=-\dfrac{1}{4}\times12+b$ $\therefore b=3$

따라서 구하는 일차함수의 식은 $y=-\dfrac{1}{4}x+3$

5-1 $(기울기)=\dfrac{(y의\ 값의\ 증가량)}{(x의\ 값의\ 증가량)}=\dfrac{-3}{5}=-\dfrac{3}{5}$이므로

$y=-\dfrac{3}{5}x+b$로 놓고 $x=-5$, $y=-2$를 대입하면

$-2=-\dfrac{3}{5}\times(-5)+b$ $\therefore b=-5$

따라서 구하는 일차함수의 식은 $y=-\dfrac{3}{5}x-5$

5-2 $(기울기)=\dfrac{(y의\ 값의\ 증가량)}{(x의\ 값의\ 증가량)}=\dfrac{-4}{2}=-2$이므로

$y=-2x+b$로 놓고 $x=1$, $y=-3$을 대입하면

$-3=-2\times1+b$ $\therefore b=-1$

따라서 구하는 일차함수의 식은 $y=-2x-1$

6-1 $(기울기)=\dfrac{(y의\ 값의\ 증가량)}{(x의\ 값의\ 증가량)}=\dfrac{-1}{3}=-\dfrac{1}{3}$이므로

$y=-\dfrac{1}{3}x+b$로 놓고 $x=3$, $y=4$를 대입하면

$4=-\dfrac{1}{3}\times3+b$ $\therefore b=5$

따라서 구하는 일차함수의 식은 $y=-\dfrac{1}{3}x+5$

6-2 $(기울기)=\dfrac{(y의\ 값의\ 증가량)}{(x의\ 값의\ 증가량)}=\dfrac{4}{2}=2$이므로

$y=2x+b$로 놓고 $x=-2$, $y=-1$을 대입하면

$-1=2\times(-2)+b$ $\therefore b=3$

따라서 구하는 일차함수의 식은 $y=2x+3$

7-1 기울기가 3이므로

$y=3x+b$로 놓고 $x=2$, $y=3$을 대입하면

$3=3\times2+b$ $\therefore b=-3$

따라서 구하는 일차함수의 식은 $y=3x-3$

7-2 기울기가 -3이므로

$y=-3x+b$로 놓고 $x=1$, $y=3$을 대입하면

$3=-3\times1+b$ $\therefore b=6$

따라서 구하는 일차함수의 식은 $y=-3x+6$

8-1 기울기가 $\dfrac{1}{3}$이므로

$y=\dfrac{1}{3}x+b$로 놓고 $x=-3$, $y=4$를 대입하면

$4=\dfrac{1}{3}\times(-3)+b$ $\therefore b=5$

따라서 구하는 일차함수의 식은 $y=\dfrac{1}{3}x+5$

8-2 기울기가 -2이므로

$y=-2x+b$로 놓고 $x=3$, $y=-1$을 대입하면

$-1=-2\times3+b$ $\therefore b=5$

따라서 구하는 일차함수의 식은 $y=-2x+5$

9-1 주어진 일차함수의 그래프는 두 점 $(-3,0)$, $(0,-2)$를 지나므로 기울기는 $\dfrac{-2-0}{0-(-3)}=-\dfrac{2}{3}$

$y=-\dfrac{2}{3}x+b$로 놓고 $x=3$, $y=6$을 대입하면

$6=-\dfrac{2}{3}\times3+b$ $\therefore b=8$

따라서 구하는 일차함수의 식은 $y=-\dfrac{2}{3}x+8$

9-2 주어진 일차함수의 그래프는 두 점 $(0,-3)$, $(4,0)$을 지나므로 기울기는 $\dfrac{0-(-3)}{4-0}=\dfrac{3}{4}$

$y=\dfrac{3}{4}x+b$로 놓고 $x=-4$, $y=2$를 대입하면

$2=\dfrac{3}{4}\times(-4)+b$ $\therefore b=5$

따라서 구하는 일차함수의 식은 $y=\dfrac{3}{4}x+5$

24 일차함수의 식 구하기 (3)
: 서로 다른 두 점의 좌표가 주어질 때   p. 110 ~ p. 111

1-1 $2, 2, 2, 1, y=2x+1$ **1-2** $y=-x+5$

2-1 $y=-3x+5$ **2-2** $y=-\dfrac{3}{2}x+9$

3-1 $y=\dfrac{2}{3}x+\dfrac{7}{3}$ **3-2** $y=-5x+8$

4-1 $y=\dfrac{3}{2}x+1$ **4-2** $y=-3x+6$

5-1 $-3, -1, -1, -3, -\dfrac{3}{5}, -\dfrac{3}{5}, \dfrac{1}{5}, y=-\dfrac{3}{5}x+\dfrac{1}{5}$

5-2 $y=-\dfrac{1}{2}x+1$ **5-3** $y=x+2$

6-1 $y=2x-10$ **6-2** $y=-\dfrac{3}{2}x-2$

7-1 $y=\dfrac{5}{3}x+\dfrac{4}{3}$ **7-2** $y=-2x+7$

1-2 $(\text{기울기})=\dfrac{2-6}{3-(-1)}=\dfrac{-4}{4}=-1$이므로

$y=-x+b$로 놓고 $x=-1,\ y=6$을 대입하면

$6=-(-1)+b$ $\therefore b=5$

따라서 구하는 일차함수의 식은 $y=-x+5$

2-1 $(\text{기울기})=\dfrac{-4-2}{3-1}=\dfrac{-6}{2}=-3$이므로

$y=-3x+b$로 놓고 $x=1,\ y=2$를 대입하면

$2=-3\times1+b$ $\therefore b=5$

따라서 구하는 일차함수의 식은 $y=-3x+5$

2-2 $(\text{기울기})=\dfrac{3-6}{4-2}=-\dfrac{3}{2}$이므로

$y=-\dfrac{3}{2}x+b$로 놓고 $x=2,\ y=6$을 대입하면

$6=-\dfrac{3}{2}\times2+b$ $\therefore b=9$

따라서 구하는 일차함수의 식은 $y=-\dfrac{3}{2}x+9$

3-1 $(\text{기울기})=\dfrac{3-1}{1-(-2)}=\dfrac{2}{3}$이므로

$y=\dfrac{2}{3}x+b$로 놓고 $x=1,\ y=3$을 대입하면

$3=\dfrac{2}{3}\times1+b$ $\therefore b=\dfrac{7}{3}$

따라서 구하는 일차함수의 식은 $y=\dfrac{2}{3}x+\dfrac{7}{3}$

3-2 $(\text{기울기})=\dfrac{-2-3}{2-1}=-5$이므로

$y=-5x+b$로 놓고 $x=1,\ y=3$을 대입하면

$3=-5\times1+b$ $\therefore b=8$

따라서 구하는 일차함수의 식은 $y=-5x+8$

4-1 $(\text{기울기})=\dfrac{4-(-2)}{2-(-2)}=\dfrac{6}{4}=\dfrac{3}{2}$이므로

$y=\dfrac{3}{2}x+b$로 놓고 $x=2,\ y=4$를 대입하면

$4=\dfrac{3}{2}\times2+b$ $\therefore b=1$

따라서 구하는 일차함수의 식은 $y=\dfrac{3}{2}x+1$

4-2 $(\text{기울기})=\dfrac{6-3}{0-1}=-3$이므로

$y=-3x+b$로 놓고 $x=0,\ y=6$을 대입하면

$6=-3\times0+b$ $\therefore b=6$

따라서 구하는 일차함수의 식은 $y=-3x+6$

5-2 두 점 $(-4,3),(6,-2)$를 지나므로

$(\text{기울기})=\dfrac{-2-3}{6-(-4)}=\dfrac{-5}{10}=-\dfrac{1}{2}$

$y=-\dfrac{1}{2}x+b$로 놓고 $x=-4,\ y=3$을 대입하면

$3=-\dfrac{1}{2}\times(-4)+b$ $\therefore b=1$

따라서 구하는 일차함수의 식은 $y=-\dfrac{1}{2}x+1$

5-3 두 점 $(-2,0),(2,4)$를 지나므로

$(\text{기울기})=\dfrac{4-0}{2-(-2)}=\dfrac{4}{4}=1$

$y=x+b$로 놓고 $x=-2,\ y=0$을 대입하면

$0=-2+b$ $\therefore b=2$

따라서 구하는 일차함수의 식은 $y=x+2$

6-1 두 점 $(2,-6),(8,6)$을 지나므로

$(\text{기울기})=\dfrac{6-(-6)}{8-2}=\dfrac{12}{6}=2$

$y=2x+b$로 놓고 $x=2,\ y=-6$을 대입하면

$-6=2\times2+b$ $\therefore b=-10$

따라서 구하는 일차함수의 식은 $y=2x-10$

6-2 두 점 $(-2,1),(2,-5)$를 지나므로

$(\text{기울기})=\dfrac{-5-1}{2-(-2)}=\dfrac{-6}{4}=-\dfrac{3}{2}$

$y=-\dfrac{3}{2}x+b$로 놓고 $x=-2,\ y=1$을 대입하면

$1=-\dfrac{3}{2}\times(-2)+b$ $\therefore b=-2$

따라서 구하는 일차함수의 식은 $y=-\dfrac{3}{2}x-2$

7-1 두 점 $(-2,-2),(1,3)$을 지나므로

$(\text{기울기})=\dfrac{3-(-2)}{1-(-2)}=\dfrac{5}{3}$

$y=\dfrac{5}{3}x+b$로 놓고 $x=1,\ y=3$을 대입하면

$3=\dfrac{5}{3}\times1+b$ $\therefore b=\dfrac{4}{3}$

따라서 구하는 일차함수의 식은 $y=\dfrac{5}{3}x+\dfrac{4}{3}$

7-2 두 점 $(2,3),(5,-3)$을 지나므로

$(\text{기울기})=\dfrac{-3-3}{5-2}=\dfrac{-6}{3}=-2$

$y=-2x+b$로 놓고 $x=2,\ y=3$을 대입하면

$3=-2\times2+b$ $\therefore b=7$

따라서 구하는 일차함수의 식은 $y=-2x+7$

25 일차함수의 식 구하기 (4)
: x절편과 y절편이 주어질 때
p. 112 ~ p. 113

1-1 $1,1,-\dfrac{1}{4},y=-\dfrac{1}{4}x+1$ **1-2** $y=\dfrac{1}{2}x+3$

2-1 $y=-\dfrac{4}{3}x-4$ **2-2** $y=-3x+6$

3-1 $y=4x+8$ **3-2** $y=2x-6$

4-1 $y=\dfrac{4}{5}x-4$ **4-2** $y=-5x-5$

5-1 $6, 6, -\dfrac{5}{6}, y=-\dfrac{5}{6}x+5$ **5-2** $y=x+3$

6-1 $y=\dfrac{5}{4}x-5$ **6-2** $y=-\dfrac{1}{2}x+3$

7-1 $y=\dfrac{3}{2}x+3$ **7-2** $y=-\dfrac{2}{5}x-2$

8-1 $y=-\dfrac{1}{2}x-3$ **8-2** $y=\dfrac{3}{4}x-3$

1-2 두 점 $(-6, 0)$, $(0, 3)$을 지나므로

$(기울기)=\dfrac{3-0}{0-(-6)}=\dfrac{3}{6}=\dfrac{1}{2}$

따라서 구하는 일차함수의 식은 $y=\dfrac{1}{2}x+3$

2-1 두 점 $(-3, 0)$, $(0, -4)$를 지나므로

$(기울기)=\dfrac{-4-0}{0-(-3)}=-\dfrac{4}{3}$

따라서 구하는 일차함수의 식은 $y=-\dfrac{4}{3}x-4$

2-2 두 점 $(2, 0)$, $(0, 6)$을 지나므로

$(기울기)=\dfrac{6-0}{0-2}=\dfrac{6}{-2}=-3$

따라서 구하는 일차함수의 식은 $y=-3x+6$

3-1 두 점 $(-2, 0)$, $(0, 8)$을 지나므로

$(기울기)=\dfrac{8-0}{0-(-2)}=\dfrac{8}{2}=4$

따라서 구하는 일차함수의 식은 $y=4x+8$

3-2 두 점 $(3, 0)$, $(0, -6)$을 지나므로

$(기울기)=\dfrac{-6-0}{0-3}=\dfrac{-6}{-3}=2$

따라서 구하는 일차함수의 식은 $y=2x-6$

4-1 두 점 $(5, 0)$, $(0, -4)$를 지나므로

$(기울기)=\dfrac{-4-0}{0-5}=\dfrac{4}{5}$

따라서 구하는 일차함수의 식은 $y=\dfrac{4}{5}x-4$

4-2 두 점 $(-1, 0)$, $(0, -5)$를 지나므로

$(기울기)=\dfrac{-5-0}{0-(-1)}=-5$

따라서 구하는 일차함수의 식은 $y=-5x-5$

5-2 두 점 $(-3, 0)$, $(0, 3)$을 지나므로

$(기울기)=\dfrac{3-0}{0-(-3)}=\dfrac{3}{3}=1$

따라서 구하는 일차함수의 식은 $y=x+3$

6-1 두 점 $(0, -5)$, $(4, 0)$을 지나므로

$(기울기)=\dfrac{0-(-5)}{4-0}=\dfrac{5}{4}$

따라서 구하는 일차함수의 식은 $y=\dfrac{5}{4}x-5$

6-2 두 점 $(0, 3)$, $(6, 0)$을 지나므로

$(기울기)=\dfrac{0-3}{6-0}=\dfrac{-3}{6}=-\dfrac{1}{2}$

따라서 구하는 일차함수의 식은 $y=-\dfrac{1}{2}x+3$

7-1 두 점 $(-2, 0)$, $(0, 3)$을 지나므로

$(기울기)=\dfrac{3-0}{0-(-2)}=\dfrac{3}{2}$

따라서 구하는 일차함수의 식은 $y=\dfrac{3}{2}x+3$

7-2 두 점 $(-5, 0)$, $(0, -2)$를 지나므로

$(기울기)=\dfrac{-2-0}{0-(-5)}=-\dfrac{2}{5}$

따라서 구하는 일차함수의 식은 $y=-\dfrac{2}{5}x-2$

8-1 두 점 $(-6, 0)$, $(0, -3)$을 지나므로

$(기울기)=\dfrac{-3-0}{0-(-6)}=\dfrac{-3}{6}=-\dfrac{1}{2}$

따라서 구하는 일차함수의 식은 $y=-\dfrac{1}{2}x-3$

8-2 두 점 $(0, -3)$, $(4, 0)$을 지나므로

$(기울기)=\dfrac{0-(-3)}{4-0}=\dfrac{3}{4}$

따라서 구하는 일차함수의 식은 $y=\dfrac{3}{4}x-3$

26 일차함수의 활용 p. 114 ~ p. 115

1-1 (1)

시간(분)	넣는 물의 양 (L)	물통에 들어 있는 물의 양 (L)
0	0	20
1	2×1	$20+2\times1$
2	2×2	$20+2\times2$
⋮	⋮	⋮
x	$2\times x$	$20+2\times x$

$2x$

(2) $2x, 10, 30, 30$ (3) $2x, 40, 10, 10$

1-2 (1) $y=331+0.6x$ (2) 초속 337 m (3) 20 ℃

1-3 (1) $y=20+3x$ (2) 35 ℃ (3) 20분 후

2-1 (1) $y=40-0.2x$ (2) $120, 24, 16, 16$ (3) $0, 0, 0.2x, 200, 200$

2-2 (1) $y=60-4x$ (2) 28 L (3) 15분 후

2-3 (1) $y=50-2x$ (2) 20 m (3) 25초 후

1-2 (1) 기온이 x ℃ 올라가면 소리의 속력은 초속 $0.6x$ m만큼 증가하므로

$y=331+0.6x$

(2) $x=10$을 $y=331+0.6x$에 대입하면

$y=331+0.6\times10=337$

따라서 기온이 10 ℃일 때, 소리의 속력은 초속 337 m이다.

(3) $y=343$을 $y=331+0.6x$에 대입하면

$343=331+0.6x$, $0.6x=12$ $\quad\therefore x=20$

따라서 소리의 속력이 초속 343 m일 때, 기온은 20℃이다.

1-3 (1) 물에 열을 가한 지 x분 후의 물의 온도는 $3x$ ℃만큼 올라가므로

$y=20+3x$

(2) $x=5$를 $y=20+3x$에 대입하면

$y=20+3\times5=35$

따라서 열을 가한 지 5분 후의 물의 온도는 35 ℃이다.

(3) $y=80$을 $y=20+3x$에 대입하면

$80=20+3x$, $3x=60$ $\quad\therefore x=20$

따라서 물의 온도가 80 ℃가 되는 것은 열을 가한 지 20분 후이다.

2-2 (1) 물이 x분 후에는 $4x$ L만큼 흘러 나가므로

$y=60-4x$

(2) $x=8$을 $y=60-4x$에 대입하면

$y=60-4\times8=28$

따라서 8분 후에 남아 있는 물의 양은 28 L이다.

(3) $y=0$을 $y=60-4x$에 대입하면

$0=60-4x$, $4x=60$ $\quad\therefore x=15$

따라서 물통에 들어 있는 모든 물이 흘러 나오는 것은 15분 후이다.

2-3 (1) 엘리베이터가 x초 후에는 $2x$ m만큼 내려오므로

$y=50-2x$

(2) $x=15$를 $y=50-2x$에 대입하면

$y=50-2\times15=20$

따라서 15초 후의 엘리베이터의 높이는 20 m이다.

(3) $y=0$을 $y=50-2x$에 대입하면

$0=50-2x$, $2x=50$ $\quad\therefore x=25$

따라서 엘리베이터가 지상에 도착하는 것은 출발한 지 25초 후이다.

STEP 2

기본연산 집중연습 | 22~26

p. 116 ~ p. 117

1-1 $y=5x-1$ **1-2** $y=-3x+2$

1-3 $y=\dfrac{2}{3}x+5$ **1-4** $y=3x+5$

1-5 $y=-\dfrac{5}{3}x-4$ **1-6** $y=\dfrac{1}{2}x-4$

1-7 $y=-2x+1$ **1-8** $y=-\dfrac{7}{2}x-7$

1-9 $y=\dfrac{3}{2}x-1$ **1-10** $y=-x+2$

1-11 $y=x+4$ **1-12** $y=-\dfrac{5}{3}x+5$

2-1 $y=50+270x$ **2-2** $y=15-6x$

2-3 $y=200x$ **2-4** $y=15000-0.02x$

2-5 $y=4000+x$ **2-6** $y=5000x$

1-2 (기울기)$=\dfrac{(y의\ 값의\ 증가량)}{(x의\ 값의\ 증가량)}=\dfrac{-6}{2}=-3$

따라서 구하는 일차함수의 식은 $y=-3x+2$

1-3 $y=\dfrac{2}{3}x-4$의 그래프와 평행하므로 기울기는 $\dfrac{2}{3}$이다.

따라서 구하는 일차함수의 식은 $y=\dfrac{2}{3}x+5$

1-4 $y=3x+b$로 놓고 $x=-1$, $y=2$를 대입하면

$2=3\times(-1)+b$ $\quad\therefore b=5$

따라서 구하는 일차함수의 식은 $y=3x+5$

1-5 (기울기)$=\dfrac{(y의\ 값의\ 증가량)}{(x의\ 값의\ 증가량)}=\dfrac{-5}{3}=-\dfrac{5}{3}$이므로

$y=-\dfrac{5}{3}x+b$로 놓고 $x=-3$, $y=1$을 대입하면

$1=-\dfrac{5}{3}\times(-3)+b$ $\quad\therefore b=-4$

따라서 구하는 일차함수의 식은 $y=-\dfrac{5}{3}x-4$

1-6 $y=\dfrac{1}{2}x+3$의 그래프와 평행하므로 기울기는 $\dfrac{1}{2}$이다.

$y=\dfrac{1}{2}x+b$로 놓고 $x=4$, $y=-2$를 대입하면

$-2=\dfrac{1}{2}\times4+b$ $\quad\therefore b=-4$

따라서 구하는 일차함수의 식은 $y=\dfrac{1}{2}x-4$

1-7 (기울기)$=\dfrac{3-(-3)}{-1-2}=\dfrac{6}{-3}=-2$이므로

$y=-2x+b$로 놓고 $x=-1$, $y=3$을 대입하면

$3=-2\times(-1)+b$ $\quad\therefore b=1$

따라서 구하는 일차함수의 식은 $y=-2x+1$

1-8 두 점 $(-2,0)$, $(0,-7)$을 지나므로

(기울기)$=\dfrac{-7-0}{0-(-2)}=-\dfrac{7}{2}$

따라서 구하는 일차함수의 식은 $y=-\dfrac{7}{2}x-7$

1-9 두 점 $(-2,-4)$, $(4,5)$를 지나므로

(기울기)$=\dfrac{5-(-4)}{4-(-2)}=\dfrac{9}{6}=\dfrac{3}{2}$

$y=\dfrac{3}{2}x+b$로 놓고 $x=-2$, $y=-4$를 대입하면

$-4=\dfrac{3}{2}\times(-2)+b$ $\quad\therefore b=-1$

따라서 구하는 일차함수의 식은 $y=\dfrac{3}{2}x-1$

1-10 두 점 $(-3, 5)$, $(4, -2)$를 지나므로

(기울기)$=\dfrac{-2-5}{4-(-3)}=\dfrac{-7}{7}=-1$

$y=-x+b$로 놓고 $x=4$, $y=-2$를 대입하면

$-2=-4+b$ ∴ $b=2$

따라서 구하는 일차함수의 식은 $y=-x+2$

1-11 두 점 $(-4, 0)$, $(0, 4)$를 지나므로

(기울기)$=\dfrac{4-0}{0-(-4)}=\dfrac{4}{4}=1$

따라서 구하는 일차함수의 식은 $y=x+4$

1-12 두 점 $(0, 5)$, $(3, 0)$을 지나므로

(기울기)$=\dfrac{0-5}{3-0}=-\dfrac{5}{3}$

따라서 구하는 일차함수의 식은 $y=-\dfrac{5}{3}x+5$

STEP 3

기본연산 테스트
p.118 ~ p.119

1 (1) ◯ (2) × (3) ◯   **2** (1) 5 (2) 2 (3) 6

3 (1) ◯ (2) × (3) ×   **4** (1) 1 (2) 6 (3) −1

5 (1) $y=x-1$ (2) $y=\dfrac{2}{3}x-2$ (3) $y=-\dfrac{1}{4}x$

6 (1) × (2) ◯ (3) ×

7 (1) x절편 : 4, y절편 : 2, 기울기 : $-\dfrac{1}{2}$

(2) x절편 : −1, y절편 : 3, 기울기 : 3

8 (1) x절편 : 3, y절편 : −6, 기울기 : 2

(2) x절편 : −2, y절편 : 1, 기울기 : $\dfrac{1}{2}$

9 (1) 3 (2) $-\dfrac{5}{2}$

10 (1) ㄴ과 ㅂ, ㄷ과 ㄹ (2) ㄱ과 ㅁ

11 (1) $y=-x-2$ (2) $y=2x+2$ (3) $y=-2x+8$

12 (1) $y=20-0.5x$ (2) 14 cm

---

1 (2)

x	1	2	3	4	$\cdots$
y	없다.	1	1, 2	1, 2, 3	$\cdots$

위의 표와 같이 x의 값이 정해지면 y의 값이 하나로 정해지지 않으므로 함수가 아니다.

(3)

x	1	2	3	4	5	6	$\cdots$
y	1	2	3	2	1	6	$\cdots$

위의 표와 같이 x의 값이 정해지면 y의 값이 하나로 정해지므로 함수이다.

2 (1) $f(-1)=-2\times(-1)+3=5$

(2) $2f(1)=2\times(-2\times 1+3)=2$

(3) $f\left(\dfrac{1}{2}\right)+f\left(-\dfrac{1}{2}\right)$

$=\left\{(-2)\times\dfrac{1}{2}+3\right\}+\left\{(-2)\times\left(-\dfrac{1}{2}\right)+3\right\}$

$=2+4=6$

3 (3) $y=2x-2(x+1)=2x-2x-2=-2$

∴ 일차함수가 아니다. → x에 대한 일차식이 아니다.

4 (2) $y=-2(x-3)=-2x+6$이므로 $y=-2x$의 그래프를 y축의 방향으로 6만큼 평행이동한 것이다.

(3) $y=-2\left(x+\dfrac{1}{2}\right)=-2x-1$이므로 $y=-2x$의 그래프를 y축의 방향으로 −1만큼 평행이동한 것이다.

6 (1) $x=3$, $y=-5$를 $y=2x-1$에 대입하면

$-5\neq 2\times 3-1$

(2) $x=6$, $y=0$을 $y=\dfrac{1}{2}x-3$에 대입하면

$0=\dfrac{1}{2}\times 6-3$

(3) $x=5$, $y=1$을 $y=-x+4$에 대입하면

$1\neq -5+4$

7 (1) 두 점 $(0, 2)$, $(4, 0)$을 지나므로

(기울기)$=\dfrac{0-2}{4-0}=\dfrac{-2}{4}=-\dfrac{1}{2}$

(2) 두 점 $(-1, 0)$, $(0, 3)$을 지나므로

(기울기)$=\dfrac{3-0}{0-(-1)}=3$

9 (1) (기울기)$=\dfrac{5-2}{2-1}=3$

(2) (기울기)$=\dfrac{4-(-6)}{-1-3}=\dfrac{10}{-4}=-\dfrac{5}{2}$

11 (1) $y=-x+b$로 놓고 $x=1$, $y=-3$을 대입하면

$-3=-1+b$ ∴ $b=-2$

따라서 구하는 일차함수의 식은 $y=-x-2$

(2) (기울기)$=\dfrac{4-0}{1-(-1)}=\dfrac{4}{2}=2$이므로

$y=2x+b$로 놓고 $x=-1$, $y=0$을 대입하면

$0=2\times(-1)+b$ ∴ $b=2$

따라서 구하는 일차함수의 식은 $y=2x+2$

(3) 두 점 $(4, 0)$, $(0, 8)$을 지나므로

(기울기)$=\dfrac{8-0}{0-4}=\dfrac{8}{-4}=-2$

따라서 구하는 일차함수의 식은 $y=-2x+8$

12 (2) $x=12$를 $y=20-0.5x$에 대입하면

$y=20-0.5\times 12=14$

따라서 불을 붙인 지 12분 후의 양초의 길이는 14 cm이다.

3

일차함수와 일차방정식

01 일차함수와 일차방정식의 관계   p. 122 ~ p. 123

1-1 (1)

x	⋯	-4	-2	0	2	4	⋯
y	⋯	4	3	2	1	0	⋯

(2) 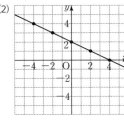   (3) $-\dfrac{1}{2}$, 2

(4) 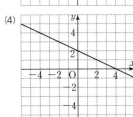   연구 같다

1-2 (1)

x	⋯	-4	-2	0	2	4	⋯
y	⋯	-4	-3	-2	-1	0	⋯

(2) 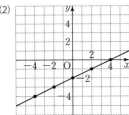   (3) $y=\dfrac{1}{2}x-2$

(4) 그래프

2-1 $2x+3$, 2, 3, $2x+3$, $-\dfrac{3}{2}$, $-\dfrac{3}{2}$

2-2 ① $y=x+5$ ② 1 ③ -5 ④ 5

3-1 ① $y=-2x+8$ ② -2 ③ 4 ④ 8

3-2 ① $y=4x-\dfrac{1}{2}$ ② 4 ③ $\dfrac{1}{8}$ ④ $-\dfrac{1}{2}$

4-1 ① $y=4x-12$ ② 4 ③ 3 ④ -12

4-2 ① $y=3x+2$ ② 3 ③ $-\dfrac{2}{3}$ ④ 2

5-1 ① $y=\dfrac{1}{4}x+2$ ② $\dfrac{1}{4}$ ③ -8 ④ 2

5-2 ① $y=-\dfrac{1}{3}x+3$ ② $-\dfrac{1}{3}$ ③ 9 ④ 3

6-1 ① $y=\dfrac{2}{5}x+2$ ② $\dfrac{2}{5}$ ③ -5 ④ 2

6-2 ① $y=-\dfrac{3}{2}x+3$ ② $-\dfrac{3}{2}$ ③ 2 ④ 3

1-1 (4) 기울기와 y절편을 이용하여 일차함수 $y=-\dfrac{1}{2}x+2$의 그래프를 그리면 오른쪽 그림과 같다.

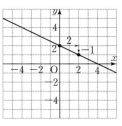

1-2 (3) $x-2y-4=0$에서

$-2y=-x+4$ $\therefore y=\dfrac{1}{2}x-2$

(4) 기울기와 y절편을 이용하여 일차함수 $y=\dfrac{1}{2}x-2$의 그래프를 그리면 오른쪽 그림과 같다.

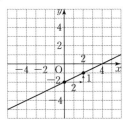

2-2 $x-y+5=0$에서 $y=x+5$

$\therefore$ (기울기)$=1$, (y절편)$=5$

또 $y=0$일 때, $0=x+5$

$\therefore x=-5$, 즉 (x절편)$=-5$

3-1 $2x+y=8$에서 $y=-2x+8$

$\therefore$ (기울기)$=-2$, (y절편)$=8$

또 $y=0$일 때, $0=-2x+8$

$\therefore x=4$, 즉 (x절편)$=4$

3-2 $8x-2y-1=0$에서

$-2y=-8x+1$ $\therefore y=4x-\dfrac{1}{2}$

$\therefore$ (기울기)$=4$, (y절편)$=-\dfrac{1}{2}$

또 $y=0$일 때, $0=4x-\dfrac{1}{2}$

$\therefore x=\dfrac{1}{8}$, 즉 ($x$절편)$=\dfrac{1}{8}$

4-1 $x-\dfrac{1}{4}y=3$에서

$-\dfrac{1}{4}y=-x+3$ $\therefore y=4x-12$

$\therefore$ (기울기)$=4$, (y절편)$=-12$

또 $y=0$일 때, $0=4x-12$

$\therefore x=3$, 즉 (x절편)$=3$

4-2 $3x-y+2=0$에서

$-y=-3x-2$ $\therefore y=3x+2$

$\therefore$ (기울기)$=3$, (y절편)$=2$

또 $y=0$일 때, $0=3x+2$

$\therefore x=-\dfrac{2}{3}$, 즉 ($x$절편)$=-\dfrac{2}{3}$

5-1 $x-4y+8=0$에서

$-4y=-x-8$　∴ $y=\dfrac{1}{4}x+2$

∴ (기울기)$=\dfrac{1}{4}$, (y절편)$=2$

또 $y=0$일 때, $0=\dfrac{1}{4}x+2$

∴ $x=-8$, 즉 (x절편)$=-8$

5-2 $x+3y-9=0$에서

$3y=-x+9$　∴ $y=-\dfrac{1}{3}x+3$

∴ (기울기)$=-\dfrac{1}{3}$, (y절편)$=3$

또 $y=0$일 때, $0=-\dfrac{1}{3}x+3$

∴ $x=9$, 즉 (x절편)$=9$

6-1 $2x-5y+10=0$에서

$-5y=-2x-10$　∴ $y=\dfrac{2}{5}x+2$

∴ (기울기)$=\dfrac{2}{5}$, (y절편)$=2$

또 $y=0$일 때, $0=\dfrac{2}{5}x+2$

∴ $x=-5$, 즉 (x절편)$=-5$

6-2 $3x+2y-6=0$에서

$2y=-3x+6$　∴ $y=-\dfrac{3}{2}x+3$

∴ (기울기)$=-\dfrac{3}{2}$, (y절편)$=3$

또 $y=0$일 때, $0=-\dfrac{3}{2}x+3$

∴ $x=2$, 즉 (x절편)$=2$

02 일차방정식 $ax+by+c=0$의 그래프 그리기　p. 124 ~ p. 125

1-1　$3, 3, -3$

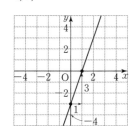

1-2　$y=\dfrac{2}{3}x-2$

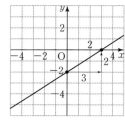

2-1　$y=-\dfrac{3}{2}x+2$

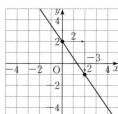

2-2　$y=-\dfrac{2}{3}x+1$

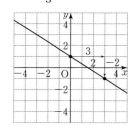

3-1　$3, -4, -4$

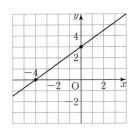

3-2　$y=\dfrac{1}{2}x+2$

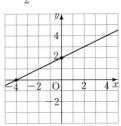

4-1　$y=-x-3$

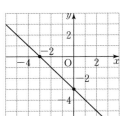

4-2　$y=-\dfrac{1}{3}x+1$

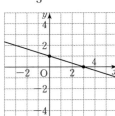

5-1　$y=-\dfrac{4}{3}x+4$

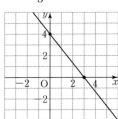

5-2　$y=2x-4$

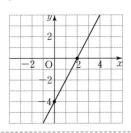

1-2 $2x-3y-6=0$에서

$-3y=-2x+6$　∴ $y=\dfrac{2}{3}x-2$

∴ (기울기)$=\dfrac{2}{3}$, (y절편)$=-2$

2-1 $3x+2y-4=0$에서

$2y=-3x+4$　∴ $y=-\dfrac{3}{2}x+2$

∴ (기울기)$=-\dfrac{3}{2}$, (y절편)$=2$

2-2 $2x+3y-3=0$에서

$3y=-2x+3$　∴ $y=-\dfrac{2}{3}x+1$

∴ (기울기)$=-\dfrac{2}{3}$, (y절편)$=1$

3-2 $x-2y+4=0$에서

$-2y=-x-4$　∴ $y=\dfrac{1}{2}x+2$

∴ (y절편)$=2$

또 $y=0$일 때, $0=\dfrac{1}{2}x+2$

∴ $x=-4$, 즉 (x절편)$=-4$

4-1 $x+y+3=0$에서 $y=-x-3$

$\therefore (y$절편$)=-3$

또 $y=0$일 때, $0=-x-3$

$\therefore x=-3$, 즉 $(x$절편$)=-3$

4-2 $x+3y-3=0$에서

$3y=-x+3 \quad \therefore y=-\dfrac{1}{3}x+1$

$\therefore (y$절편$)=1$

또 $y=0$일 때, $0=-\dfrac{1}{3}x+1$

$\therefore x=3$, 즉 $(x$절편$)=3$

5-1 $4x+3y-12=0$에서

$3y=-4x+12 \quad \therefore y=-\dfrac{4}{3}x+4$

$\therefore (y$절편$)=4$

또 $y=0$일 때, $0=-\dfrac{4}{3}x+4$

$\therefore x=3$, 즉 $(x$절편$)=3$

5-2 $-2x+y+4=0$에서 $y=2x-4$

$\therefore (y$절편$)=-4$

또 $y=0$일 때, $0=2x-4$

$\therefore x=2$, 즉 $(x$절편$)=2$

03 일차방정식 $ax+by+c=0$의 그래프의 성질 p. 126 ~ p. 127

1-1 ㉠, ㉣		**1-2** ㉡, ㉣	
2-1 ㉡, ㉢		**2-2** ㉠, ㉢	
3-1 $-2, 5$		**3-2** 5	
4-1 -7		**4-2** -3	
5-1 1		**5-2** $\dfrac{1}{2}$	
6-1 (1) × (2) ○ (3) ○ (4) × (5) ○			
6-2 (1) × (2) ○ (3) × (4) × (5) ○			
7-1 $<, <, >, <$		**7-2** $<, <$	
8-1 $<, >$		**8-2** $>, >$	

1-1 ㉠ $x=0, y=4$를 $2x-y+4=0$에 대입하면

$2\times 0-4+4=0$

㉡ $x=3, y=5$를 $2x-y+4=0$에 대입하면

$2\times 3-5+4\neq 0$

㉢ $x=-7, y=-5$를 $2x-y+4=0$에 대입하면

$2\times(-7)-(-5)+4\neq 0$

㉣ $x=-3, y=-2$를 $2x-y+4=0$에 대입하면

$2\times(-3)-(-2)+4=0$

따라서 $2x-y+4=0$의 그래프 위의 점은 ㉠, ㉣이다.

1-2 ㉠ $x=0, y=-5$를 $x+2y-5=0$에 대입하면

$0+2\times(-5)-5\neq 0$

㉡ $x=3, y=1$을 $x+2y-5=0$에 대입하면

$3+2\times 1-5=0$

㉢ $x=-1, y=2$를 $x+2y-5=0$에 대입하면

$-1+2\times 2-5\neq 0$

㉣ $x=-7, y=6$을 $x+2y-5=0$에 대입하면

$-7+2\times 6-5=0$

따라서 $x+2y-5=0$의 그래프 위의 점은 ㉡, ㉣이다.

2-1 ㉠ $x=-2, y=0$을 $x+3y-6=0$에 대입하면

$-2+3\times 0-6\neq 0$

㉡ $x=-3, y=3$을 $x+3y-6=0$에 대입하면

$-3+3\times 3-6=0$

㉢ $x=6, y=0$을 $x+3y-6=0$에 대입하면

$6+3\times 0-6=0$

㉣ $x=3, y=-1$을 $x+3y-6=0$에 대입하면

$3+3\times(-1)-6\neq 0$

따라서 $x+3y-6=0$의 그래프 위의 점은 ㉡, ㉢이다.

2-2 ㉠ $x=3, y=13$을 $5x-y-2=0$에 대입하면

$5\times 3-13-2=0$

㉡ $x=-2, y=12$를 $5x-y-2=0$에 대입하면

$5\times(-2)-12-2\neq 0$

㉢ $x=2, y=8$을 $5x-y-2=0$에 대입하면

$5\times 2-8-2=0$

㉣ $x=1, y=-3$을 $5x-y-2=0$에 대입하면

$5\times 1-(-3)-2\neq 0$

따라서 $5x-y-2=0$의 그래프 위의 점은 ㉠, ㉢이다.

3-2 $x=a, y=-9$를 $2x+y-1=0$에 대입하면

$2a-9-1=0, 2a=10 \quad \therefore a=5$

4-1 $x=4, y=a$를 $2x+y-1=0$에 대입하면

$2\times 4+a-1=0, a+7=0 \quad \therefore a=-7$

4-2 $x=a, y=7$을 $2x+y-1=0$에 대입하면

$2a+7-1=0, 2a=-6 \quad \therefore a=-3$

5-1 $x=0, y=a$를 $2x+y-1=0$에 대입하면

$2\times 0+a-1=0 \quad \therefore a=1$

5-2 $x=a, y=0$을 $2x+y-1=0$에 대입하면

$2a+0-1=0, 2a=1 \quad \therefore a=\dfrac{1}{2}$

6-1 (1) $y=0$일 때, $-2x-3=0$

$\therefore x=-\dfrac{3}{2}$, 즉 $(x$절편$)=-\dfrac{3}{2}$

(2), (5) $-2x+y-3=0$에서 $y=2x+3$

y절편은 3이고, $y=2x$의 그래프와 평행하다.

(3) $x=1$, $y=5$를 $-2x+y-3=0$에 대입하면

$-2\times1+5-3=0$이므로 일차방정식 $-2x+y-3=0$

의 그래프는 점 $(1, 5)$를 지난다.

(4) 일차방정식 $-2x+y-3=0$의 그 래프를 그리면 오른쪽 그림과 같으 므로 제4사분면을 지나지 않는다.

6-2 (1) $y=0$일 때, $3x-2=0$

$\therefore x=\dfrac{2}{3}$, 즉 $(x$절편$)=\dfrac{2}{3}$

(2), (5) $3x+y-2=0$에서 $y=-3x+2$

y절편은 2이고, $y=-3x+3$의 그래프와 평행하다.

(3) $x=-1$, $y=1$을 $3x+y-2=0$에 대입하면

$3\times(-1)+1-2\neq0$이므로 일차방정식 $3x+y-2=0$

의 그래프는 점 $(-1, 1)$을 지나지 않는다.

(4) 일차방정식 $3x+y-2=0$의 그래프를 그리면 오른쪽 그림과 같으므로 제1, 2, 4사분면을 지난다.

7-2 $ax+y-b=0$에서 $y=-ax+b$

$\therefore (기울기)=-a$, $(y$절편$)=b$

주어진 그래프의 기울기는 양수, y절편은 음수이므로

$-a>0$, $b<0$　　$\therefore a<0$, $b<0$

8-1 $ax+y-b=0$에서 $y=-ax+b$

$\therefore (기울기)=-a$, $(y$절편$)=b$

주어진 그래프의 기울기는 양수, y절편도 양수이므로

$-a>0$, $b>0$　　$\therefore a<0$, $b>0$

8-2 $ax+y-b=0$에서 $y=-ax+b$

$\therefore (기울기)=-a$, $(y$절편$)=b$

주어진 그래프의 기울기는 음수, y절편은 양수이므로

$-a<0$, $b>0$　　$\therefore a>0$, $b>0$

04 좌표축에 평행한 직선의 방정식　p. 128 ~ p. 130

1-1 (1)

x	$\cdots$	-4	-2	0	2	4	$\cdots$
y	$\cdots$	3	3	3	3	3	$\cdots$

(2)

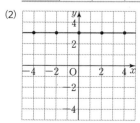

1-2 (1)

x	$\cdots$	3	3	3	3	3	$\cdots$
y	$\cdots$	-4	-2	0	2	4	$\cdots$

(2)

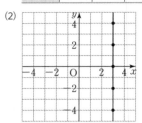

2-1

2-2

-4, -4, y

3-1

3-2

4-1 ㉠ $x=-5$　㉡ $x=2$　㉢ $y=2$　㉣ $y=-1$

4-2 ㉠ $x=-1$　㉡ $x=1$　㉢ $y=3$　㉣ $y=-5$

5-1 (1) ㉠, ㉣　(2) ㉡, ㉢　**5-2** (1) ㉠, ㉡　(2) ㉢, ㉣

6-1 -3　　　　　　　　**6-2** $x=2$

7-1 $x=1$　　　　　　　　**7-2** $y=-1$

8-1 $y=-5$　　　　　　　**8-2** $x=4$

9-1 $x=-1$　　　　　　　**9-2** $y=3$

10-1 x, -2　　　　　　**10-2** $x=2$

11-1 $y=3$　　　　　　　**11-2** $x=-5$

2-2 (2) $4y+4=0$에서 $y=-1$

(3) 점 $(-2, 3)$을 지나고 x축에 평행한 직선의 방정식은

$y=3$

3-1 (2) $3x-15=0$에서 $x=5$

(3) 점 $(-1, 2)$를 지나고 y축에 수직인 직선의 방정식은

$y=2$

3-2 (1) $\dfrac{1}{2}y-1=-3$에서 $y=-4$

(2) $11+3x=2$에서 $x=-3$

(3) 점 $(5, -3)$을 지나고 x축에 수직인 직선의 방정식은

$x=5$

기본연산 집중연습 | 01~04   p. 131 ~ p. 132

1-1 $y=2x-5$, 기울기 : 2, x절편 : $\frac{5}{2}$, y절편 : -5

1-2 $y=-\frac{1}{2}x-\frac{3}{2}$, 기울기 : $-\frac{1}{2}$, x절편 : -3, y절편 : $-\frac{3}{2}$

1-3 $y=-\frac{1}{7}x+2$, 기울기 : $-\frac{1}{7}$, x절편 : 14, y절편 : 2

1-4 $y=\frac{3}{2}x-3$, 기울기 : $\frac{3}{2}$, x절편 : 2, y절편 : -3

2-1 $y=-\frac{1}{3}x-2$ **2-2** $y=\frac{2}{3}x+2$

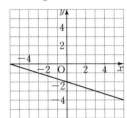 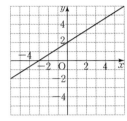

2-3 $y=-3x+4$ **2-4** $y=\frac{1}{4}x+1$

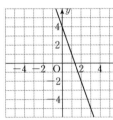 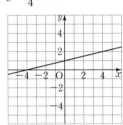

3-1 $y=-4$ **3-2** $x=-4$

3-3 $y=-3$ **3-4** $x=3$

3-5 $x=-5$ **3-6** $x=-3$

1-1 $-2x+y+5=0$에서 $y=2x-5$

∴ (기울기)$=2$, (y절편)$=-5$

또 $y=0$일 때, $0=2x-5$

∴ $x=\frac{5}{2}$, 즉 (x절편)$=\frac{5}{2}$

1-2 $x+2y=-3$에서 $y=-\frac{1}{2}x-\frac{3}{2}$

∴ (기울기)$=-\frac{1}{2}$, (y절편)$=-\frac{3}{2}$

또 $y=0$일 때, $0=-\frac{1}{2}x-\frac{3}{2}$

∴ $x=-3$, 즉 (x절편)$=-3$

1-3 $x+7y-14=0$에서 $y=-\frac{1}{7}x+2$

∴ (기울기)$=-\frac{1}{7}$, (y절편)$=2$

또 $y=0$일 때, $0=-\frac{1}{7}x+2$

∴ $x=14$, 즉 (x절편)$=14$

1-4 $3x-2y=6$에서 $y=\frac{3}{2}x-3$

∴ (기울기)$=\frac{3}{2}$, (y절편)$=-3$

또 $y=0$일 때, $0=\frac{3}{2}x-3$

∴ $x=2$, 즉 (x절편)$=2$

05 연립방정식의 해와 그래프 (1)   p. 133 ~ p. 134

1-1 $2, 2$ **1-2** $x=1, y=2$

2-1 (1) $x=4, y=1$ (2) $x=0, y=-1$

2-2 (1) $x=3, y=0$ (2) $x=2, y=-1$

3-1 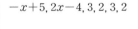 $-x+5, 2x-4, 3, 2, 3, 2$

3-2 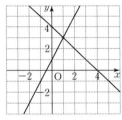   **3-3**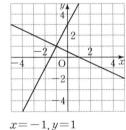

$x=1, y=3$ $x=-1, y=1$

4-1 $1, 1$ **4-2** $(0, 1)$

5-1 $\left(1, -\frac{3}{2}\right)$ **5-2** $(2, -1)$

4-2 연립방정식 $\begin{cases} 2x+3y-3=0 \\ x-y+1=0 \end{cases}$ 을 풀면 $x=0, y=1$

이므로 두 일차방정식의 그래프의 교점의 좌표는 $(0, 1)$

5-1 연립방정식 $\begin{cases} 3x-2y=6 \\ x-2y-4=0 \end{cases}$ 을 풀면 $x=1, y=-\frac{3}{2}$

이므로 두 일차방정식의 그래프의 교점의 좌표는

$\left(1, -\frac{3}{2}\right)$

5-2 연립방정식 $\begin{cases} x+y-1=0 \\ x-y-3=0 \end{cases}$ 을 풀면 $x=2, y=-1$

이므로 두 일차방정식의 그래프의 교점의 좌표는

$(2, -1)$

06 연립방정식의 해와 그래프 (2)

p. 135 ~ p. 136

1-1 2, 2, 4, 1   **1-2** $a=2, b=1$

2-1 $a=2, b=\dfrac{1}{2}$ **2-2** $a=8, b=1$

3-1 $a=2, b=1$ **3-2** $a=1, b=1$

4-1 $a=-1, b=4$ **4-2** $a=1, b=3$

5-1 $a=7, b=6$ **5-2** $a=1, b=3$

1-2 두 그래프의 교점의 좌표가 $(3, 1)$이므로
$x=3, y=1$을 $x+ay=5$에 대입하면
$3+a=5$ ∴ $a=2$
$x=3, y=1$을 $x-by=2$에 대입하면
$3-b=2$ ∴ $b=1$

2-1 두 그래프의 교점의 좌표가 $(1, 2)$이므로
$x=1, y=2$를 $x-ay=-3$에 대입하면
$1-2a=-3, -2a=-4$ ∴ $a=2$
$x=1, y=2$를 $x+by=2$에 대입하면
$1+2b=2, 2b=1$ ∴ $b=\dfrac{1}{2}$

2-2 두 그래프의 교점의 좌표가 $(5, 2)$이므로
$x=5, y=2$를 $2x-y=a$에 대입하면
$2\times5-2=a$ ∴ $a=8$
$x=5, y=2$를 $bx+y=7$에 대입하면
$5b+2=7, 5b=5$ ∴ $b=1$

3-1 두 그래프의 교점의 좌표가 $(0, 3)$이므로
$x=0, y=3$을 $x-ay+6=0$에 대입하면
$0-3a+6=0, -3a=-6$ ∴ $a=2$
$x=0, y=3$을 $x+by-3=0$에 대입하면
$0+3b-3=0, 3b=3$ ∴ $b=1$

3-2 두 그래프의 교점의 좌표가 $(2, 0)$이므로
$x=2, y=0$을 $ax-y=2$에 대입하면
$2a-0=2$ ∴ $a=1$
$x=2, y=0$을 $\dfrac{1}{2}x+y=b$에 대입하면
$1+0=b$ ∴ $b=1$

4-1 두 그래프의 교점의 좌표가 $(1, 2)$이므로
$x=1, y=2$를 $x-y=a$에 대입하면
$1-2=a$ ∴ $a=-1$
$x=1, y=2$를 $2x+y=b$에 대입하면
$2+2=b$ ∴ $b=4$

4-2 두 그래프의 교점의 좌표가 $(2, 3)$이므로
$x=2, y=3$을 $x-ay+1=0$에 대입하면
$2-3a+1=0, -3a=-3$ ∴ $a=1$
$x=2, y=3$을 $bx+2y-12=0$에 대입하면
$2b+6-12=0, 2b=6$ ∴ $b=3$

5-1 두 그래프의 교점의 좌표가 $(2, 4)$이므로
$x=2, y=4$를 $ax-3y=2$에 대입하면
$2a-12=2, 2a=14$ ∴ $a=7$
$x=2, y=4$를 $x+y=b$에 대입하면
$2+4=b$ ∴ $b=6$

5-2 두 그래프의 교점의 좌표가 $(4, 1)$이므로
$x=4, y=1$을 $ax+y=5$에 대입하면
$4a+1=5, 4a=4$ ∴ $a=1$
$x=4, y=1$을 $x-by=1$에 대입하면
$4-b=1$ ∴ $b=3$

07 연립방정식의 해의 개수

p. 137 ~ p. 138

1-1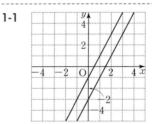
없다

1-2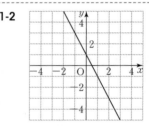
무수히 많다

2-1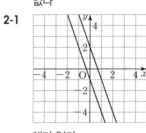
해가 없다.

2-2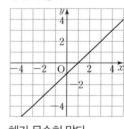
해가 무수히 많다.

3-1 $-\dfrac{2}{3}, \dfrac{1}{3}$, 없다   **3-2** 한 개, 한 쌍

4-1 한 개, 한 쌍

4-2 무수히 많다., 해가 무수히 많다.

5-1 없다., 해가 없다.

5-2 무수히 많다., 해가 무수히 많다.

3-2 $\begin{cases}3x+y-4=0 \\ 3x-y+1=0\end{cases}$ ➡ $\begin{cases}y=-3x+4 \\ y=3x+1\end{cases}$
기울기가 다르므로 두 그래프는 한 점에서 만난다. 즉 두 직선의 교점이 한 개이고 연립방정식의 해도 한 쌍이다.

4-1 $\begin{cases}x-y+5=0 \\ 3x-2y-2=0\end{cases}$ ➡ $\begin{cases}y=x+5 \\ y=\dfrac{3}{2}x-1\end{cases}$
기울기가 다르므로 두 그래프는 한 점에서 만난다. 즉 두 직선의 교점이 한 개이고 연립방정식의 해도 한 쌍이다.

4-2 $\begin{cases}3x-3y+2=0 \\ 6x-6y+4=0\end{cases}$ ➡ $\begin{cases}y=x+\dfrac{2}{3} \\ y=x+\dfrac{2}{3}\end{cases}$

기울기와 y절편이 각각 같으므로 두 그래프는 일치한다. 즉 두 직선의 교점이 무수히 많고 연립방정식의 해도 무수히 많다.

5-1 $\begin{cases} x-2y-3=0 \\ -2x+4y+1=0 \end{cases} \Rightarrow \begin{cases} y=\dfrac{1}{2}x-\dfrac{3}{2} \\ y=\dfrac{1}{2}x-\dfrac{1}{4} \end{cases}$

기울기는 같고 y절편은 다르므로 두 그래프는 평행하다. 즉 두 직선의 교점이 없고 연립방정식의 해도 없다.

5-2 $\begin{cases} 2x+y+2=0 \\ 4x+2y+4=0 \end{cases} \Rightarrow \begin{cases} y=-2x-2 \\ y=-2x-2 \end{cases}$

기울기와 y절편이 각각 같으므로 두 그래프는 일치한다. 즉 두 직선의 교점이 무수히 많고 연립방정식의 해도 무수히 많다.

STEP 2

기본연산 집중연습 | 05~07
p. 139 ~ p. 140

1-1 $x=-1, y=4$ **1-2** $x=-4, y=-2$
1-3 $x=-2, y=-1$ **1-4** $x=4, y=-3$
2-1 $(1, 1)$ **2-2** $(1, 2)$
2-3 $(-3, 1)$ **2-4** $(-2, -7)$
2-5 $(3, 2)$ **2-6** $(-1, -2)$
3-1 $a=1, b=4$ **3-2** $a=-2, b=3$
3-3 $a=-4, b=2$ **4-1** B
4-2 C   **4-3** A

2-1 연립방정식 $\begin{cases} 3x-y=2 \\ x-2y=-1 \end{cases}$ 을 풀면 $x=1, y=1$
이므로 두 일차방정식의 그래프의 교점의 좌표는 $(1, 1)$

2-2 연립방정식 $\begin{cases} x+2y=5 \\ 3x-y=1 \end{cases}$ 을 풀면 $x=1, y=2$
이므로 두 일차방정식의 그래프의 교점의 좌표는 $(1, 2)$

2-3 연립방정식 $\begin{cases} 3x+2y=-7 \\ -x+y=4 \end{cases}$ 를 풀면 $x=-3, y=1$
이므로 두 일차방정식의 그래프의 교점의 좌표는 $(-3, 1)$

2-4 연립방정식 $\begin{cases} 6x-y=-5 \\ 7x-2y=0 \end{cases}$ 을 풀면 $x=-2, y=-7$
이므로 두 일차방정식의 그래프의 교점의 좌표는 $(-2, -7)$

2-5 연립방정식 $\begin{cases} 2x-y=4 \\ x+y=5 \end{cases}$ 를 풀면 $x=3, y=2$
이므로 두 일차방정식의 그래프의 교점의 좌표는 $(3, 2)$

2-6 연립방정식 $\begin{cases} 4x-y=-2 \\ x+y=-3 \end{cases}$ 을 풀면 $x=-1, y=-2$
이므로 두 일차방정식의 그래프의 교점의 좌표는 $(-1, -2)$

3-1 두 그래프의 교점의 좌표가 $(1, 2)$이므로
$x=1, y=2$를 $ax-y=-1$에 대입하면
$a-2=-1$ $\therefore a=1$
$x=1, y=2$를 $2x+y=b$에 대입하면
$2+2=b$ $\therefore b=4$

3-2 두 그래프의 교점의 좌표가 $(-2, 1)$이므로
$x=-2, y=1$을 $ax+y=5$에 대입하면
$-2a+1=5, -2a=4$ $\therefore a=-2$
$x=-2, y=1$을 $x+by=1$에 대입하면
$-2+b=1$ $\therefore b=3$

3-3 두 그래프의 교점의 좌표가 $(1, b)$이므로
$x=1, y=b$를 $x+y=3$에 대입하면
$1+b=3$ $\therefore b=2$
$x=1, y=2$를 $ax+y=-2$에 대입하면
$a+2=-2$ $\therefore a=-4$

STEP 3

기본연산 테스트
p. 141 ~ p. 142

1 (1) 기울기 : $\dfrac{1}{3}$, x절편 : 9, y절편 : -3

(2) 기울기 : 5, x절편 : $-\dfrac{4}{5}$, y절편 : 4

(3) 기울기 : $\dfrac{1}{4}$, x절편 : 8, y절편 : -2

(4) 기울기 : -2, x절편 : $\dfrac{5}{4}$, y절편 : $\dfrac{5}{2}$

(5) 기울기 : 3, x절편 : $\dfrac{5}{3}$, y절편 : -5

2 (1) 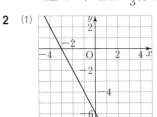   (2)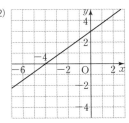

3 ㉡, ㉢

4 (1) $x=4$ (2) $y=-3$ (3) $x=1$ (4) $y=-1$ (5) $x=-4$
 (6) $y=5$ (7) $y=-7$ (8) $x=2$

5 $a>0, b<0$

6 (1) $x=-1, y=2$ (2) $x=-2, y=0$ (3) $x=-4, y=4$

7 (1) $a=-1, b=-2$ (2) $a=1, b=4$

8 (1) ㉢ (2) ㉡ (3) ㉠, ㉣

---

1 (1) $x-3y-9=0$에서

$$-3y=-x+9 \qquad \therefore y=\frac{1}{3}x-3$$

$$\therefore (기울기)=\frac{1}{3}, (y절편)=-3$$

또 $y=0$일 때, $0=\frac{1}{3}x-3$

$$\therefore x=9, 즉 (x절편)=9$$

(2) $5x-y+4=0$에서 $y=5x+4$

$$\therefore (기울기)=5, (y절편)=4$$

또 $y=0$일 때, $0=5x+4$

$$\therefore x=-\frac{4}{5}, 즉 (x절편)=-\frac{4}{5}$$

(3) $-x+4y+8=0$에서

$$4y=x-8 \qquad \therefore y=\frac{1}{4}x-2$$

$$\therefore (기울기)=\frac{1}{4}, (y절편)=-2$$

또 $y=0$일 때, $0=\frac{1}{4}x-2$

$$\therefore x=8, 즉 (x절편)=8$$

(4) $4x+2y-5=0$에서

$$2y=-4x+5 \qquad \therefore y=-2x+\frac{5}{2}$$

$$\therefore (기울기)=-2, (y절편)=\frac{5}{2}$$

또 $y=0$일 때, $0=-2x+\frac{5}{2}$

$$\therefore x=\frac{5}{4}, 즉 (x절편)=\frac{5}{4}$$

(5) $6x-2y=10$에서

$$-2y=-6x+10 \qquad \therefore y=3x-5$$

$$\therefore (기울기)=3, (y절편)=-5$$

또 $y=0$일 때, $0=3x-5$

$$\therefore x=\frac{5}{3}, 즉 (x절편)=\frac{5}{3}$$

3 ㉠ $x=0, y=-1$을 $3x-y+1=0$에 대입하면

$$3\times0-(-1)+1\neq0$$

㉡ $x=-\frac{1}{3}, y=0$을 $3x-y+1=0$에 대입하면

$$3\times\left(-\frac{1}{3}\right)-0+1=0$$

㉢ $x=4, y=13$을 $3x-y+1=0$에 대입하면

$$3\times4-13+1=0$$

㉣ $x=\frac{5}{3}, y=7$을 $3x-y+1=0$에 대입하면

$$3\times\frac{5}{3}-7+1\neq0$$

따라서 $3x-y+1=0$의 그래프 위의 점은 ㉡, ㉢이다.

5 $ax+y+b=0$에서 $y=-ax-b$

$$\therefore (기울기)=-a, (y절편)=-b$$

주어진 그래프의 기울기는 음수, y절편은 양수이므로

$$-a<0, -b>0 \qquad \therefore a>0, b<0$$

7 (1) 두 그래프의 교점의 좌표가 $(3, 2)$이므로

$x=3, y=2$를 $x-2y=a$에 대입하면

$$3-4=a \qquad \therefore a=-1$$

$x=3, y=2$를 $bx+y=-4$에 대입하면

$$3b+2=-4, 3b=-6 \qquad \therefore b=-2$$

(2) 두 그래프의 교점의 좌표가 $(-1, 5)$이므로

$x=-1, y=5$를 $2x+ay=3$에 대입하면

$$-2+5a=3, 5a=5 \qquad \therefore a=1$$

$x=-1, y=5$를 $bx+y=1$에 대입하면

$$-b+5=1 \qquad \therefore b=4$$

8 ㉠ $\begin{cases} y=-\frac{1}{6}x+\frac{1}{6} \\ y=-\frac{1}{6}x+\frac{1}{4} \end{cases}$ ㉡ $\begin{cases} y=3x-2 \\ y=3x-2 \end{cases}$

㉢ $\begin{cases} y=2x-\frac{3}{2} \\ y=-2x+\frac{3}{2} \end{cases}$ ㉣ $\begin{cases} y=2x-\frac{10}{3} \\ y=2x-\frac{5}{2} \end{cases}$

(1) 해가 한 쌍인 것은 두 일차방정식의 그래프가 한 점에서 만나야 하므로 기울기가 다른 ㉢이다.

(2) 해가 무수히 많은 것은 두 일차방정식의 그래프가 일치해야 하므로 기울기와 y절편이 각각 같은 ㉡이다.

(3) 해가 없는 것은 두 일차방정식의 그래프가 서로 평행해야 하므로 기울기가 같고 y절편이 다른 ㉠, ㉣이다.